"十四五"普通高等教育本科部委级规划教材

纺织科学与工程一流学科建设教材

纺织工程一流本科专业建设教材

针 织 学

李 津 杨 昆 主编

U0217118

中国纺织出版社有限公司

内 容 提 要

本书系统讲述了针织、针织物和针织机的基本概念和术语，常用针织物的结构、编织工艺、性能特点及用途，针织机的基本结构及工作原理，针织生产的基本工艺要素和工艺设计方法。

本书可作为纺织工程专业（针织学及针织专业方向）相关课程的教材，也可作为从事针织生产、产品设计开发工作的工程技术人员、纺织品贸易从业人员及其他相关专业师生的参考用书。

图书在版编目（CIP）数据

针织学／李津，杨昆主编. -- 北京：中国纺织出版社有限公司，2022.11（2025.2 重印）

"十四五"普通高等教育本科部委级规划教材 纺织科学与工程—流学科建设教材 纺织工程—流本科专业建设教材

ISBN 978-7-5180-9803-3

Ⅰ. ①针… Ⅱ. ①李… ②杨… Ⅲ. ①针织—高等学校—教材 Ⅳ. ①TS18

中国版本图书馆 CIP 数据核字（2022）第 154468 号

责任编辑：孔会云 沈 靖 责任校对：寇晨晨 责任印制：王艳丽

中国纺织出版社有限公司出版发行
地址：北京市朝阳区百子湾东里 A407 号楼 邮政编码：100124
销售电话：010—67004422 传真：010—87155801
http://www.c-textilep.com
中国纺织出版社天猫旗舰店
官方微博 http://weibo.com/2119887771
北京虎彩文化传播有限公司印刷 各地新华书店经销
2025 年 2 月第 3 次印刷
开本：787×1092 1/16 印张：20
字数：442 千字 定价：52.00 元

前言

　　针织工业是纺织工业的后起之秀，随着针织原料、技术、工艺与设备的不断创新与迭代，近年来我国针织工业有了突飞猛进的发展，针织产品在服装、装饰、产业、医学等领域均得到广泛应用。"针织学"课程是纺织工程专业的核心课程，在专业人才的培养中发挥了重要的作用。本书的编写以实际工程为背景，注重理论联系实际，对接专业人才培养目标及其知识、能力、素质要求。

　　本书系统讲述了针织、针织物和针织机的基本概念和术语，常用针织物的结构、编织工艺、性能特点及用途，针织机的基本结构及工作原理，针织生产的基本工艺要素和工艺设计方法。内容涵盖纬编和经编针织技术所涉及的机型和产品。

　　本书由李津和杨昆担任主编，参加编写人员与编写分工如下：

　　李　津　概述（部分）、第三章

　　杨　昆　概述（部分）、第九章、第十章、第十一章、第十二章、第十三章、第十四章

　　李　红　概述（部分）

　　齐业雄　第一章、第十六章（部分）

　　陈　莉　第二章、第五章（部分）、第六章

　　李娜娜　第四章

　　徐　磊　第五章（部分）

　　吴利伟　第七章

　　李雅芳　第八章

　　李红霞　第十五章、第十六章（部分）

　　刘丽妍　第十六章（部分）、第十七章

　　本书在编写过程中得到了行业协会、国内外企业、科研单位和院校的大力支持和帮助，也参考了其他专家学者和工程技术人员所编写的教材、著作及发表的论文，在此表示衷心的感谢。

　　由于编写人员水平有限，难免存在不足和错误，欢迎读者批评指正。

编　者

2022 年 6 月

目录

概　述

纬编概述
思政课堂

📄 ／ **教学目标** ／

　　1. 掌握针织、针织物和针织机的基本概念和术语，纬编、经编的特点及生产过程。能正确使用针织术语进行表达。

　　2. 能识别针织物及其种类，能辨别单面针织物和双面针织物以及针织物的正面与反面。

　　3. 掌握针织物的主要物理和性能指标及其影响因素，能用针织物的相关性能指标评价针织物，并能运用实验数据计算相关参数。

　　4. 掌握针织机的分类和一般结构，能识别针织机的类型，说明各主要机构的作用。

　　5. 能理解针织机主要技术指标的含义，并用于描述针织机的性能。

　　6. 能根据相关参数计算针织机的机号。

　　7. 深入了解行业科技发展、技术创新的历程，强化学生对我国纺织行业创新发展的担当意识和使命感。

一、针织及针织物

（一）针织及其发展

　　针织（knitting）是利用织针及其他成圈机件将纱线弯曲成线圈，并将其相互串套起来形成织物（fabric）的一门工艺技术。

　　根据生产工艺特点的不同，针织工艺技术可分为纬编（weft knitting）和经编（warp knitting）两大类；针织机也相应地分为纬编针织机和经编针织机；对应的针织物也分为纬编针织物和经编针织物。根据特殊需要，也可将经纬编工艺有机结合，生产经纬编复合织物。针织机使用的织针通常有钩针、舌针和复合针三种。目前在纬编生产中多使用舌针，在经编生产中多使用复合针。

　　现代针织起源于手工编织，迄今发现最早的手工针织品可以追溯到 2200 多年前。1589年，英国人威廉·李发明了第一台手摇针织机，开启了机器针织的时代。

　　我国的针织工业起步较晚，1896 年第一家针织厂才在上海创建。近年来，随着针织原料、技术、工艺与设备的不断创新与发展，我国针织工业有了突飞猛进的发展，成为纺织工业中的重要支柱产业之一，目前，针织产品在服装、装饰、医学等领域均得到广泛应用。

　　针织生产具有工艺流程短、生产效率高、机器噪声与占地面积小、能耗低、原料适应性强、翻改品种快等优点。针织企业的生产工艺流程根据出厂产品的不同而有所不同，从针织坯布到针织服装的工艺流程一般为：原料进厂→络纱（或直接上机织造）或整经→织造→染整→成衣等。

（二）针织物的一般概念

1. 针织物与线圈　线圈（loop）是组成针织物的基本结构单元，其几何形态是一种三维弯曲的空间曲线。

针织物（knitted fabric）是由纱线编织成圈，并相互串套连接而形成的织物。纱线沿纬向喂入编织形成线圈的针织物是纬编针织物，其线圈结构如图 1 所示；纱线沿经向喂入编织形成线圈的针织物是经编针织物，其线圈结构如图 2 所示。

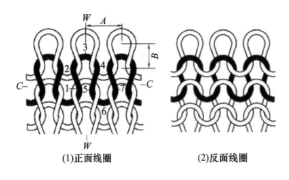

(1)正面线圈　　(2)反面线圈

图 1　纬编针织物

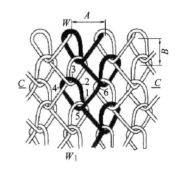

图 2　经编针织物

在纬编针织物中，线圈由圈干 1—2—3—4—5 和沉降弧 5—6—7 组成，圈干包括圈柱 1—2、4—5 和针编弧 2—3—5，如图 1（1）所示。在经编针织物中，线圈由圈干 1—2—3—4—5 和延展线 5—6 组成，如图 2 所示。

2. 织物的正面与反面　针织物中，线圈圈柱覆盖于前一线圈圈弧之上时为正面线圈，如图 1（1）所示，所对应的为织物的技术正面（简称为正面）；线圈圈柱处于前一线圈圈弧之下时为反面线圈，如图 1（2）所示，所对应的为织物的技术反面（简称为反面）。根据产品的特点和要求，针织产品的使用正面既可以选择技术正面也可以选择技术反面。

3. 线圈横列与纵行　在针织物中，线圈沿织物横向组成的行列为线圈横列（course），如图 1 和图 2 中 C—C 所示；纬编针织物的一个线圈横列可以由一根或几根纱线在织针上顺序编织形成，而经编针织物的一个线圈横列一般由一组或几组平行排列的纱线分别在不同织针上编织而成。

线圈沿织物纵向相互串套而形成的行列为线圈纵行（wale），如图 1 和图 2 中 W—W 所示。一般一个线圈纵行对应一枚编织的织针。

4. 线圈圈距与圈高　沿线圈横列方向，两个相邻线圈对应点之间的距离为圈距，以 A 表示；沿线圈纵行方向，两个相邻线圈对应点之间的距离为圈高，以 B 表示，如图 1 和图 2 所示。

5. 针织物的单面与双面　按照编织时所使用的针床数不同，针织物可分为单面针织物和双面针织物。单面针织物由一个针床编织而成，其特征是织物的一面全部为正面线圈，而另一面全部为反面线圈。双面针织物由两个针床编织而成，在织物的两面都有正面线圈。

6. 针织物的组织　根据组成针织物结构单元的形态和组合形式，可以将针织物分为基本组织、变化组织和花色组织等。针织物组织结构不仅赋予针织物不同的外观，也赋予针织物不同的性能。针织物各种组织的结构分类、特点、用途、编织原理、工艺设计与实现方法是针织学课程的核心内容。

（三）针织物的主要物理和性能指标

1. 线圈长度　线圈长度是指组成一个线圈单元所需要的纱线长度，如图 1 和图 2 中 1—2—3—4—5—6—7 所对应的纱线长度，通常以毫米（mm）为单位。可以根据线圈在平面上的投影近似地计算出理论线圈长度；也可用拆散的方法测得组成一个单元线圈的实际纱线长度；还可以在编织时用仪器直接测量喂入织针上的纱线长度。

线圈长度是针织物的一个非常重要的指标，它不仅决定了针织物的密度和单位面积重量，还对针织物的其他性能有重要影响。在编织时，对线圈长度的控制非常重要，目前主要通过积极式给纱的方式喂入规定长度的纱线，以保证线圈长度满足要求。

2. 密度　密度用来表示纱线细度一定的条件下，针织物的稀密程度。密度有横密、纵密和总密度之分。

横密是指沿织物横列方向规定长度内的线圈纵行数，通常用 P_A 表示；纵密是指沿线圈纵行方向规定长度内的线圈横列数，通常用 P_B 表示；总密度是单位面积内线圈总数，通常用 P 表示。它们可以用下式计算：

$$P_A = \frac{规定长度}{圈距 A}$$

$$P_B = \frac{规定长度}{圈高 B}$$

$$P = P_A \times P_B$$

这里的"规定长度"根据产品不同而有所不同，纬编圆机产品规定长度一般为 5cm；横机产品规定长度一般为 10cm；经编产品规定长度一般为 1cm，总密度则可以根据产品"规定长度"来确定。

密度对比系数是横密与纵密的比值，它反映了线圈在稳定状态下的空间形态，是织物花型图案设计和工艺设计的重要参考。通常用 C 表示。

$$C = \frac{P_A}{P_B} = \frac{B}{A}$$

密度是针织产品设计、生产与品质控制的一项重要指标。由于针织物在加工过程中容易受到拉伸而产生变形，因此对某一针织物来说其状态不是固定不变的，这样就将影响实测密度的客观性，因而在测量针织物密度前，应该将试样进行松弛，使之达到平衡状态，这样测得的密度才具有可比性。根据织物所处状态不同，密度可分为下机密度、坯布密度和成品密度等。

3. 未充满系数和编织密度系数　不同粗细的纱线，在线圈长度和密度相同的情况下，所编织织物的稀密是有差异的，因此我们引入了未充满系数和编织密度系数的指标。

（1）未充满系数。针织物的未充满系数 δ 用线圈长度 l（mm）与纱线直径 d（mm）的比值来表示，即：

$$\delta = \frac{l}{d}$$

未充满系数越大，织物越稀松；未充满系数越小，织物越密实。

（2）编织密度系数。针织物的编织密度系数 CF 又称覆盖系数，它反映了纱线线密度 Tt（tex）与线圈长度 l（mm）之间的关系，可用下式表示：

$$CF = \frac{\sqrt{Tt}}{l}$$

在国际羊毛局制定的纯羊毛标志标准中，纯羊毛纬平针织物的编织密度系数≥1。编织密度系数因原料和织物结构不同而不同，一般在 1.5 左右。织物的编织密度系数越大，织物越密实；编织密度系数越小，织物越稀松。

4. 单位面积干燥重量 针织物的单位面积干燥重量是控制成本、保证质量和进行交易的重要指标，是所用纱线线密度、线圈长度和密度的综合体现。它用每平方米干燥针织物的重量（g）来表示。在实际生产和交易中，它是按照相应的标准称量得到的。已知针织物的线圈长度 l（mm）、纱线线密度 Tt（tex）、织物横密 P_A（纵行数/5cm）和纵密 P_B（横列数/5cm）、针织物的回潮率 W（%）时，也可以通过计算求得，单位面积干燥重量 Q（g/m²）的计算式为：

$$Q = \frac{0.0004l Tt P_A P_B}{1 + W}$$

5. 缩率 缩率是针织物在加工或使用过程中尺寸变化的百分率，反映了针织物在加工或使用过程中长度和宽度尺寸的变化情况，缩率 Y（%）可由下式求得：

$$Y = \frac{H_1 - H_2}{H_1} \times 100\%$$

式中：H_1——针织物在加工或使用前的尺寸；

H_2——针织物在加工或使用后的尺寸。

缩率可为正值或负值。生产中测定和控制的主要有下机、染整、水洗缩率以及在给定时间内弛缓回复过程的缩率等。

影响针织物缩率的主要因素有纤维和纱线性能、织物结构、未充满系数、密度和密度对比系数、加工条件以及放置条件等。

6. 脱散性 针织物中纱线断裂或线圈失去串套联系后，线圈与线圈分离的现象称为织物的脱散性。脱散方向及脱散性与纤维和纱线性能、织物结构和线圈长度等因素有关。

7. 卷边性 针织物在自由状态下，其布边发生包卷的现象称为卷边性。这是由线圈中弯曲线段所具有的内应力力图使线段伸直所引起的。卷边性与针织物的组织结构、纤维和纱线性能、纱线线密度和捻度以及线圈长度等因素有关。

8. 延伸性 针织物受到外力拉伸时伸长的特性称为延伸性，其大小可用延伸率来表示。针织物的延伸性与织物的组织结构、线圈长度、纤维和纱线性能等有关。可以根据相关标准在仪器上，在一定的拉伸力下测得试样的伸长量，并通过计算得出延伸率 X。

$$X = \frac{L - L_0}{L_0} \times 100\%$$

式中：L——试样拉伸后的长度，mm；

$\quad L_0$——试样原长，mm。

9. 弹性　当引起织物变形的外力去除后，针织物恢复原形状的能力称为弹性。它取决于针织物的组织结构、未充满系数、纱线的弹性和摩擦系数。织物弹性用弹性回复率来表示，可以在相应的仪器上按照标准在一定的拉伸力下定力测试或在一定的拉伸长度下定伸长测试，通过计算得出弹性回复率 E。

$$E = \frac{L - L_1}{L - L_0} \times 100\%$$

式中：L——试样拉伸后的长度，mm；

$\quad L_0$——试样原长度，mm；

$\quad L_1$——试样回复后的长度，mm。

10. 断裂强力和断裂伸长　在连续增加的负荷作用下，至断裂时针织物所能承受的最大负荷为断裂强力，用 N 表示。布样断裂时的伸长量与原长度之比称为断裂伸长率，用百分数表示。由于针织物线圈转移的特点和在单向拉伸时很大的变形能力，所以常用顶破强力而不是拉伸强力来作为强力指标。

11. 勾丝和起毛起球　纤维或纱线被尖锐物体从织物中勾出称为勾丝。在穿着、使用和洗涤过程中经受摩擦后，织物表面的纤维端露出，在织物表面形成毛绒状外观称为起毛。若这些毛绒状的纤维端在以后的穿着中不能及时脱落，相互纠缠在一起形成球状外观称为起球。影响起毛起球的主要因素有：使用原料的性质，纱线与织物结构，染整加工工艺及服用条件等。

二、针织机

（一）针织机的基本结构与分类

利用织针把纱线编织成针织物的机器称为针织机。针织机可按工艺类别分为纬编机与经编机；按针床数分为单针床针织机与双针床针织机，个别横机还有三针床或四针床；按针床形式可分为平型针织机与圆型针织机；按用针类型可分为钩针机、舌针机和复合针机等。另外还有一些专用的针织机，如钩编机等。

纬编机主要有纬编圆机（图 3）、横机（图 4）、袜机和手套机等，其结构主要包括成圈机构、送纱机构、牵拉卷取机构、传动机构、辅助机构以及一些特殊机构，如选针机构、针床横移机构等。

经编机（图 5）主要分为特利柯脱（Tricot）经编机和拉舍尔（Raschel）经编机两大类，其结构一般包括成圈机构、梳栉横移机构、送经机构、牵拉卷取机构、传动机构、辅助机构和一些特殊机构，如贾卡提花机构等。特利柯脱型经编机的特征是针与被牵拉坯布之间的夹角在 65°~90° 范围内。一般说来，特利柯脱型经编机梳栉数较少，多数采用复合针或钩

图 3　圆机

针，机号较高，机速也较高。拉舍尔型经编机的特征是针与被牵拉坯布之间的夹角在 130°～170°范围内。该机多数采用复合针或舌针，与特利柯脱型经编机相比，其梳栉数较多，机号和机速相对较低。

图 4　横机

图 5　经编机

（二）针织机的主要技术指标

通常用针织机的技术指标来描述针织机的特性，主要有机号、筒径（针床宽度）、针床数、成圈系统数（纬编机）和梳栉数（经编机）、机速等。

1. 机号　机号（gauge）是针织机的重要指标，它表明针的粗细以及针与针之间距离的大小，用针床上规定长度内所具有的针数表示。机号 E（针/25.4mm）与针距 T（mm）的关系如下：

$$E = \frac{规定长度}{T}$$

式中规定长度根据设备或织针种类不同而有所不同，如在钩针机中，通常用 38.1mm（1.5 英寸）作为规定长度，舌针机中用 25.4mm（1 英寸）作为规定长度，现在由于钩针机所用不多，一般都用 25.4mm（1 英寸）作为规定长度。机号可用符号 E 加数字表示，如机号为 18 针/25.4mm 时，可写作 $E18$。

针织机的机号决定了其所能加工纱线的线密度。机号越高，织针越细，针距越小，所能加工的纱线越细，生产的织物越轻薄，反之亦然。在实际生产中，一般是根据经验决定某一机号的针织机最适宜加工纱线的线密度，也可查阅有关手册。

2. 筒径（针床宽度）　针织机的针床形式分圆形和平形，圆形针织机的织针插在圆形的针筒上，所编织的是筒状织物，针筒的大小用针筒直径来表示，简称筒径，主要有各种圆纬机。平形针织机的织针插在平形的针床上，针床的大小用针床宽度来表示，主要有经编机、横机、手套机和柯登机。筒径和针床宽度的法定单位为厘米或毫米，但习惯上用英寸来表示。它反映针织机可加工织物的幅宽。

3. 针床数　针床作为针织机的主要机件，是用于安装织针及其附属件的。针床数一般是指针织机所具有的能够独立编织的针的组数。单针床和双针床针织机分别用来编织单面织物和双面织物。根据机器类型不同，针床可以是圆筒型、圆盘型或平板型。圆筒型的针床被称为针筒，圆盘型的针床被称为针盘，平板型的针床被称为针板（床）。

4. 成圈系统数　在圆纬机上，成圈系统数是指针筒周围所安装的导纱器及相应的三角系统的个数，俗称路数，它反映了机器编织效率的高低。机器的成圈系统数越多，机器每转所能编织的次数越多，其成圈系统数用每英寸针筒直径所拥有的成圈系统数表示。在横机上，成圈系统数是指机头上所配置的三角系统的个数。由于在横机中，成圈系统数越多，机头越大，往复运行时空程越大，所以横机一般成圈系统数不会太多。

5. 梳栉数　梳栉是经编机上固定导纱针并携带导纱针运动完成垫纱的机件，每一把梳栉携带导纱针完成一种垫纱运动。梳栉数越多，可以进行的垫纱运动越复杂，可以编织的织物结构越复杂，花色品种越多。

6. 机速　针织机的机速（运行速度）是针织机的重要技术指标，它直接影响机器的生产效率。随着成圈技术的发展和编织机件性能的提高，针织机的机速也得到大幅提升。在纬编针织机中，圆机的机速以每分钟针筒的转速（r/min）来表示，横机的机速以机头每秒在针床上运行的距离（m/s）来表示。在经编针织机中，机速以每分钟机器主轴的转速（r/min）来表示。

除上述主要技术指标外，还可根据针织机的特点及特殊用途（如选针方式、送纱方式以及牵拉卷取机构、传动机构、辅助机构等的特点），选择适当的技术指标对其进行描述。

思考练习题

1. 什么是针织？纬编针织物与经编针织物的区别是什么？织针分为几种类型？

2. 针织线圈由哪些部分组成？什么是线圈长度？它对针织物品质和性能有什么影响？如何测量？

3. 如何区分单面和双面针织物？如何区分针织物的正面与反面？

4. 针织物的主要参数与性能指标有哪些，如何定义？有何意义？

5. 针织机的主要机构有哪些？主要技术指标有哪些？试用其描述针织机的特征。

6. 什么是机号？它与所加工纱线的粗细有什么关系？

7. 某针织物试样原长 10.0cm，在定力拉伸后长度为 15.5cm，力去除后长度回复为 10.4cm，试求其延伸率和弹性回复率。

8. 用 18tex 纯棉纱线编织纬平针织物，要求横密为 76 纵行/5cm，纵密为 96 横列/5cm，干燥重量为 135g/m²，求其线圈长度是多少？

9. 全面了解国内外针织行业的发展动态和趋势，阐述自己对针织行业创新发展责任担当的感悟和思考。

第一章 纬编概述

1. 掌握织针的分类及其结构特点，能准确描述舌针、钩针和复合针的成圈过程。

2. 掌握纬编针织机的基本结构与分类以及圆纬机、横机和圆袜机的基本特征与构造；能识别纬编针织机的类型及一般结构，并能对常用纬编针织机的主要技术规格参数进行描述。

3. 掌握纬编针织物的分类与表示方法，并能用于纬编针织物结构的表达。

4. 掌握针织用纱的基本要求和针织生产工艺流程。能说明络纱（丝）的目的及常用的纱筒卷装形式。

5. 了解我国纬编行业科技创新、数字化发展的历程，强化对行业创新发展的使命感。

第一节　纬编针织物的形成

纬编针织物的形成是通过针织机中各机件之间的相互配合来完成的。织针作为重要的成圈机件，用于把纱线编织成线圈并使线圈串套连接成针织物，织针的结构与形状影响针织成圈过程。常用的织针分为舌针（latch needle）、钩针（bearded needle，又称弹簧针，spring needle）和复合针（compound needle，又称槽针）三种，如图1-1所示。

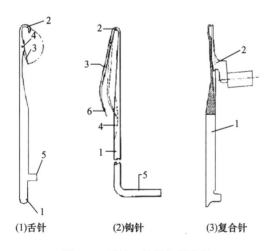

(1)舌针　　　(2)钩针　　　(3)复合针

图1-1　舌针、钩针和复合针

一、舌针及其成圈过程

（一）舌针的结构

纬编针织机的舌针如图1-1（1）所示。它采用钢带或钢丝制成，包括针杆1、针钩2、针舌3、针舌销4和针踵5等部分。针钩用以握住纱线，使之弯曲成圈。针舌可绕针舌销回转，用以开闭针口。针踵在成圈过程中受到其他机件的作用，使织针在针床的针槽内往复运动。舌针各部分的尺寸和形状，随针织机的类型的不同而有差别。由于舌针在成圈中是依靠线圈的移动，使针舌回转来开闭针口，因此成圈机构较为简单，目前，广泛用于纬编针织机。

（二）舌针的成圈过程

舌针的成圈（knitting cycle）过程如图1-2所示，一般可分为以下八个阶段。

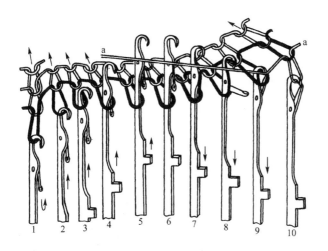

舌针的成圈过程

图1-2　舌针的成圈过程

1. 退圈（clearing）　舌针从低位置上升至最高点，旧线圈从针钩内移至针杆上，如图1-2中针1~5。

2. 垫纱（yarn feeding）　舌针下降，从导纱器引出的新纱线a垫入针钩下，如图1-2中针6~7。

3. 闭口（latch closing）　随着舌针的下降，针舌在旧线圈的作用下向上翻转关闭针口，如图1-2中针8~9。这样旧线圈和即将形成的新线圈就分隔在针舌两侧，为新纱线穿过旧线圈作准备。

4. 套圈（landing，casting-on）　舌针继续下降，旧线圈沿着针舌上移套在针舌外，如图1-2中针9。

5. 弯纱（sinking）　舌针的下降使针钩接触新纱线开始逐渐弯纱，并一直延续到线圈最终形成，如图1-2中针9~10。

6. 脱圈（knocking-over）　舌针进一步下降使旧线圈从针头上脱下，套到正在进行弯纱的新线圈上，如图1-2中针10。

7. 成圈（loop formation）　舌针下降到最低位置形成一定大小的新线圈，如图1-2中针 10。

8. 牵拉 (taking-down) 借助牵拉机构产生的牵拉力，将脱下的旧线圈和刚形成的新线圈拉向舌针背后，脱离编织区，防止舌针再次上升时旧线圈回套到针头上，为下一次成圈做准备。

就针织成圈方法而言，按照上述顺序进行成圈的过程称为编结法成圈。

二、钩针及其成圈过程

（一）钩针的结构

图 1-1（2）所示为钩针的结构。它采用圆形或扁形截面的钢丝制成，端头磨尖后弯成钩状，每根针为一个整体。其中 1 为针杆，在这一部段上垫纱。5 为针踵，使针固定在针床上。2 为针头，3 为针钩，用于握住新纱线，使其穿过旧线圈。在针尖 6 的下方针杆上有一凹槽 4，称为针槽，供针尖没入用。针尖与凹槽之间的间隙称为针口，它是纱线进入针钩的通道。针钩可借助压板使针尖压入针槽内，以封闭针口。当压板移开后，针钩依靠自身的弹性恢复针口开启，因此钩针又称弹簧针。由于在采用钩针的针织机上，成圈机构比较复杂，生产效率较低；同时在闭口过程中，针钩受到的反复载荷作用易引起疲劳，影响钩针的使用寿命，所以目前钩针较少使用。

（二）钩针的成圈过程

钩针的成圈过程如图 1-3 所示，也可分为以下八个阶段。

钩针的成圈过程

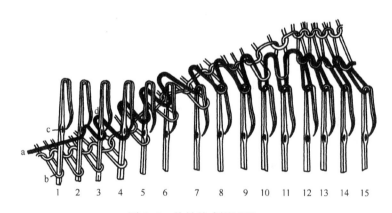

图 1-3 钩针的成圈过程

1. 退圈 借助专用的机件，将旧线圈从针钩中向下移到针杆的一定部位上，使旧线圈 b 同针槽 c 之间具有足够的距离，以供垫放纱线用，如图 1-3 中针 1。

2. 垫纱 通过导纱器和针的相对运动，将新纱线 a 垫放到旧线圈 b 与针槽 c 之间的针杆上，如图 1-3 中针 1~2。

3. 弯纱 利用弯纱沉降片，把垫放到针杆上的纱线弯曲成一定大小的未封闭线圈 d，并将其带入针钩内，如图 1-3 中针 2~5。

4. 闭口 利用压板将针尖压入针槽，使针口封闭，以便旧线圈套上针钩，如图 1-3 中针 6。

5. 套圈 在针口封闭的情况下，由套圈沉降片将旧线圈上抬，迅速套到针钩上。而后针钩释压，针口即恢复开启状态，如图1-3中针6~7。

6. 脱圈 受脱圈沉降片上抬的旧线圈从针头上脱落到未封闭的新线圈上，如图1-3中针8~11。

7. 成圈 脱圈沉降片继续将旧线圈上抬，使旧线圈的针编弧与新线圈的沉降弧相接触，以形成一定大小的新线圈，如图1-3中针12所示。

8. 牵拉 借助牵拉机构产生的牵拉力，使新形成的线圈离开成圈区域，拉向针背，以免在下一成圈循环进行退圈时，发生旧线圈重套到针上的现象。

按照上述顺序进行成圈的过程称为针织法成圈。通过比较可以看出，编结法和针织法成圈过程都可分为八个相同的阶段，但弯纱的先后有所不同。编结法成圈，弯纱是在套圈之后并伴随着脱圈而继续进行；而针织法成圈，弯纱是在垫纱之后进行。

三、复合针及其成圈过程

（一）复合针结构

复合针的构型如图1-1（3）所示，由针身1和针芯2两部组成。针身带有针钩，且在针杆侧面铣有针槽。针芯在槽内作相对移动以开闭针口。采用复合针，在成圈过程中可以减小针的运动动程，有利于提高针织机的速度，增加针织机的成圈系统数；而且针口的开闭不是由于旧线圈的作用，因而形成的线圈结构较均匀。

复合针的最大特点是织针分成针身和针芯两部分，在针口打开和关闭阶段，针身与针芯产生反向相对运动，因此完成一个成圈过程织针的动程大幅减小，只是普通舌针的一半左右。这样每一成圈系统所占的宽度减小，有利于增加成圈系统数，可达到每25.4mm（1英寸）针筒直径5个成圈系统，生产效率比舌针圆纬机大幅提高。

复合针针头外形平滑，符合成圈要求，在成圈过程中线圈不会受到不合理的扩张。复合针与钩针、舌针在针头外形上的比较如图1-4所示。舌针针廓尺寸在1.0~1.55mm之间变化，钩针的针廓尺寸更是时大时小，复杂多变，这会引起线圈变形。而复合针的针廓尺寸只是在0.85~1.0mm之间变化，而且是逐渐过渡的。因此，复合针使得成圈均匀度提高，且织疵也减少很多。

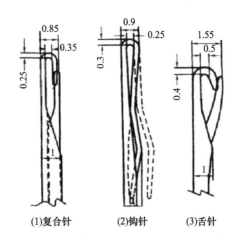

图1-4 三种针外形与尺寸比较

(1)复合针　(2)钩针　(3)舌针

（二）复合针的成圈过程

复合针的成圈过程如图1-5所示，也可分为以下八个阶段。

1. 退圈 针身1上升，针芯2保持不动，针口打开，在针头中的旧线圈4向针身下方移，到达1与2交汇处，此时针身1和针芯2同时上升，旧线圈4滑至针杆上完成退圈，如图1-5中针1~4。

2. 垫纱 针身 1 升至最高点，从导纱器引出的新纱线 a 垫入针钩下，如图 1-5 中针 4~5。

3. 闭口 针身 1 和针芯 2 同时下降，后针芯停止，针身继续下降，针口开始关闭，如图 1-5 中针 6~8。此时，旧线圈和新喂入的纱线分割在针芯两侧，为新纱线穿过旧线圈做准备。

4. 套圈 针身 1 和针芯 2 继续下降，旧线圈移至针芯 2 外开始套圈，如图 1-5 中针 8。

5. 弯纱 针身 1 的下降使针钩接触新纱线开始逐渐弯纱，并一直延续到线圈最终形成，如图 1-5 中针 8~9。

6. 脱圈 针口关闭后，针身 1 和针芯 2 开始同时下降，针口完全关闭，旧线圈从针头脱下，套到进行弯纱的新线圈上，如图 1-5 中针 9。

7. 成圈 复合针下降到最低位置形成一定大小的新线圈，如图 1-5 中针 9。

8. 牵拉 借助牵拉机构产生的牵拉力，将脱下的旧线圈和刚形成的新线圈拉向复合针背后，脱离编织区，为下一次成圈做准备。

复合针的成圈过程

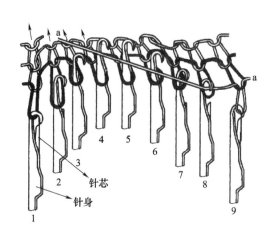

图 1-5　复合针的成圈过程

第二节　纬编针织机

一、纬编针织机的分类与基本结构

纬编针织机按针床数可分为单针床针织机与双针床针织机；按针床形式可分为平形针织机与圆形针织机；按用针类型可分为舌针机、复合针机和钩针机等。

纬编针织机种类与机型很多，一般主要由给纱机构、编织机构、选针机构、针床横移机构、牵拉卷取机构、传动机构、辅助装置和电子控制系统等部分组成。

1. 给纱机构 给纱机构将纱线从纱筒上退绕下来并输送给编织区域。主要起到将纱线从筒子上退绕下来，输送到编织区域，使编织能连续进行的作用。纬编针织机的给纱机构一般有积极式和消极式两种类型。目前生产中常采用积极式给纱，以固定的速度进行喂纱，控制纬编针织物的线圈长度，使其保持恒定，以改善针织物质量。

2. 编织机构　编织机构将给纱机构喂入的纱线编织成针织物。由织针、导纱器、沉降片等多种成圈机件组成。编织机构中能独自将喂入的纱线形成线圈而编织成针织物的编织机构单元称为成圈系统。纬编机一般装有较多的成圈系统，成圈系统数越多，机器运行一圈所编织的横列数就越多，生产效率就越高。

3. 选针机构　选针机构是根据花纹要求对织针进行选择控制，使其进行成圈、集圈或浮线编织的机构。根据产品花纹的形式分为花纹位移式和花纹无位移式两大类。前者仅有提花轮式一种，后者有滚筒式、插片式等。根据控制原理，又分为机械式选针机构和电子式选针机构两种，通常电子控制式形成无位移的花纹。

4. 针床横移机构　针床横移机构用于在横机上使一个针床相对于另一个针床横移过一定的针距，以便线圈转移等编织。整针横移每次移动整针距，用以改变前后针床针之间的对应关系；半针横移每次移动半个针距，用以改变前后"针槽"之间的对位关系。在电脑横机中还可使针床移动二分之一针距，使前后针床针可同时编织又可相互移圈。

5. 牵拉卷取机构　牵拉卷取机构把刚形成的织物从编织区域中引出后，绕成一定形状和大小的卷装，使编织过程顺利进行。牵拉卷取量的调节对编织过程和产品质量有很大的影响，为了使织物密度均匀、幅宽一致，牵拉和卷取必须连续进行，且张力稳定。此外，卷取坯布时，还要求卷装成形良好。

6. 传动机构　传动机构将动力传到纬编针织机的主轴，再由主轴传至各部分，使其协调工作。传动机构要求传动平稳、动力消耗小、便于协调、操作安全方便。

7. 辅助装置　辅助装置是为了保证编织正常进行而附加的，包括自动加油装置，除尘装置，断纱、破洞、坏针检测自停装置和计数装置等。

8. 电子控制系统　纬编机除上述机构外，还配有电子控制系统，不仅能够显示即时反馈的运转数据和故障原因，还能供操作者输入某些技术工艺和生产指令等。

二、常用纬编针织机

在针织行业，一般是根据针织机编织机构的特征和生产织物品种的类别，将目前常用的纬编针织机分为圆纬机、横机和圆袜机三大类。

(一) 圆纬机

圆纬机可分单面机（只有针筒）和双面机（针筒与针盘或双针筒）两类，行业内通常根据其主要特征和加工的织物组织来命名。单面圆纬机有四针道机、提花机、衬垫机（俗称卫衣机）、毛圈机、四色调线机、吊线（绕经）机、人造毛皮（长毛绒）机等。而双面圆纬机则有罗纹机、双罗纹（棉毛）机、多针道机（上针盘二针道下针筒四针道等）、提花机、四色调线机、移圈罗纹机、计件衣坯机等。有些圆纬机集合了两三种单机的功能，扩大了可编织产品的范围，如提花四色调线机、提花四色调线移圈机等。此外，还有可编织半成形无缝衣坯的单面及双面无缝内衣机。

虽然圆纬机的机型不尽相同，但就其基本组成与结构而言，有许多部分是相似的。图1-6所示为普通舌针圆纬机。纱筒1安放在落地纱架2上（有些圆纬机纱筒和纱架配置在机器的上方）。筒子纱线经送纱装置 3 输送到编织机构 4。编织机构主要包括针筒、针筒针、针筒三角、沉降片圆环、沉降片、沉降片三角（单面机）或针盘、针盘针、针盘三角（双面机）、导纱器等机件。针筒转动过程中编织出的织物被编织机构下方的牵拉机构 5 向下牵引，最后由牵拉机构下方的卷取机构 6 将织物卷绕成布卷。7 是电器控制箱与操纵面板。整台圆纬机还包括传动机构、机架、辅助装置等。

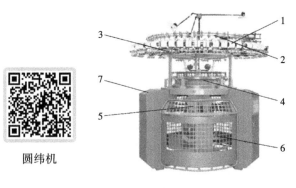

圆纬机

图 1-6 普通舌针圆纬机外形

圆纬机（circular knitting machine）的针床为圆筒形和圆盘形，针筒直径一般在 356～965mm（14～38 英寸），机号一般在 E16～40。除了少数机器采用钩针或复合针外，绝大多数圆纬机均配置舌针。舌针圆纬机的成圈系统数较多，通常 25.4mm（1 英寸）针筒直径有 1.5～4 路，因此生产效率较高。圆纬机主要用来加工各种结构的针织毛坯布，其中以 762mm（30 英寸）、864mm（34 英寸）和 965mm（38 英寸）筒径的机器居多，较小筒径的圆纬机可用来生产各种尺寸的内衣大身部段（两侧无缝），以减少裁耗。圆纬机的转速随针筒直径和所加工织物的结构而不同，一般最高圆周线速度在 0.8～1.5m/min 范围内。

（二）横机

横机（flat knitting machine）的针床呈平板状，一般具有前后两个针床，采用舌针。针床宽度在 500～2500mm，机号在 E1.5～18。横机主要用来编织毛衫衣片或全成形毛衫、手套以及衣领、下摆和门襟等。与圆纬机相比，横机具有组织结构变化多、翻改品种方便、可编织半成形和全成形产品以减少裁剪造成的原料损耗等优点，但也存在成圈系统较少（一般 1～4 路）、生产效率较低、机号相对较低和可加工的纱线较粗等不足。

根据传动和控制方式的不同，一般可将横机分为手摇横机、半自动横机和计算机控制全自动横机（即电脑横机）几类。随着电脑横机设备的创新与发展，现已成为毛衫行业的主要生产机种。图 1-7 所示为电脑横机。纱筒 1 安放在纱架 2 上。纱线经送纱装置 3 输送到编织机构。编织机构包括：插有舌针的固定的针床 4（针床横移瞬间除外），往复移动的机头 5（其中配置有三角、导纱器等机件）等，机头沿针床往复移动编织出的衣片被牵拉装置 6 向下牵引，7 是操控面板。整台电脑横机还包括针床横移机构、传动机构、机架、电器控制箱和辅助装置等部分。

（三）圆袜机

圆袜机（circular hosier machine, tubular stocking machine）用来生产圆筒形的各种成形袜子。该机的针筒直径较小，一般在 71～141mm（2.25～4.5 英寸），机号为 E7.5～36，成圈系统数为 2～4 路。针筒的圆周线速度与圆纬机接近。圆袜机的外形与各组成部分与圆纬机相近，只是尺寸要小许多，如图 1-8 所示。

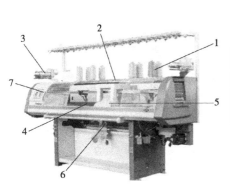

横机

圆袜机

图 1-8　圆袜机

图 1-7　电脑横机

圆袜机采用舌针，有单针筒和双针筒两类，通常根据所加工的袜品来命名。如单针筒袜机有素袜机、折口袜机、绣花（添纱）袜机、提花袜机、毛圈袜机、移圈袜机等，双针筒袜机有素袜机、绣花袜机、提花袜机等。

第三节　纬编针织物组织的分类及表示方法

一、纬编针织物组织的分类

纬编针织物种类很多，通常用组织来命名、分类并表征其结构。纬编针织物组织定义为组成针织物的基本结构单元（线圈、集圈、浮线）以及附加纱线或纤维集合体的配置、排列、组合与联结的方式，决定了针织物的外观和性质。

如图 1-9 所示为某种纬编针织物组织。其中除了线圈外，还包含集圈（又称集圈悬弧）1 和浮线 2，并且线圈、集圈和浮线这三种结构单元按照一定方式排列组合。

如图 1-10 所示为另一种纬编针织物组织，称为衬纬组织，其中除了线圈 1 外，还包含黑色的横向附加纱线 2，即衬纬纱，并且线圈与衬纬纱按照一定方式配置。

纬编针织物的组织一般可以分为基本组织、变化组织和花色组织三类。

（一）基本组织

由线圈以最简单的方式组合而成，是针织物各种组织的基础。纬编基本组织包括平针组织、罗纹组织和双反面组织。

（二）变化组织

由两个或两个以上的基本组织复合而成，即在一个基

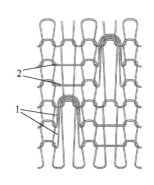

图 1-9　纬编针织物组织结构单元
排列组合（线圈结构图）

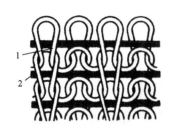

图 1-10 线圈和附加纱线

本组织的相邻线圈纵行之间，配置另一个或者另几个基本组织，以改变原来组织的结构与性能。纬编变化组织有变化平针组织、双罗纹组织等。

（三）花色组织

为了丰富针织物外观、改善性能，可通过改变编织状态或纱线配置形式等形成多种花色组织，纬编花色组织主要有提花组织、集圈组织、添纱组织、衬垫组织、毛圈组织、长毛绒组织、纱罗组织、菠萝组织、波纹组织、横条组织、绕经组织、衬纬组织、衬经衬纬组织和复合组织等。

二、纬编针织物结构的表示方法

为了简明清楚地显示纬编针织物的结构，便于织物设计与制订上机工艺，需要采用一些图形与符号来表示纬编针织物组织结构和编织工艺。目前常用的有线圈图、意匠图、编织图和三角配置图。

（一）线圈图

线圈在织物内的形态用图形表示称为线圈图或线圈结构图。可根据需要表示织物的正面或反面。

从线圈图中，可清晰地看出针织物结构单元在织物内的连接与分布，有利于研究针织物的性质和编织方法。但这种方法仅适用于较为简单的织物组织，因为复杂的结构和大型花纹一方面绘制比较困难，另一方面也不容易表示清楚。

（二）意匠图

意匠图是把针织结构单元组合的规律，用人为规定的符号在小方格纸上表示的一种图形。

每一方格行和列分别代表织物的一个横列和一个纵行。根据表示对象的不同，常用的有结构意匠图和花型意匠图。

1. 结构意匠图 它是将针织物的线圈（knit）、集圈（tuck）、浮线（float）［即不编织（non-knit）］三种基本结构单元，用规定的符号在小方格纸上表示。一般用符号"☒"表示正面线圈，"☉"表示反面线圈，"☒"表示集圈，"☐"表示浮线（不编织）。图 1-11（1）表示某一单面织物的线圈图，图 1-11（2）是与线圈图相对应的结构意匠图。

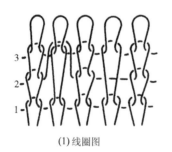

（1）线圈图

（2）结构意匠图

图 1-11 线圈图与结构意匠图

尽管结构意匠图可以用来表示单面和双面的针织物结构，但通常用于表示由成圈、集圈和浮线组合的单面变换与复合结构，而双面织物一般用编织图来表示。

2. 花型意匠图 这是用来表示提花织物正面（提花的一面）的花型与图案。每一方格均代表一个线圈，方格内符号的不同仅表示不同颜色的线圈。至于用什么符号代表何种颜色的线圈可由各人自己规定。图 1-12 为三色提花织物的花型意匠图，假定其中"⊠"代表红色线圈，"◎"代表蓝色线圈，"□"代表白色线圈。

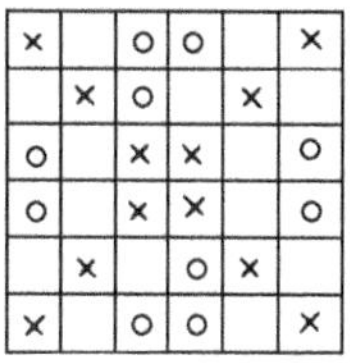

×		○	○		×
	×	○		×	
○		×	×		○
○		×	×		○
	×		○	×	
×		○	○		×

图 1-12 花型意匠图

在织物设计与分析以及制订上机工艺时，请注意区分上述两种意匠图所表示的不同含义。

（三）编织图

编织图是将针织物的横断面形态，按编织的顺序和织针的工作情况，用图形表示的一种方法。

表 1-1 列出了编织图中的常用符号，其中每一根竖线代表一枚织针。对于纬编针织机中广泛使用的舌针来说，如果有高踵针和低踵针两种针（即针踵在针杆上的高低位置不同），本书规定用长线表示高踵针，用短线表示低踵针。图 1-13 所示为罗纹组织和双罗纹组织的编织图。

表 1-1 编织图中的常用符号

编织方法	下针	上针	上下针
成圈	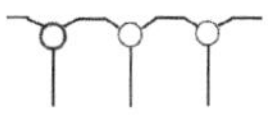	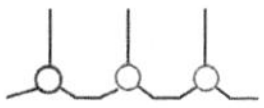	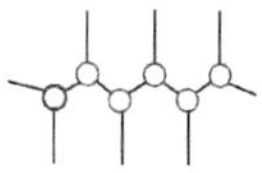
集圈	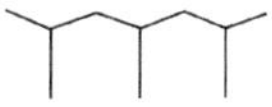	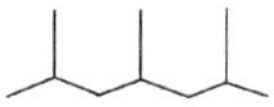	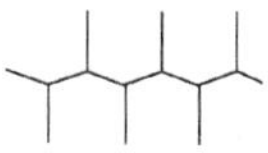
浮线			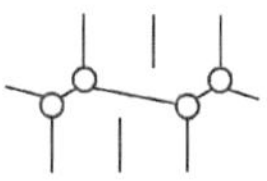
抽针	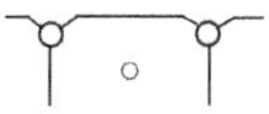		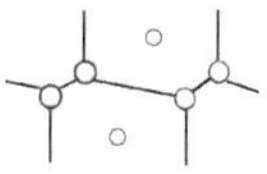

编织图不仅表示了每一枚针所编织的结构单元，而且显示了织针的配置与排列。这种方法适用于大多数纬编针织物，尤其是表示双面纬编针织物。

（四）三角配置图

在普通舌针纬编机上，针织物的三种基本结构单元是由成圈三角、集圈三角和不编织三角作用于织针而形成的。因此，除了用编织图等外，还可以用三角的配置图来表示舌针纬编

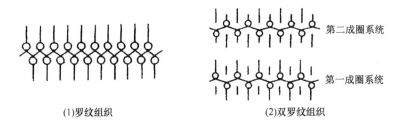

(1)罗纹组织 　　　　　　　　(2)双罗纹组织

图1-13　罗纹组织和双罗纹组织的编织图

机织针的工作状况以及织物的结构，这在编排上机工艺的时显得尤为重要。表1-2列出了三角配置的表示方法。

表1-2　成圈、集圈和不编织的三角配置表示方法

三角配置方法	三角名称	表示符号
成圈	针盘三角	V
	针筒三角	∧
集圈	针盘三角	⌴
	针筒三角	⌐
不编织	针盘三角	—
	针筒三角	—

注　当三角不编织时，有时可用空白来取代符号"—"。

　　一般对于织物结构中的每一根纱线，都要根据其编织状况排出相应的三角配置。表1-3和图1-13（2）所示为相对应的编织双罗纹组织的三角配置图。

表1-3　编织双罗纹组织的三角配置

三角	位置	第一成圈系统	第二成圈系统
上三角	低档	—	V
	高档	V	—
下三角	高档	∧	—
	低档	—	∧

　　例如图1-11中带有集圈和浮线的单面针织物，其线圈图、意匠图、编织图和三角配置如图1-14所示。

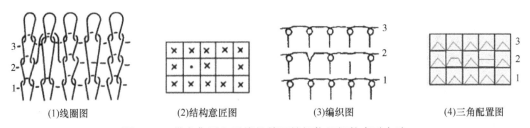

(1)线圈图　　　　　(2)结构意匠图　　　　　(3)编织图　　　　　(4)三角配置图

图1-14　带有集圈和浮线的单面针织物组织的表示方法

第四节　针织用纱与织前准备

一、针织用纱的基本要求

针织工艺可以加工的纱线种类很多。有生产服用和装饰用的天然纤维与化学纤维纱线，如棉纱、毛纱、麻纱、真丝、黏胶丝、涤纶丝、锦纶丝、腈纶纱、丙纶丝、氨纶丝等，还有满足特种产业用途的玻璃纤维丝、金属丝、芳纶丝等。原料的组分可以是仅含一种纤维的纯纺纱或含两种以上纤维的混纺纱。纱线的结构可分为短纤维纱线、长丝和变形纱等。

为了保证针织过程的顺利进行以及产品的质量，对针织用纱有下列基本要求。

（1）具有一定的强度和延伸性，以便能够弯纱成圈。

（2）捻度均匀且偏低。捻度高易导致编织时纱线扭结，影响成圈，而且纱线变硬，使线圈产生歪斜。

（3）细度均匀，纱疵少。粗节和细节会造成编织时断纱或影响布面的线圈均匀度。

（4）抗弯刚度低，柔软性好。抗弯刚度高，即硬挺的纱线难以弯曲成线圈，或弯纱成圈后线圈易变形。

（5）表面光滑，摩擦系数小。表面粗糙的纱线会在经过成圈机件时产生较高的纱线张力，易造成成圈过程纱线断裂。

二、针织前准备

进入针织厂的纱线多数是筒子纱，也有少量是绞纱。绞纱需要先卷绕在筒管上变成筒子纱才能上机编织。随着纺纱和化纤加工技术的进步，目前提供给针织厂的筒子纱一般都可以直接上机织造，无须络纱或络丝。如果筒子纱的质量、性能和卷装无法满足编织工艺的要求，如纱线上杂质疵点太多、摩擦系数太大、抗弯刚度过高、筒子容量过小等，则需要重新进行卷绕即络纱（短纤纱）或络丝（长丝）。络纱（丝）称为纬编针织前准备。

（一）络纱（丝）

络纱或络丝（winding）可以达到以下目的：一是使纱线卷绕成一定形式和一定容量的卷装，满足编织时纱线退绕的要求。采用大卷装可以减少针织生产中的换筒，为减轻工人劳动强度、提高机器的生产效率创造良好条件，但要考虑针织机的筒子架上能否安放。二是去除纱疵和粗细节，提高针织机生产效率和产品质量。三是可以对纱线进行必要的辅助处理，如上蜡、上油、上柔软剂、上抗静电剂等，以改善其编织性能。

络纱机种类较多，常用的有槽筒络纱机和菠萝锭络丝机。前者主要用于络取棉、毛及混纺等短纤维纱，而后者用于络取长丝。菠萝锭络丝机的络丝速度及卷装容量都不如槽筒络纱机。此外，还有松式络筒机，可以将棉纱等纱线络成密度较松且均匀的筒子，以便进行筒子染色，用于生产色织产品。

络纱机的主要机构和作用如下：卷绕机构使筒子回转以卷绕纱线；导纱机构引导纱线有规律地复布于筒子表面；张力装置给纱线以一定张力；清纱装置检测纱线的粗细，清除附在纱线上的杂质疵点；防叠装置使层与层之间的纱线产生移位，防止纱线的重叠；辅助处理装置可对纱线进行上蜡和上油等处理。

在上机络纱或络丝时，应根据原料种类与性能、纱线细度、筒子硬度等方面的要求，调整络纱速度、张力装置的张力大小、清纱装置的刀门隔距、上蜡上油的蜡块或乳化油成分等工艺参数，并控制卷装容量，以生产质量合乎要求的筒子。

（二）卷装

筒子的卷装形式有多种，针织生产中常用的有圆柱形筒子、圆锥形筒子和三截头圆锥形筒子。

1. 圆柱形筒子 圆柱形筒子主要来源于化纤厂，原料多为化纤长丝。其优点是卷装容量大，但筒子形状不太理想，退绕时纱线张力波动较大。

2. 圆锥形筒子 圆锥形筒子是针织生产中广泛采用的一种卷装形式。它的退绕条件好，容纱量较多，生产效率较高，适用于各种短纤维纱，如棉纱、毛纱、涤/棉混纺纱等。

3. 三截头圆锥形筒子 三截头圆锥形筒子俗称菠萝形筒子，其退绕条件好，退绕张力波动小，但是容纱量较少，适用于各种长丝，如化纤长丝、真丝等。

思考练习题

1. 说明舌针、复合针和钩针的结构特点及成圈过程。

2. 说明纬编针织物组织分类，各有何特点？

3. 纬编针织物结构的表示方法有几种，各自的适用对象有哪些？

4. 纬编针织机一般包括哪些部分，主要技术规格参数有哪些？

5. 机号与可以加工纱线的细度有何关系？

6. 常用的纬编针织机有几类，各自的特点与所加工的产品是什么？

7. 针织用纱有哪些基本要求？

8. 筒子的卷装形式有几种？各适用什么原料？

9. 通过调研，阐述科技创新在纬编针织生产设计中的发展情况及发挥的作用。

第二章 纬编基本组织与变化组织及圆机编织工艺

1. 掌握纬编基本组织与变化组织的概念、结构、特性、用途和编织方法。
2. 掌握单面舌针圆纬机、单面复合针圆纬机、罗纹机、双罗纹机和双反面机的成圈机件与成圈过程。
3. 能够识别各种纬编基本组织和变化组织织物，并能根据其特性和用途设计产品。
4. 能够正确选择圆机编织对应的纬编基本组织与变化组织，并能有效分析和处理成圈过程出现的问题。

第一节 纬平针组织及编织工艺

一、纬平针组织的结构

纬平针组织（plain stitch，jersey stitch）又称平针组织，由连续的单元线圈向一个方向串套而成，是单面纬编针织物的基本组织（图2-1）。纬平针组织的两面具有不同的外观，一面是正面线圈，即沿线圈纵行方向呈现连续的 V 形外观，如图2-1（1）所示；另一面是反面线圈，即由横向相互连接的圈弧所形成的波纹状外观，如图2-1（2）所示。图2-1（3）和（4）分别是纬平针组织正反面的实物图。在编织时，线圈从织物的反面向正面穿套过来，纱线中的一些杂质和粗节被阻挡在织物的反面，因此，织物正面比反面更加光洁、平整。而且由于对光线的反射不同，反面较正面暗淡。

  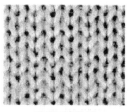 

(1)正面线圈　　　　(2)反面线圈　　　　(3)正面实物图　　　　(4)反面实物图

图 2-1　纬平针组织

二、纬平针组织的特性与用途

(一) 线圈歪斜

纬平针组织在自由状态下，线圈常发生歪斜现象，这在一定程度上影响织物的外观与使用。线圈歪斜是由于加捻纱线的捻度不稳定力图退捻而引起的。线圈的歪斜方向与纱线的捻向有关，当采用 Z 捻纱编织时，线圈沿纵行方向由左下向右上倾斜，如图 2-2 (1) 所示；当采用 S 捻纱编织时，线圈沿纵行方向由右下向左上倾斜，如图 2-2 (2) 所示。

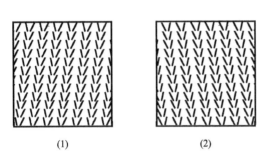

(1)   (2)

图 2-2　纬平针织物的线圈歪斜

线圈的歪斜程度主要受捻度影响，捻度越大，线圈歪斜越严重。除此之外，它还与纱线的抗弯刚度、织物的稀密程度等有关。纱线的抗弯刚度越大，织物的密度越小，歪斜也越严重。采用低捻和捻度稳定的纱线，或两根捻向相反的纱线进行编织，适当增加织物的密度，都可以减小线圈的歪斜。在股线中，由于单纱捻向与股线捻向相反，所以在捻比合适的情况下，用股线编织的纬平针织物就不会产生线圈歪斜的现象。

(二) 卷边性

纬平针织物的边缘具有明显的卷边现象，这是由于织物边缘线圈中弯曲的纱线受力不平衡，在自然状态下力图伸直引起的。图 2-3 (2) 为纬平针织物 [图 2-3 (1)] 线圈横列的断面，其中圆弧线段 1—1 和 2—2 为针编弧，3—3 和 4—4 为沉降弧。在织物边缘，在自然状态下，由于弯曲的纱线段 3—3 的一端没有使其弯曲的力的作用，力图向下伸直，从而破坏了纱线段 1—1 的受力平衡，也使其力图向下伸直，以此类推，纱线段 2—2、4—4 也同样向下伸直，从而形成了图中虚线所示的织物边缘卷起的现象。从图中可以看出，它是向织物的反面卷曲。同理，如图 2-3 (3) 所示，在织物的纵行断面中，弯曲的圈柱力图向织物的正面伸直，从而使织物边缘向正面卷曲。图 2-3 (4) 是织物卷边后的情形，图 2-3 (5) 是织物卷边实物图。

卷边性不利于裁减缝纫等成衣加工。但可以利用这种卷边特性来设计一些特殊的织物结构。纱线的抗弯刚度、粗细和织物的密度都对织物的卷边性有影响。

(三) 脱散性

纬平针织物可沿织物横列方向脱散，也可以沿织物纵行方向脱散。如图 2-4 (1) 所示，横向脱散发生在织物边缘，此时纱线没有断裂，抽拉织物最边缘一个横列的纱线端可使纱线从整个横列中脱散出来，它可以被看作编织的逆过程。纬平针织物沿顺编织方向和逆编织方向都可进行横向脱散。纵向脱散发生在织物中某处纱线断裂时，如图 2-4 (2) 所示，当线圈 a 的纱线断裂后，线圈 b 由于失去了串套联系就会向织物正面翻转，从线圈 c 中脱离出来，严重时会使整个纵行的线圈从断纱处依次从织物中脱离出来。

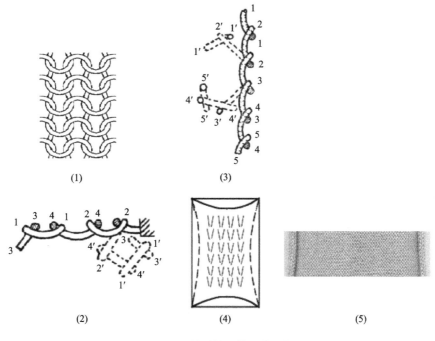

（1）　　　　　　　　　　　（3）

（2）　　　　　（4）　　　　　　（5）

图2-3　纬平针织物的卷边性

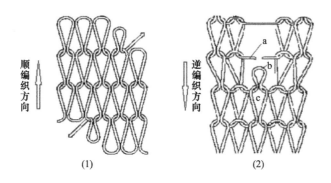

（1）　　　　　　　　　　　（2）

图2-4　纬平针织物的脱散性

织物的脱散性与纱线的光滑程度、抗弯刚度和织物的稀密程度有关，也与织物所受到的拉伸程度有关。纱线越光滑、抗弯刚度越大、织物越稀松，越容易脱散，当受到拉伸时，会加剧织物的脱散。

（四）延伸性

纬平针织物在纵向拉伸时的线圈形态如图2-5所示。此时在拉伸力的作用下，圈弧向圈柱转移直至相邻纵行的线圈圈弧紧密接触，圈高达到最大值为 B_{max}，圈距达到最小值为 A_{min}，如果将针编弧和沉降弧看作两个半圆与圈柱连接，并认为其直径等于3个纱线直径 d，即 $G=3d$，此时圈柱2—3和4—5可以近似地等于圈高

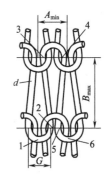

图2-5　纬平针织物纵向拉伸

B_{max}，从而可以得到线圈的总长度 l 为：

$$l \approx 3\pi d + 2B_{max} \tag{2-1}$$

则最大拉伸时的圈高 B_{max} 为：

$$B_{max} = \frac{l - 3\pi d}{2} \tag{2-2}$$

而此时最大圈高和圈高的比值 Y_B 为：

$$Y_B \approx \frac{B_{max}}{B} = \frac{l - 3\pi d}{2B} \tag{2-3}$$

图 2-6 所示为纬平针织物横向拉伸的示意图。此时线圈的圈柱转变为圈弧，圈弧伸直而圈柱弯曲。如图 2-6（1）所示，一个完整的线圈长度包括了两个圈弧部段 2—3—4、5—6—7 和两个圈柱部段 1—2、4—5。拉伸后的圈弧部段可以被看作两条直线，其长度近似地等于此时的圈距 A_{max}，而此时的圈柱部段如图 2-6（2）所示，可以被近似地看作一个半圆弧，其直径 d 近似地等于三个纱线直径，即 $3d$。这样，一个完整的线圈长度 l 就可以表示为：

$$l \approx 3\pi d + A_{max} \tag{2-4}$$

则横向最大拉伸时的圈距 A_{max} 为：

$$A_{max} \approx l - 3\pi d \tag{2-5}$$

此时最大圈距和圈距的比值 Y_A 为：

$$Y_A \approx \frac{l - 3\pi d}{A} \tag{2-6}$$

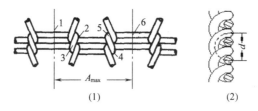

图 2-6 纬平针织物横向拉伸

比较式（2-3）和式（2-6），可以看出，纬平针织物在横向拉伸时有更大的延伸性。

（五）用途

纬平针组织织物轻薄、用纱量少，主要用于生产内衣、袜品、毛衫、服装的衬里和某些涂层材料底布等。纬平针组织也是其他单面花色织物的基本结构。

三、单面舌针圆纬机的编织工艺

单面圆纬机是指由一组针编织的圆形纬编针织机。常见的有使用钩针的台车、吊机和使用舌针的单针筒圆纬机，目前单面舌针圆纬机（以下简称单面圆机）使用较为广泛。早期的单面圆机只有一条三角针道，采用一种针踵的舌针，主要编织纬平针等结构简单的单面织物。现已发展到多条三角针道，采用多种针踵位置不同的舌针，三角也可以在成圈、集圈、不编织三种工作方式之间变换，使用最广泛的是四针道单面圆机，可以编织平针、彩色横条、集圈等多种织物结构，如再更换一些成圈机件，还可编织衬垫、毛圈等花色织物。本节主要介绍单面圆机编织纬平针组织的成圈编织工艺。

（一）成圈机件及其配置

单面圆机可以带有或不带沉降片。由于前者编织的织物质量较好，所以占绝大多数。带有沉降片的单面圆机的成圈机件及其配置如图 2-7（1）所示。舌针 1 垂直插在针筒 2 的针槽中。沉降片 3 水平插在沉降片圆环 4 的片槽中。舌针与沉降片呈一隔一交错配置，沉降片圆环与针筒同步回转。箍簧 5 作用在舌针针杆上，防止在针筒转动时由于惯性力的作用而使舌针向外扑。舌针在随针筒转动的同时，针踵在织针三角座 6 上的三角 7 的作用下，推动织针在针槽中上下运动完成相应的成圈动作。沉降片三角 9 安装在沉降片三角座 8 上，沉降片在随沉降片圆环转动的同时，其片踵受沉降片三角的作用沿径向作进出运动，配合舌针完成成圈运动。导纱器 10 安装在针筒外侧，固定不动，起到对织针垫纱的作用。图 2-7（2）所示为舌针与针筒之间的关系。

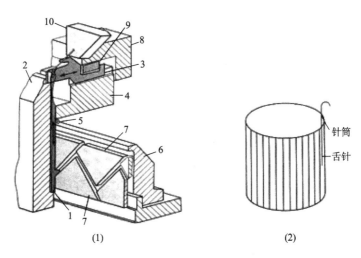

(1)　　　　　　　　　　　　(2)

图 2-7　单面圆纬机成圈机件及其配置

1. 织针　单面圆机上用的舌针如图 1-1（1）所示。

2. 沉降片　沉降片是用来配合舌针进行成圈的。沉降片的结构如图 2-8 所示。1 是片鼻，2 是片喉，两者用来握持线圈的沉降弧，防止舌针上升退圈阶段，旧线圈随针一起上升。3 是片颚，其上沿（即片颚线）

图 2-8　普通沉降片的结构

用于弯纱时握持纱线，故片颚线所在平面又称握持平面。4 是片踵，用来控制沉降片的运动。

3. 三角　纬编机的三角实际上就是一种机械凸轮，它是用于驱动作为从动件的织针完成相应的机械运动，从而将纱线编织成线圈。单面圆机的三角分为织针三角和沉降片三角。织针三角控制织针沿针槽作上下运动，沉降片三角控制沉降片沿针筒径向作进出运动。

（1）织针三角。织针三角的形状和结构虽然因机型不同而不同，但其主要应包括退圈三角 1 和弯纱三角 2 两部分，如图 2-9 所示。退圈三角又称起针挺针三角，控制织针上升完成退圈动作；弯纱三角又称成圈三角、压针三角，控制织针下降，完成闭口、套圈、脱圈和成圈动作。退圈三角一般是固定不动的，弯纱三角则需要能够沿着铅垂方向上下移动，用以改变弯纱深度，适应所编织织物的线圈大小设计要求。

（2）沉降片三角。如图2-10所示，沉降片三角1固装在沉降片三角座内，作用于沉降片片踵2上，使其沿径向作进出运动，协助织针退圈、脱圈和对织物进行牵拉，配合舌针完成成圈动作。

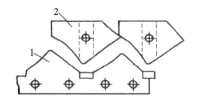
图2-9　织针三角

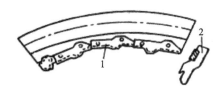
图2-10　沉降片三角

4. 导纱器（又称钢梭子）　导纱器主要是用来垫纱的，其结构如图2-11所示。1是导纱孔，用来引导纱线；2是调节孔，可调节导纱器的高低位置，导纱器前端为一平面，在舌针上升退圈阶段，可防止因针舌反拨将针口关闭产生漏针。

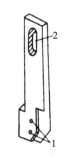
图2-11　导纱器

（二）成圈过程

编织纬平针组织的成圈过程如图2-12所示。

1. 退圈　图2-12（1）至（3）为舌针退圈的过程。图2-12（1）所示为成圈过程的起始时刻，当织针针头通过沉降片片颚平面线时，沉降片向针筒中心挺足，用片喉握持旧线圈的沉降弧，防止退圈时织物随针一起上升。图2-12（2）所示为上升到集圈高度，又称第一退圈高度或退圈不足高度，此时旧线圈仍在针舌上，尚未退到针杆上。图2-12（3）所示为织针上升至最高点，旧线圈退到针杆上，完成退圈。

2. 垫纱　如图2-12（4）所示，退圈结束后，舌针在弯纱三角的作用下开始下降，在下降过程中，舌针从导纱器勾取新纱线，沉降片向外退出，为弯纱做准备。

3. 闭口、套圈　如图2-12（5）所示，舌针继续下降，旧线圈推动针舌向上转动从而关闭针口，并套在针舌外。此时，沉降片移至针筒最外侧，片鼻离开针平面，防止新纱线在片鼻上弯纱。

4. 弯纱、脱圈、成圈　舌针继续下降，针钩接触新纱线开始弯纱，针头低于片颚线时，旧线圈从针头上脱下，套在新形成的线圈上，如图2-12（6）所示，舌针下降到最低点，新纱线搁在沉降片片颚上弯纱，新线圈形成。

5. 牵拉　如图2-12（6）所示，沉降片从针筒外侧向针筒中心挺进，用片喉握持新形成线圈的沉降弧，将旧线圈推向针背，以防止在下一成圈过程开始时旧线圈重新套在针钩上。同时，为避免新形成的线圈张力过大，舌针作少量回升。

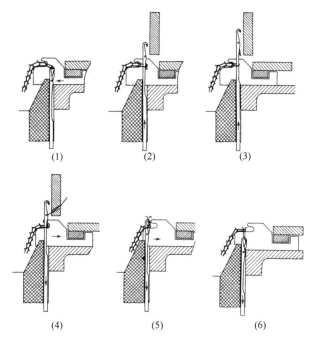

编织纬平针组
织的成圈过程

图 2-12　单面圆机编织纬平针组织的成圈过程

（三）成圈过程分析

1. 退圈　在单面舌针圆纬机上，退圈是一次完成的。即舌针在退圈三角的作用下从最低点上升到最高位置。如图 2-13 所示，当织针从弯纱最深点上升到退圈最高点时，舌针上升的动程为 H，它与针钩头端到针舌末端的距离 L、弯纱深度 X 和退圈空程 h 有关。退圈空程 h 是由于线圈与针之间存在着摩擦力，使线圈在退圈时随针一起上升而产生的。退圈空程 h 的大小与纱线对针之间的摩擦系数以及包围角有关。从理论上来说，当线圈随针上升并偏转至垂直位置时，空程最大，即：

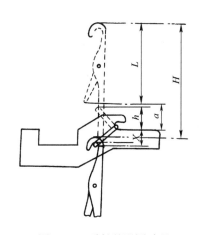

图 2-13　舌针的退圈动程

$$h_{max} = 0.5l_{max} \tag{2-7}$$

式中：l_{max}——机上可能加工的最长线圈长度。

为了保证在任何情况下都能可靠地退圈，设计针上升的动程 H 时应保证针舌尖距沉降片片颚的距离 $a \geqslant h_{max}$。

虽然增加针的上升动程 H 有利于退圈，但在退圈三角角度保持不变的条件下，增加 H 意味着一路三角所占的横向尺寸也增大，从而使在针筒周围可以安装的成圈系统数减少，使机器的效率降低。同样，如果降低针上升的动程 H，在机器路数不变的情况下，可以减小退圈三角角度，有利于提高机器速度。因此应在保证可靠退圈的前提下，尽可能减小针上升的动程。目前降低针上升动程 H 的有效办法是在保证针钩里可以容纳足够粗细的纱线和可靠垫纱的情况下，采用短针钩舌针。采用复合针来代替舌针也可以降低织针的上升动程，不过，由于机构的复杂性，在纬编圆机中目前还很少采用复合针。

针舌形似一根悬臂梁，在退圈阶段当旧线圈从针舌上滑下的瞬间，针舌将产生弹跳关闭针口（又称反拨），从而使在垫纱阶段新纱线不能垫入针钩里造成漏针，所以要有相应的防止针舌反拨的装置，现在一般用导纱器来防止针舌反拨。

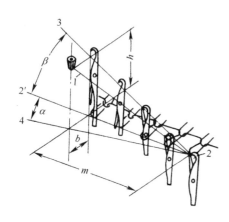

图 2-14　舌针垫纱

2. 垫纱　退圈结束后，针开始沿弯纱三角下降，将纱线垫放于针钩之下，此时导纱器的位置应符合工艺要求，才能保证正确地垫纱。

如图 2-14 所示，从导纱器引出的纱线 1 在针平面（针所在的实际是一圆柱面，由于针筒直径很大，垫纱期间舌针经过的弧长很短，所以可将这一段视为平面）上投影线 3 与沉降片片颚线 2—2'（也称为握持线）之间的夹角 β 称为垫纱纵角。纱线 1 在水平面上的投影线 4 与沉降片片颚线 2—2' 之间的夹角 α 称为垫纱横角。只有保证正确的垫纱角度，才能够使纱线准确地垫入针钩。在实际生产中，是通过调节导纱器的高低位置 h、前后（径向进出）位置 b 和左右位置 m 得到合适的垫纱纵角 β 与横角 α。由图可知：

$$\tan\alpha = \frac{b}{m} = \frac{b}{t \cdot n} \tag{2-8}$$

$$\tan\beta = \frac{h}{m} = \frac{h}{t \cdot n} \tag{2-9}$$

式中：b——导纱器至针平面的水平距离，mm；

h——导纱器至沉降片片颚线的垂直距离，mm；

m——导纱器至线圈脱圈处的水平距离，mm；

t——针距，mm；

n——从导纱器至线圈脱圈处的针距数。

在生产中，要根据机器的编织情况准确地调整导纱器。如果垫纱横角 α 过大，纱线将会远离针钩难以垫到针钩里面，从而造成漏针；如果 α 过小，可能发生针钩与导纱器碰撞，引起针和导纱器损坏。当垫纱纵角 β 过大时，易使针从纱线下面穿过，不能钩住纱线，造成漏针；而 β 角过小，在闭口阶段纱线可能会在针舌根部被夹持住，使纱线被轧毛甚至断裂。

在确定导纱器的左右位置时，除了要保证正确垫纱外，还要兼顾两点：一是在退圈时要能挡住已开启的针舌，防止其反拨；二是在针舌打开（退圈过程中）和关闭（闭口阶段）时导纱器不能阻挡其开闭

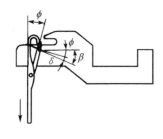

图 2-15　套圈时线圈的倾斜

动作。

3. 套圈　当针踵沿弯纱三角斜面继续下降时，旧线圈将沿针舌上升，套在针舌上。图2-15所示为套圈时线圈的位置，由于摩擦力以及针舌倾斜角 ϕ 的关系，旧线圈处于针舌上的位置是呈倾斜状，与水平面之间有一夹角 β 。从图2-15可见，$\beta = \phi + \delta$，δ 的大小与纱线同针之间的摩擦有关。因 ϕ 角的存在，随着织针的下降，套在针舌上的纱线长度在逐渐增加，在旧线圈将要脱圈时达到最长。当编织较紧密，即线圈长度较短的织物时，套圈的线圈将从相邻线圈转移过来纱线。弯纱三角的角度会影响纱线的转移，角度大，同时参加套圈的针数就少，有利于纱线的转移；反之，角度减小，同时套圈的针数增加，不利于纱线的转移，严重时会造成套圈纱线的断裂。

4. 弯纱、脱圈与成圈　针下降过程中，从针钩内点接触到新纱线起即开始了弯纱，并伴随着旧线圈从针头上脱下而继续进行，直至新纱线弯曲成圈状并达到所需的长度为止，此时形成了一定长度封闭的新线圈。针钩钩住的纱线下沿低于沉降片片颚线的垂直距离 X 称为弯纱深度，如图2-16所示。

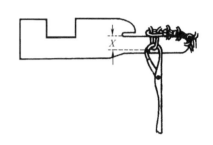

图2-16　弯纱深度

弯纱按其进行的方式可分为夹持式弯纱和非夹持式弯纱两种。当第一枚针结束弯纱，第二枚针才开始进行弯纱时为非夹持式弯纱。当同时参加弯纱的针数超过一枚时为夹持式弯纱。弯纱按形成线圈纱线的来源可分为有回退弯纱和无回退弯纱。形成一只线圈所需要的纱线全部由导纱器供给称为无回退弯纱。形成线圈的一部分纱线是从已经弯成的线圈中转移而来的称为有回退弯纱。单面圆机属于有回退的夹持式弯纱，在这种弯纱方式中纱线张力将随参加弯纱针数的增多而增大。弯纱区域的纱线张力，特别是最大弯纱张力，是影响成圈过程能否顺利进行以及织物品质的重要参数。

图2-17（1）为弯纱过程中针与沉降片之间的相对位置。其中 S_1、S_2、…为沉降片，N_1、N_2、…为舌针，T_1、T_2、…为纱线各部段的张力。T_1 是从导纱器输入纱线的张力，为给纱张力。另设 T'（图中未表示）是牵拉时作用在每根纱线上的力，简称牵拉张力。AB 为沉降片颚线，又称握持线，γ 为弯纱三角角度，X 为弯纱深度。

假定纱线为绝对柔软体，即不考虑其弯曲刚度，且直径相对于成圈机件的尺寸很小可忽略不计，它在经过一个机件（舌针 N 或沉降片 S）时与该机件的接触包围角为 θ，如图2-17（2）所示，纱线与机件间的摩擦系数是 μ，则根据欧拉公式，可得该机件两侧的纱线输入张力 T_i 与输出张力 T_{i+1} 有下列关系：

$$T_{i+1} = T_i e^{\mu\theta} \tag{2-10}$$

依据这一原理，从输入张力 T_0 开始，纱线在和 S_1、N_1、S_2、…接触过程中，张力将逐渐增大，经过第 n 个成圈机件之后纱线上的弯纱张力 T_n 为：

$$T_n = T_0 e^{\mu\Sigma\theta_n} \tag{2-11}$$

式中：$\Sigma\theta_n$——从喂入点（S_1）至第 n 个成圈机件之间纱线与各个成圈机件之间所形成的包围角总和。

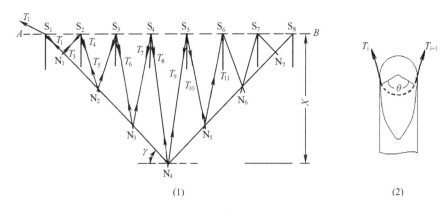

(1)   (2)

图 2-17 弯纱过程中的纱线张力

同理，由于牵拉张力 T' 的作用在经过第 n 个成圈机件时所产生的弯纱张力 T'_n 为：

$$T'_n = T' \mathrm{e}^{\mu(\Sigma\theta - \Sigma\theta_n)} \tag{2-12}$$

式中：$\Sigma\theta$——弯纱区域中纱线与各成圈机件包围角的总和。

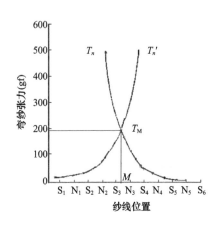

图 2-18 最大弯纱张力位置

根据上述公式，当给定某一给纱张力 T_0、牵拉张力 T' 和摩擦系数 μ 时，可以做出图 2-18 所示的曲线，从中可以得到最大弯纱张力位于 T_n 和 T'_n 相交的一点，此时的弯纱张力 T_M 为：

$$T_M = T_0 \mathrm{e}^{\mu\Sigma\theta_M} = T' \mathrm{e}^{\mu(\Sigma\theta - \Sigma\theta_M)} \tag{2-13}$$

此时，最大弯纱张力的位置处于 S_3 和 N_3 之间的 M 点处，它表明了在 M 点之前弯纱所需要的纱线来自导纱器，在 M 点之后，纱线从已经弯成的线圈转移过来。这里，M 点的位置随给纱张力 T_0、牵拉张力 T' 和摩擦系数 μ 的变化而变化。

根据式（2-13），可以得出影响最大弯纱张力 T_M 的因素主要有：

（1）给纱张力 T_0。T_M 将随 T_0 的增大而增大。

（2）摩擦系数 μ。主要与成圈机件和纱线表面光滑程度有关。纱线表面越粗糙，μ 越大，导致 T_M 也越大。编织较粗糙的纱线，应在络纱或络丝中进行上蜡或给油处理，以改善表面的摩擦性能。此外纱线所经过的成圈机件的表面应尽可能光滑。

（3）牵拉张力 T'。随着牵拉张力 T' 增加，T_M 也增大。应在保证正常编织的情况下，尽量减小牵拉张力。

（4）弯纱三角角度 γ 和弯纱深度 X。当弯纱深度 X 保持不变时，随着弯纱三角角度 γ 的增大，同时参加弯纱的针数将减少，弯纱时纱线与成圈机件包围角总和相应减小，从而使最大弯纱张力 T_M 降低。但 γ 的增大，会使织针在下降时与弯纱三角之间的作用力加大，影响机器速度的提高，导致织针磨损较快。而当弯纱三角角度 γ 一定时，随着弯纱深度 X 的增加，同时参加弯纱的针数会增加，最大弯纱张力 T_M 也会增加。

此外，弯纱三角的底部形状也对弯纱张力有一定的影响。

（四）成圈系统中针与沉降片的运动轨迹

1. 舌针的运动轨迹 舌针的运动轨迹是以舌针的针钩内点在针筒展开平面上的位移图来表示，它由舌针三角的廓面形状所决定。不同的机型，如果三角廓面设计不一样，其舌针的运动轨迹也不相同。典型的舌针运动轨迹如图2-19所示。舌针轨迹中上升与下降所采用的角度，根据工艺要求以及机件的性能有可能不同。一般退圈角度（起针角）ϕ 较弯纱角度（压针角）γ 要小，这有利于减小起针时针与三角的作用力。一个成圈系统所占的宽度 L 为：

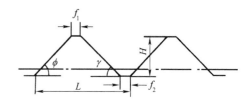

图 2-19 典型的舌针运动轨迹

$$L = H(\cot\phi + \cot\gamma) + f_1 + f_2 \quad (2-14)$$

其中：H 为舌针的动程（参见图2-13）。起针角度 ϕ 一般是这样来选择的，即在退圈过程中，在相邻舌针上，不可同时有旧线圈处于针舌匀上，如图2-20所示。当旧线圈处于针舌匀上时，它的尺寸要扩张。如果同时处于针舌匀的旧线圈过多，在编织紧密织物时，会发生线圈断裂。

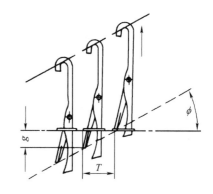

图 2-20 舌针同时套圈

由图2-20可得：

$$\phi = \arctan\frac{g}{T} \quad (2-15)$$

式中：g——针舌匀长度；

T——针距。

压针角度 γ 的大小将影响同时参加弯纱的针数（即弯纱张力）和三角与织针间的作用力，而这两者又是互相矛盾的。设计时应综合考虑，二者兼顾。

f_1 和 f_2 是两个平面，这是由于三角针道与针踵之间存在着一定的间隙，舌针从一块三角到另一块三角运动转向时所不可缺少的。该平面可以减少针踵在转向处同三角之间产生的碰撞。一般 f_2 较 f_1 长，f_2 可以减少纱线在弯纱过程中的回退转移。增大 f_1 和 f_2 意味着三角系统的宽度 L 也增加，若针筒直径保持不变，则针筒一周能安装的成圈系统数量势必减少，从而降低了机器的生产效率。

2. 沉降片的运动轨迹 沉降片的运动轨迹是以片喉点在水平面上的位移图来表示，它由沉降片三角的廓面形状所决定。不同的三角廓面设计，其沉降片的运动轨迹也不一样。为了使成圈过程顺利进行，沉降片和针的运动必须精确地相互配合。沉降片的基本运动轨迹如图2-21所示。沉降片在轨迹1—2段，受沉降片三角的作用而向针筒中心移动，握持刚形成线圈的沉降弧，将线圈推向针背。舌针在轨迹Ⅰ—Ⅱ段上升退圈，此时旧线圈处于沉降片的片喉中。舌针在Ⅱ—Ⅲ段稍作停顿后，在Ⅲ—Ⅳ段受弯纱三角的作用而下降，依次完成垫纱、弯纱等成圈阶段。从图2-21可见，Ⅲ—Ⅳ段轨迹为一折线。织针开始下降阶段压针三角角度较小，这可减小舌针在运动转向处与三角的撞击力。在将要进入弯纱区域，压针三角角度增大，这可减小同时参加弯纱的针数，从而降低弯纱张力。沉降片在3—4段，逐渐向针筒外侧移动，以便舌针的弯纱能在片颚上进行。从位置4开始，沉降片再度移向针筒中心，为牵拉新线圈做好准备。

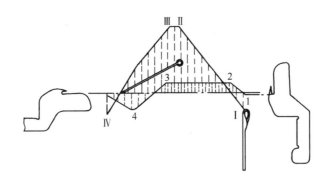

图 2-21　沉降片的基本运动轨迹

（五）沉降片双向（相对）运动技术

在一般的单针筒舌针圆纬机中，沉降片除了随针筒同步回转外，只在水平方向作径向运动。在某些先进圆纬机中，沉降片除了可以径向运动外，还能沿垂直方向与织针作相对运动，从而使成圈条件在许多方面得到改善。沉降片双向运动视机型不同而有多种形式，但其基本原理是相同的。

1. 沉降片双向运动的几种形式　以下是目前使用的三种沉降片双向运动形式。

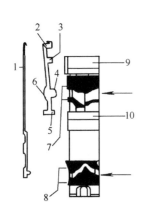

图 2-22　垂直配置的双向运动沉降片

（1）图 2-22 所示为某种单针筒圆纬机垂直配置的双向运动沉降片。该机取消了传统的水平配置的沉降片圆环，沉降片 2 垂直安装在针筒中织针 1 的旁边，它具有三个片踵，3、5 分别为向针筒中心和针筒外侧摆动踵，4 为升降踵，6 为摆动支点。沉降片三角 9、10 分别作用于片踵 3、5，使沉降片以支点 6 作径向摆动，以实现辅助牵拉作用。片踵 4 受沉降片三角 7 的控制，在退圈时下降和弯纱时上升，与针形成相对运动。针踵受织针三角 8 控制作上下运动。该机改变弯纱深度不是靠调节压针三角高低位置，而是通过调节沉降片升降三角 7 来实现。由于该机去除了沉降片圆环，易于对成圈区域和机件进行操作与调整。

（2）图 2-23 所示为另一种形式的双向运动沉降片。沉降片与传统机器中的一样，水平配置在沉降片圆环内，但它具有两个片踵，分别由两组沉降片三角控制。片踵 1 受三角 2 的控制使沉降片作径向运动。片踵 4 受三角 3 的控制使沉降片作垂直运动。

（3）图 2-24 所示为称为 Z 系列（斜向运动）形式的双向运动沉降片。它配置在与水平

面成 α 角（一般约 20°）倾斜的沉降片圆环中。当沉降片受沉降片三角控制沿斜面移动一定距离 c 时，将分别在水平径向和垂直方向产生动程 a 和 b。

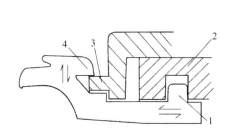

图 2-23　水平配置的双向运动沉降片

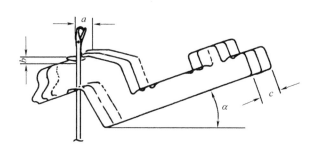

图 2-24　Z 系列双向运动沉降片

2. 双向运动沉降片的特点　由于针与沉降片在垂直方向的相对运动，使得织针在成圈过程中的动程相应减小。如果三角的角度不变，则每一三角系统所占宽度可相应减小，这样可增加机器的成圈系统数量。如果每一三角系统的宽度不变，则可减小三角的角度，使得织针和其他成圈机件受力更加合理，有利于提高机速。以上两方面都能使生产效率比传统圆机提高 30%～40%。

图 2-25 所示为采用双向运动沉降片和普通沉降片的弯纱比较。其中 1 是纱线，2、3 分别是沉降片和织针，4、5 分别为沉降片和织针的运动轨迹。在弯纱深度和弯纱角度相同的条件下，采用双向运动沉降片［图 2-25（1）］比传统沉降片［图 2-25（2）］同时参加弯纱的针数少了近一半。这样，纱线与成圈机件包围角总和相应减少，弯纱张力可以降低，因此减少了由于纱线不匀或张力太大等原因造成的破洞等织疵。经运转实验比较，织疵可比传统圆机减少 70% 左右，使织物的外观、手感以及尺寸稳定性等质量指标提高。此外，由于弯纱张力减小，对所加工纱线的质量要求相应降低，特别是那些强度较低、质量较差的纱线也可以得到应用。

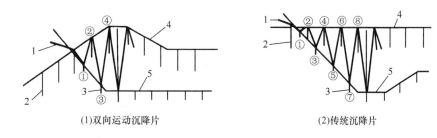

(1)双向运动沉降片　　　　　　　　(2)传统沉降片

图 2-25　普通沉降片与双向运动沉降片的弯纱比较

再者，三角角度和纱线张力的减小，使织针等机件在成圈过程中受力减小，磨损降低，使用寿命得以提高。

尽管双向运动沉降片具有上述优点，但也存在一些不足。如成圈机件数量增加，制造精度和配合要求较高等。

四、单面复合针圆纬机的编织工艺

复合针发明至今已有一百多年，用于经编机也有几十年，由于机械加工和制造技术的进步，近年来在纬编机上也得到一定的应用。复合针可用于各种类型的纬编机，如普通的单面圆机、双向运动沉降片单面圆机以及双面圆机。下面介绍采用双向运动沉降片的单面复合针圆纬机编织纬平针组织的工艺。

（一）成圈机件及其配置

图 2-26 所示为该机所用的针、沉降片和三角。复合针由针身 1 和针芯 2 组成。三角座上的三角块 12、13 分别作用于针芯 2 的针踵 3 和针身 1 的针踵 4，控制针芯和针身按一定规律上下运动。沉降片 6 的片踵 8 受三角块 10 和 11 的控制，在退圈时下降和弯纱时上升，与针形成相对运动。三角块 14、15 分别作用于沉降片 6 的片踵 7、9，使沉降片以支点 5 作径向摆动，以实现辅助牵拉等作用。

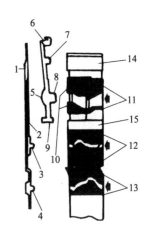

图 2-26 单面复合针圆机的成圈机件

（二）成圈过程

图 2-27 所示为该机编织纬平针组织的成圈过程。

位置 I ［图 2-27（1）］：针身 1 上升，针芯 2 保持不动，针口打开，准备退圈。沉降片 3 向针筒中心运动，将旧线圈 4 推向针后，辅助牵拉和防止退圈时重套。

位置 II ［图 2-27（2）］：针身 1 继续向上运动，沉降片 3 向下运动，使在针头中的旧线圈 4 向针身下方移，到达 1 与 2 交汇处。此时沉降片 3 略向外移，放松线圈。

位置 III ［图 2-27（3）］：随着针身 1 的进一步上升和针芯 2 的下降，旧线圈 4 滑至针杆上完成了退圈。导纱器 5 开始对针垫入新纱线 6。

位置 IV ［图 2-27（4）］：针身 1 下降，针芯 2 上升，针口开始关闭，旧线圈 4 移至针芯 2 外开始套圈。针钩接触新纱线 6 后开始弯纱。沉降片向外运动，为纱线在片颚上弯纱让出位置。

位置 V ［图 2-27（5）］：随着针身 1 和针芯 2 的进一步下降与上升，针口完全关闭。与此同时沉降片 3 向上向外运动，使旧线圈脱圈，新纱线弯成封闭的新线圈 7。

位置 VI ［图 2-27（6）］：针身 1 和针芯 2 同步上升，放松新线圈 7，处于握持位置。

（三）复合针圆机的特点

1. 织针动程短　复合针的最大特点是织针分成针身和针芯两部分，在针口打开和关闭阶段针身与针芯产生反向相对运动，因此完成一个成圈过程织针的动程大为减小，只是普通舌针的一半左右。这样每一成圈系统所占的宽度减小，有利于增加成圈系统数，可达到每25.4mm（1 英寸）针筒直径 5 个成圈系统，生产效率比舌针圆纬机大为提高。

2. 提高织物质量　复合针针头外形平滑，符合成圈要求，在成圈过程中线圈不会受到不合理的扩张。复合针使得成圈均匀度提高，且织疵也减少很多。

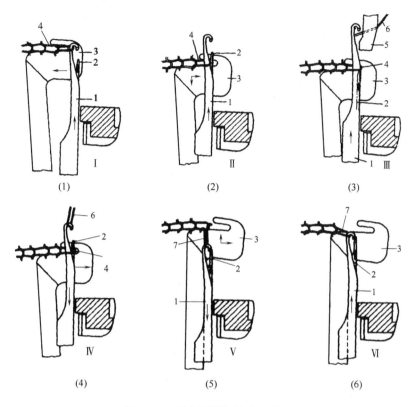

图 2-27　复合针圆机的成圈过程

3. 飞花尘屑减少　与舌针相比，复合针在成圈过程中不需要用旧线圈将针舌打开和关闭，纱线所受的张力较小，所以在用短纤纱编织时，产生的飞花尘屑就会减少，导纱孔不易阻塞，编织条件得到改善。

4. 可采用低质量的纱线进行编织　由于复合针在编织过程中纱线张力较小，所以可使用强度较低、质量较差的纱线。

尽管复合针具有上述优点，但也存在一些缺点。如需要增加三角针道，机械制造精度要求很高，成本较高；针的形状与结构还不够完善，针芯头端容易弯曲；针身的槽中容易堆积尘屑飞花，造成针芯运动不顺畅等。故复合针在圆纬机中的应用比经编机迟了许多年，且尚未普及。

第二节　罗纹组织及编织工艺

一、罗纹组织的结构

罗纹组织（rib stitch）是双面纬编针织物的基本组织，它是由正面线圈纵行和反面线圈纵行以一定组合相间配置而成。罗纹组织通常根据一个完全组织（最小循环单元）中正反面线圈纵行的比例来命名，如1+1罗纹、2+2罗纹、3+2罗纹等，前面的数字表示一个完全组织中的正面线圈纵行数，后面的数字表示其中的反面线圈纵行数。有时也用1×1、1∶1或1—1等方式表示。图2-28为由一个正面线圈纵行和一个反面线圈纵行相间配置形成的1+1罗纹。1+1罗纹是最常用的罗纹组织。1+1罗纹组织织物的一个完全组织包含了一个正面线圈和一个反面线圈。由于一个完全组织中的正反面线圈不在同一平面上，因而沉降弧需由前到后，再由后到前地把正反面线圈连接起来，造成沉降弧较大的弯曲与扭转，结果使以正反面线圈纵行相间配置的罗纹组织每一面上的正面线圈纵行相互靠近。如图2-28（1）所示，在自然状态下，织物的两面只能看到正面线圈纵行；在织物横向拉伸时，连接正反面线圈纵行的沉降弧4—5趋向于与织物平面平行，反面线圈5—6—7—8就会被从正面线圈后面拉出来，在织物的两面都能看到交替配置的正面线圈纵行与反面线圈纵行，如图2-28（2）所示。

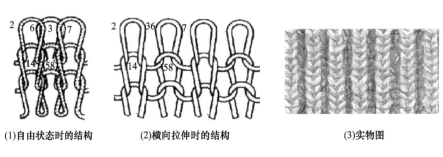

(1)自由状态时的结构　　　(2)横向拉伸时的结构　　　(3)实物图

图2-28　1+1罗纹组织

二、罗纹组织的特性与用途

（一）弹性

罗纹组织在横向拉伸时，连接正反面线圈的沉降弧从近似垂直于织物平面向平行于织物平面偏转，产生较大的弯曲。当外力去除后，弯曲较大的沉降弧力图回复到近似垂直于织物平面的位置，从而使同一平面上的相邻线圈靠拢，因此罗纹针织物具有良好的横向弹性。其弹性除取决于针织物的组织结构外，更与纱线的弹性、摩擦力以及针织物的密度有关。纱线的弹性越好，针织物拉伸后恢复原状的弹性也就越好。纱线间的摩擦力取决于纱线间的压力和纱线间的摩擦系数。当纱线间摩擦力越小时，则针织物回复其原有尺寸的阻力越小。在一定范围内结构紧密的罗纹针织物，其纱线弯曲大，因而弹性较好。综上所述，为了提高罗纹针织物的弹性，应该采用弹性较好的纱线和在一定范围内适当提高针织物的密度。

（二）延伸性

在横向拉伸时，罗纹组织具有较大的延伸性。以1+1罗纹为例，如前所述，在自然状态下，沉降片是由前到后或由后到前连接正反面线圈，而在拉伸时，它们趋向于与织物平面平行，从而有较大的延伸性。

1+1罗纹组织在纵向拉伸时的线圈结构如图2-29（1）所示，此时它的最大圈高 B_{max}

和纵向延伸性与纬平针组织相同。但在横向拉伸时，如图2-29（2）所示，连接正反面线圈的沉降弧2—5和3—4从垂直于织物平面变为与织物平面平行的状态，使得罗纹组织的横向延伸性比纬平针织物大很多。罗纹组织的横向延伸性除了与纱线延伸性、织物线圈长度和未充满系数等因素有关外，还与织物的完全组织数有关。完全组织数越小，单位宽度内被隐藏的反面线圈数越多，从而横向延伸性越大，一般来说1+1罗纹组织横向延伸性最大。

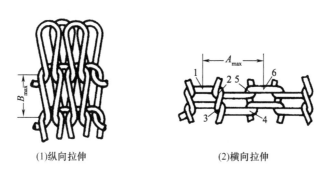

(1)纵向拉伸　　　　　　　(2)横向拉伸

图 2-29　1+1罗纹组织纵横向拉伸后的结构图

（三）脱散性

罗纹组织也能产生脱散的现象。1+1罗纹组织在边缘横列只能逆编织方向脱散，顺编织方向一般不脱散。其他罗纹组织，如2+2罗纹、3+5罗纹等组织，除了能逆编织方向脱散外，由于相连在一起的正面或反面的同类线圈纵行与纬平针组织结构相似，所以顺编织方向会发生部分脱散的现象。当某线圈纱线断裂时，罗纹组织也会发生线圈沿着纵行从断纱处梯脱的现象。

（四）卷边性

图 2-30　纵行卷曲后的 2+2 罗纹

在正反面线圈纵行数相同的罗纹组织中，由于造成卷边的力彼此平衡，并不出现卷边现象。在正反面线圈纵行数不同的罗纹组织中，虽有卷边现象但不严重。在2+2、2+3等宽罗纹中，同类纵行之间可以产生卷曲的现象。图2-30所示为2+2罗纹组织同类纵行卷曲的情况，在这时它比1+1罗纹组织有更大的延伸性。

（五）线圈歪斜

在罗纹组织中，由于正反面线圈纵行相间配置，线圈的歪斜方向可以相互抵消，所以织物就不会表现出歪斜的现象。

（六）用途

由于上述性能，罗纹组织特别适宜于制作内衣、毛衫、袜品等的边口部段，如领口、袖口、裤腰、裤脚、下摆、袜口等。由于罗纹组织顺编织方向不能沿边缘横列脱散，所以上述收口部段可直接织成光边，无须再缝边或拷边。罗纹织物还常用于生产贴身或紧身的弹性衫裤，特别是织物中织入或衬入氨纶等弹性纱线后，服装的贴身、弹性和延伸效果更佳。良好的延伸性也使其可用来制作护膝、护腕和护肘等。

三、罗纹机的编织工艺

(一) 成圈机件及其配置

罗纹机是一种双面纬编针织机,罗纹机的针筒直径范围很大,小的筒径为89mm(3.5英寸),大的筒径可达762mm(30英寸)以上。成圈系统数为每2.54cm(1英寸)筒径1~3.2路。主要用来生产1+1、2+2等罗纹织物,制作内外衣坯布和袖口、领口、裤口、下摆等。

罗纹机有两个针床,它们相互呈90°配置,如图2-31(1)所示。圆形罗纹机一个针床呈圆盘形且配置在另一个针床上方,称为针盘,另一个针床呈圆筒形且配置在针盘下方,称针筒。针盘针槽与针筒针槽呈相错配置,通常上下各有一种织针,分别为上针 [图2-31(1)中符号"○"] 和下针 [图2-31(1)中符号"×"]。当编织1+1罗纹组织时,针盘与针筒的针槽中插满了舌针,上下织针呈相间交错排列,如图2-31(2)所示。在编织2+2、3+3等罗纹时,上下织针则按相应规律排列。

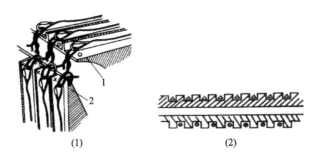

(1)　　　　　　　　　　　(2)

图 2-31　罗纹机针床与织针配置

如图2-32所示,位于针盘1和针筒2上的织针分别受上三角3和下三角4作用,在针槽中做进出和升降运动,将纱线编织成圈。导纱器固装在上三角座上,为织针提供新纱线。

罗纹机的转动方式有两种,一种是三角和导纱器固定不动,针盘与针筒同步回转;另一种是针盘与针筒固定不动,三角和导纱器回转。前一种方式用得较普通,后一种方式主要用于小筒径罗纹机。

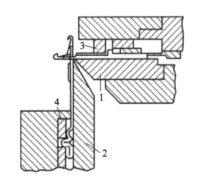

图 2-32　罗纹机上下针床成圈机件的配置

(二) 上下针的成圈配合关系

三角对位指上针压针最里点与下针压针最低点的相对位置关系,又称为成圈相对位置,它决定了上下针的成圈配合关系,且对编织工艺和产品质量有很大影响。不同机器、不同产品、不同组织,对位有不同的要求。三角对位方式主要有三种:滞后成圈 [图2-33(1)]、同步成圈 [图2-33(2)] 和超前成圈 [图2-33(3)]。

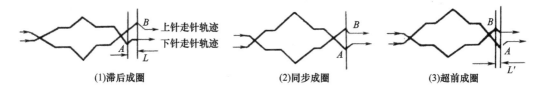

(1)滞后成圈　　　　　　　　(2)同步成圈　　　　　　　　(3)超前成圈

图 2-33　三角对位方式

滞后成圈是指下针先被压至弯纱最低点 A 完成成圈，上针比下针迟 1~6 针（图中距离 L）被压至弯纱最里点 B 进行成圈，即上针滞后于下针成圈，如图 2-33（1）所示。这种弯纱方式属于分纱式弯纱，即下针先弯成的线圈长度一般为所要求的两倍，然后下针回升，放松线圈，分一部分纱线供上针弯纱成圈。滞后成圈的优点是由于同时参加弯纱的针数少，弯纱张力小，而且弯纱的不均匀性可由上下线圈分担，有利于提高线圈的均匀性，因此应用较多。滞后成圈可以编织较为紧密的织物，但织物弹性较差。

同步成圈是指上下针同时到达弯纱最里点和最低点形成新线圈，如图 2-33（2）所示。同步成圈用于上下织针不能规则顺序编织成圈的场合，例如生产花式宽罗纹织物、提花织物和某些复合组织织物。编织这类织物时，在某些成圈系统中，下针只有少部分针参加编织，或只有上针进行编织，要依靠不成圈的下针分纱给对应的上针有困难。同步成圈时，上、下织针所需要的纱线都要直接从导纱器中得到，织出的织物较松软，延伸性较好，弯纱张力较大。

罗纹机的
成圈过程

超前成圈是指上针先于下针（距离 L'）弯纱成圈，如图 2-33（3）所示。这种方式较少采用，一般用于在针盘上编织集圈或密度较大的凹凸织物，也可编织较为紧密的织物。

生产时应根据所编织的产品特点，调整罗纹机上下三角的对位关系。

（三）成圈过程

罗纹机使用最多的三角对位关系是滞后成圈，下面就以滞后成圈为例介绍罗纹机的成圈过程，如图 2-34 所示。

1. 退圈　退圈一般有上下针同步起针与上针超前下针 1 至 3 针起针两种。后一种方式，上针先出针，能起到类似单面纬编圆机中沉降片的握持作用，在随后下针退圈过程中，可以阻止织物随下针上升涌出筒口造成织疵，保证可靠地退圈。同时也可适当减小织物的牵拉张力。如图 2-34（1）所示。当上下针进一步外移和上升时，旧线圈将从针舌上滑下并退到针杆上完成退圈。

2. 垫纱　如图 2-34（2）所示，上、下织针同时达到挺针最外点和最高点完成退圈后，下针开始下降并垫上新纱线 C，上针向针筒中心运动。

3. 闭口　如图 2-34（3）所示，下针继续下降，并开始闭口。上针针钩此时还未钩到新纱线，上针的垫纱是随着下针弯纱成圈而完成的，因此导纱器的调整应以下针为主，兼顾上针。如图 2-34（4）所示，下针继续下降，完成闭口，上针静止不动。

4. 下针套圈、脱圈、弯纱　如图 2-34（5）、（6）所示，下针继续下降，完成套圈、脱圈、弯纱并形成了加倍长度的线圈，上针仍不作径向移动。

5. 上针闭口、套圈、脱圈、弯纱　如图2-34（7）、（8）所示，下针上升放松线圈，并将部分纱线分给上针，此时上针沿压针三角收进，完成闭口、套圈、脱圈、弯纱等过程。

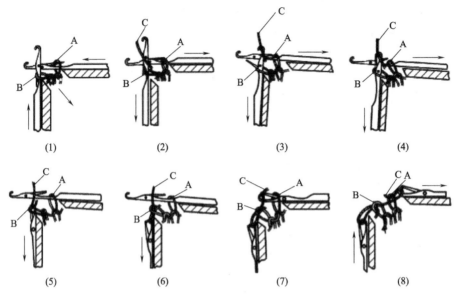

(1)　　　　　(2)　　　　　(3)　　　　　(4)

(5)　　　　　(6)　　　　　(7)　　　　　(8)

图2-34　滞后成圈过程

6. 成圈、牵拉　上针成圈后略作外移（上针的回针），适当地回退少量纱线，同时下针略作下降，收紧因分纱而松弛的线圈，即下针"煞针"。在下针整理好线圈以后上针又收进一些，同样起整理线圈的作用。至此，上下织针成圈过程完成，且正、反两面的线圈都比较均匀。一个成圈过程完成后，新形成的线圈在牵拉机构的作用下被拉向针背，避免下一成圈循环中针上升退圈时又重新套入针钩中。

第三节　双罗纹组织及编织工艺

一、双罗纹组织的结构

双罗纹组织（interlock stitch）又称棉毛组织，是由两个罗纹组织彼此复合而成，即在一个罗纹组织的反面线圈纵行上配置另一个罗纹组织的正面线圈纵行，其结构如图2-35所示。这样，在织物的两面都只能看到正面线圈，即使在拉伸时，也不会显露出反面线圈纵行，因此也被称为双正面组织。它属于一种纬编变化组织。由于双罗纹组织是由相邻两个成圈系统形成一个完整的线圈横列，因此在同一横列上的相邻线圈在纵向彼此相差约半个圈高。

图2-35　1+1　双罗纹组织

同罗纹组织一样，双罗纹组织也可以分为不同的类型，如1+1双罗纹、2+2双罗纹等，分别由相应的罗纹组织复合而成。由两个2+2罗纹组织复合而成的双罗纹组织，又称八锁组织。

二、双罗纹组织的特性与用途

由于双罗纹组织是由两个罗纹组织复合而成，因此在未充满系数和线圈纵行的配置与罗纹组织相同的条件下，其延伸性较罗纹组织小，尺寸稳定性好。同时边缘横列只可逆编织方向脱散。当个别线圈断裂时，因受另一个罗纹组织线圈摩擦的阻碍，不易发生线圈沿着纵行从断纱处分解脱散的梯脱现象。与罗纹组织一样，双罗纹组织也不会卷边，线圈不歪斜。

双罗纹组织织物厚实，保暖性好，主要用于制作棉毛衫裤。此外，双罗纹组织还经常被用来制作休闲服、运动服、T恤衫和鞋里布等。

三、双罗纹机的编织工艺

（一）成圈机件及其配置

双罗纹机俗称棉毛机，主要用于生产双罗纹织物及花色棉毛织物，用来制作棉毛衫裤、运动衫、T恤衫等服装。新型双罗纹机不仅高速、多路、产量高，而且三角改进大，采用了多针道、积极给纱、自动控制机构等，因此产品质量好，花色品种多。

双罗纹机的上、下织针配置如图2-36所示。与罗纹机不同的是，双罗纹机针筒的针槽与针盘的针槽呈相对配置。下针分为高踵针1和低踵针2，两种针在针筒针槽中呈1隔1排列；上针也分高踵针2′和低踵针1′，在针盘针槽中也呈1隔1排列。上下针的对位关系是：上高踵针2′对应下低踵针2，上低踵针1′对应下高踵针1。编织时，下高踵针和上高踵针在某一个成圈系统编织一个1+1罗纹，下低踵针与上低踵针在下一个成圈系统编织另一个1+1罗纹，两个1+1罗纹复合形成一个完整的双罗纹线圈横列。因此，双罗纹机的成圈系统数必须是偶数。

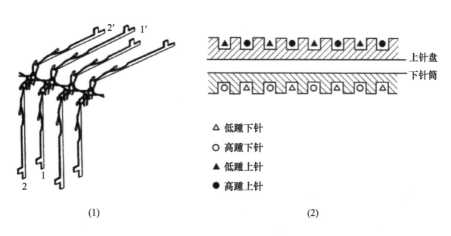

(1) (2)

图2-36　双罗纹机上下织针配置关系

双罗纹机的
成圈过程

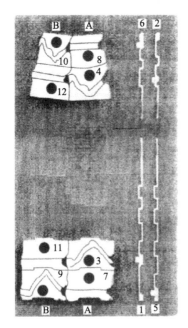

图 2-37　双罗纹机三角结构

由于上、下针均分为两种，故上、下三角也相应地分为高、低两档（即两条针道），分别控制高、低踵针，如图 2-37 所示。

如图 2-37 所示，在奇数成圈系统 A 中，上下高踵针 2、1 成圈，上下低踵针不成圈，相应的下高三角 3 和上高三角 4 配置成圈三角，上下低三角配置浮线三角 8、7；在偶数成圈系统 B，上下低踵针 6、5 成圈，上下高踵针不成圈，相应的下低三角 9 和上低三角 10 配置成圈三角，上下高三角配置浮线三角 12、11。经过 A、B 两路一个循环，编织出一个双罗纹线圈横列。

（二）上下针的成圈配合关系与成圈过程

双罗纹机上下针的成圈配合关系与成圈过程参见罗纹机上下针的成圈配合关系与成圈过程。

第四节　双反面组织及编织工艺

一、双反面组织的结构

双反面组织也是双面纬编组织中的一种基本组织。它是由正面线圈横列和反面线圈横列交替配置而成，其结构如图 2-38 所示。在双反面组织中，由于弯曲的纱线段受力不平衡，力图伸直，使线圈的圈弧向外凸出，圈柱向里凹陷，使织物两面都显示出线圈反面的外观，故称双反面组织。

图 2-38 所示的双反面组织是由一个正面线圈横列和一个反面线圈横列交替编织而成，为 1+1 双反面组织。如果改变正反面线圈横列配置的比例关系，还可以形成 2+2、2+3、3+3 等双反面组织。也可以按照花纹要求，在织物表面混合配置正反面线圈区域，形成凹凸花纹效果。

图 2-38　双反面组织

二、双反面组织的特性与用途

双反面组织由于线圈圈柱向垂直于织物平面的方向倾斜，使织物纵向缩短，因而增加了织物的厚度，也使织物在纵向拉伸时具有较大的延伸度，使织物的纵横向延伸度相近。与纬平针组织一样，双反面组织在织物的边缘横列顺、逆编织方向都可以脱散。双反面组织的卷边性是随着正反面线圈横列组合的不同而不同，对于1+1和2+2这种由相同数目正反面线圈横列组合的双反面组织，因卷边力相互抵消，不会产生卷边现象。

双反面组织只能在双反面机，或具有双向移圈功能的双针床圆机和横机上编织。这些机器的编织机构较复杂，机号较低，生产效率也较低，所以该组织不如纬平针、罗纹和双罗纹组织应用广泛，主要用于生产毛衫类产品。

三、双反面机的编织工艺

双反面机是一种双针床舌针纬编机，有平形和圆形两种。双反面机机号一般较低（E18以下），适宜编织纵横向弹性均好的双反面类织物。

（一）成圈机件及其配置

双反面机可采用双头舌针编织，如图2-39所示。双头舌针与普通舌针不同的是：在针杆两端都具有针头。图2-40所示为圆形双反面机成圈机件的配置。双头舌针3安插在两个呈180°配置的下针筒5和上针筒6的针槽中，上下针槽相对，上下针筒同步回转。每一针筒分别安插着上导针片2和下导针片4，它们由上三角1和下三角7控制带动双头舌针运动，使双头舌针可以在上下针筒的针槽中相互转移并进行成圈。成圈可以在双头舌针的任一针头上进行，由于在两个针头上的脱圈方向不同，因此如果在一个针头上编织的是正面线圈，那么在另一个针头上编织的就是反面线圈。

图2-39 双头舌针

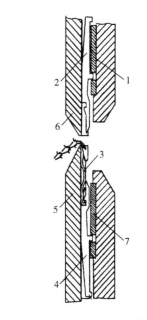

图2-40 双反面机成圈机件的配置

（二）成圈过程

双反面机的成圈过程与双头舌针的转移密切相关，可分为如图2-41所示的几个阶段。

1. 上针头退圈 如图2-41（1）、（2）所示，双头舌针3受下导针片4的控制向上运动，在上针头中的线圈退至针杆上，与此同时，上导针片2向下运动。

2. 上针钩与上导针片啮合 随着下导针片4的上升和上导针片2的下降，上导针片2受上针钩的作用向外侧倾斜，如图2-41（2）中箭头所示。当下导针片4升至最高位置时，上针钩嵌入上导针片2的凹口，与此同时，上导针片在压片23的作用下向内侧摆动，使上针钩与上导针片啮合，如图2-41（3）所示。

3. 下针钩与下导针片脱离 如图2-41（4）所示，下导针片4的尾端25受压片24的作用使得头端向外侧摆动，使下针钩脱离下导针片4的凹口。之后上导针片2向上运动，带动双头舌针上升，下导针片4在压片28的作用下向内摆动恢复原位，如图2-41（5）所示。接着下导针片4下降与下针钩脱离接触，如图2-41（6）所示。

双反面机的
成圈过程

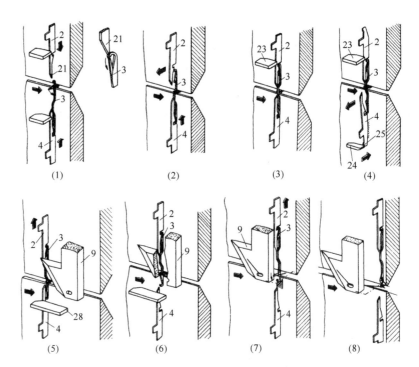

(1)　　　　　(2)　　　　　(3)　　　　　(4)

(5)　　　　　(6)　　　　　(7)　　　　　(8)

图2-41　双反面机的成圈过程

4. 下针头垫纱　如图2-41（7）所示，上导针片2带动双头舌针进一步上升，导纱器9引出的纱线垫入下针钩内。

5. 下针头弯纱与成圈　如图2-41（8）所示，双头舌针受上导针片控制上升至最高位置，旧线圈从下针头上脱下，新垫入的纱线弯纱并形成新线圈。

随后，双头舌针按上述原理从上针筒向下针筒转移，在上针头上形成新线圈。按此方法循环，将连续交替在上下针头上编织线圈，形成双反面织物。

思考练习题

1. 纬编基本组织和变化组织有哪几种？它们在结构和性能上各有何特点？
2. 纬平针织物为什么会产生线圈歪斜？向哪个方向歪斜？
3. 纬平针织物为什么会产生卷边？向哪个方向卷边？
4. 分别画出纬平针组织正反面的线圈图。画出3+2罗纹组织的线圈图。
5. 在单面圆纬机的编织机构中有哪些主要成圈机件？各起什么作用？
6. 什么是垫纱横角和垫纱纵角？它们对垫纱有何影响？
7. 影响最大弯纱张力的因素有哪些？各有何影响？
8. 罗纹机和双罗纹机在结构上有何区别？
9. 罗纹机和双罗纹机上下针的成圈配合关系有哪几种形式？各有何特点？
10. 双反面机有哪些成圈机件？其编织原理是什么？

第三章　纬编花色组织及编织工艺

📋 **／教学目标／**

1. 掌握各种纬编花色组织的概念、结构、特性、用途和编织方法。

2. 能够识别判断常用纬编花色织物的种类，并通过织物分析，可正确表达纬编花色组织的结构和编织方法，并说明其主要特性和用途。

3. 能够根据各种纬编花色组织结构、特性和用途，按照产品的要求，对织物的花型、结构进行设计，并对其工艺可行性及效果进行预测和判断。

4. 通过织物结构识别、表达、分析、设计，强化学生精益求精的工匠精神、工程能力和创新能力。

为了丰富针织物外观、改善性能，可通过改变编织状态或纱线配置形式等形成多种花色组织，纬编花色组织主要有提花组织、集圈组织、添纱组织、衬垫组织、毛圈组织、长毛绒组织、纱罗组织、菠萝组织、波纹组织、横条组织、绕经组织、衬纬组织、衬经衬纬组织和复合组织等。

第一节　提花组织及编织工艺

一、提花组织的结构

提花组织（jacquard stitch）是按照花纹要求，有选择地在某些针上编织成圈，未选上的织针不成圈，纱线以浮线的形式处于这些不参加编织的织针后面所形成的一种花色组织。其结构单元由线圈和浮线组成，如图3-1所示。

提花组织可分为单面和双面两类；各类提花组织既可形成彩色图案花纹，又可形成结构效应花纹，如图3-1、图3-2所示。

（一）单面提花组织

单面提花（single-jersey jacquard）组织由平针线圈和浮线组成。有均匀和不均匀两种结构形式，每种又有单色和多色之分。

1. 单面均匀提花组织　一般采用不同颜色或不同种类的纱线编织，在一个完全组织中，每一纵行上的线圈个数相同，大小基本一致，结构均匀。图3-1所示为一双色单面均匀提花组织，从图中可以看出，这类组织具

图3-1　单面不均匀提花组织

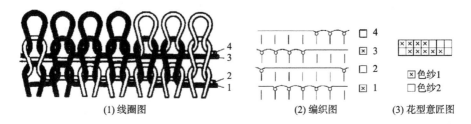

(1) 线圈图　　　　　　　　　(2) 编织图　　　　(3) 花型意匠图

图 3-2　双色单面均匀提花组织

有下列特征。

（1）每一个完整线圈横列均由不同色纱的线圈组成，每一种色纱都必须至少编织一次线圈（即在双色提花中，每一个横列中要有两种色纱出现；在三色提花中，每一横列要有三种色纱出现），每枚织针在一个横列中只编织一个线圈，线圈大小相同，结构均匀。

（2）一般多色均匀提花组织通过色纱的组合形成图案，由于在每一个线圈横列中，每一种色纱都必须至少编织一次线圈，所以编织每一个线圈横列的色纱数等于其编织一个横列成圈系统数。

（3）每个线圈后面都有浮线，浮线数等于编织一个横列系统数减一，即两色提花线圈的后面有一根浮线，三色提花线圈的后面有两根浮线。

在单面均匀提花织物设计中，多以意匠图来表示其花纹效果。设计时连续浮线的针数不宜太多，一般不超过 4~5 针。浮线过长会改变垫纱的角度，影响垫纱，而织物反面过长的浮线，也容易引起勾丝和断纱，影响服用性能。为了解决这个问题，可在长浮线中按照一定的间隔编织集圈线圈，集圈线圈不影响织物的花纹效果（只可能影响织物的平整度），这种带有集圈线圈的单面均匀提花织物被称为阿考丁织物（accordion fabric）。

2. 单面不均匀提花组织　不均匀提花组织多采用单色纱线编织。图 3-2 所示为一单色单面不均匀提花组织。在这类组织中，由于某些织针连续几个横列不编织，就形成了拉长的线圈，这些拉长了的线圈抽紧与之相连的平针线圈，使平针线圈凸出在织物的表面，从而使织物表面产生凹凸效应。某一线圈拉长的程度与连续不编织（即不脱圈）的次数有关，可用"线圈指数"来表示编织过程中某一线圈连续不脱圈的次数。图 3-3 中，线圈 a 的指数为 0，线圈 b 的指数为 1，线圈 c 的指数为 3。若将拉长线圈按花纹要求配置在平针线圈中，就可得到不同效应的凹凸花纹。线圈指数差异越大，纱线弹性越好，织物密度越大，凹凸效应越明显。但在编织这种组织时，织物的牵拉张力和纱线张力应较小且均匀，同时每枚针上连续不编织的次数不能太多，即线圈指数不能太大，否则易产生断纱而形成破洞，合理地选择和搭配拉长线圈，可形成具有凹凸效应的结构花型。

不均匀提花组织也可用来编织短浮线的单面多色提花组织。如图 3-3 所示，为扩大花型、减短浮线而将提花线圈与平针线圈纵行按照一定的比例适当排列。图 3-4 中偶数线圈纵行 2 和 4 为提花线圈，奇数线圈纵行 1 和 3 为平针线圈。编织时，提花线圈纵行对应的织针按花纹选针编织，平针线圈纵行对应的织针则在每一成圈系统均参加编织（俗称"混吃条"）。设计时可按花纹和风格要求，将提花线圈纵行与平针线圈纵行按 2:1、3:1 或 4:1 间隔排列。这些平针线圈纵行使织物的浮线减短，相应的浮线最长分别是 2、3 或 4。织物中

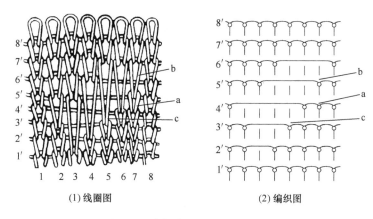

（1）线圈图　　　　　　　　　　（2）编织图

图 3-3　单色单面不均匀提花组织

由于提花线圈高度比平针线圈的高度成倍增加（增加的倍数取决于编织一个横列系统数，如两色提花为 2∶1，三色提花为 3∶1），使提花线圈纵行凸出在织物表面，平针线圈纵行凹陷在内。由于在袜子中较长的浮线会使穿着不便，多采用这种方法编织单面提花袜，现在也用于无缝内衣产品。尽管这是一种有效减短浮线的方法，但由于平针线圈纵行的存在，对花纹的整体外观有一定影响，有时甚至破坏了花纹的完整性，故在面料产品中一般较少采用。

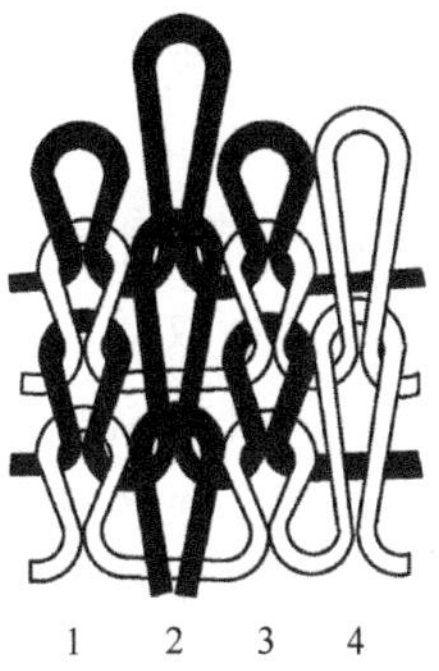

图 3-4　短浮线的单面不均匀提花组织

（二）双面提花组织

双面提花（double-jersey jacquard，rib jacquard）组织在具有两个针床的纬编机上编织而成，其花纹可以在织物的一面形成，也可在织物的两面形成。实际生产中，大多采用在织物的一面按照花纹要求选针编织，形成花纹图案，作为正面使用，另一面按照一定的规律进行编织，形成横条、纵条、芝麻点和空气层等效应，作为反面使用。

根据反面组织的不同，双面提花组织可分为完全和不完全两种类型；根据线圈结构的不同，又有均匀（规则）和不均匀（不规则）之分。

1. 双面完全提花组织　完全提花组织是指每一成圈系统在编织反面线圈时，所有反面织针都参加编织的一种双面提花组织。图 3-5 所示为一双面均匀完全提花组织。从图中可以看出，正面由两根不同的色纱按花纹要求编织一个提花线圈横列，反面一种色纱编织一个线圈横列，形成横条效应。在这种组织中，由于反面织针每个横列都编织，反面线圈的纵密总是比正面线圈纵密大，其差异取决于编织一个横列系统数，如编织一个横列系统数为 2，正反面纵密比为 1∶2；如编织一个横列系统数为 3，正反面纵密比为 1∶3。编织一个横列系统数越多，正反面纵密的差异就越大，从而会影响正面花纹的清晰及牢度。因此，设计与编织横条反面双面提花组织时，编织一个横列系统数不宜过多，一般 2~3 色为宜。这种双面提花组织在纬编产品中很少采用。

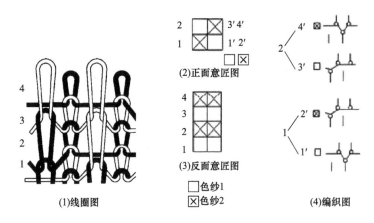

图 3-5　双面均匀完全提花组织

2. 双面不完全提花组织　不完全提花组织是指在编织反面线圈时，每一个完整的线圈横列由两种色纱编织而成的一种双面提花组织。反面组织通常有纵条纹、小芝麻点、大芝麻点和空气层等。

（1）纵条纹反面是指同一色纱在每一个成圈系统编织时都只垫放在相同的反面织针上，从而在织物反面呈条纹效应。图 3-6 所示为两色不完全提花组织，两种上针一隔一相间排列，结合纱线配置交替编织，使同一色纱在每一个成圈系统编织时都只垫放在相同的反面织针上，形成纵条纹。在这种组织中，由于反面形成直条，色纱效应集中，容易显露在正面而形成"露底"现象，因此在实际生产中很少采用。

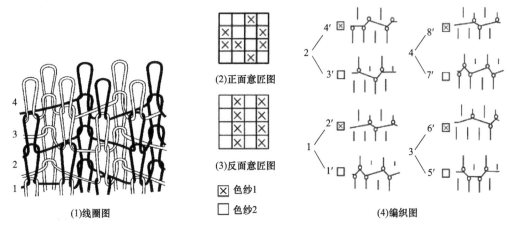

图 3-6　反面呈纵条纹的两色不完全提花组织

（2）芝麻点反面是每一个横列由两种色纱交替编织而成的双面提花组织，故又称为不完全提花组织。图 3-7 和图 3-8 所示分别是两色和三色芝麻点反面双面提花组织。从图中可以看出，不管编织一个横列系统数多少，织物反面每个横列的线圈都是由两种色纱编织而成，并呈一隔一交错排列，形成芝麻点外观。对于两色提花织物，织物正面两个成圈系统编织一个横列；对于三色提花织物，织物正面需要三个成圈系统编织一个横列。其正反面线圈纵密差异随编织一个横列系统数不同而异，当编织一个横列系统数为2时，正反面线圈纵密比为1∶1；当编织一个横列系统数为3时，正反面线圈纵密比为2∶3。在这种提花组织中，因两个成圈系统编织一个反面线圈横列，因此正反面的纵密差异比横条反面小。且由于织物反面不同色纱线圈分布均匀，减弱了"露底"的现象。

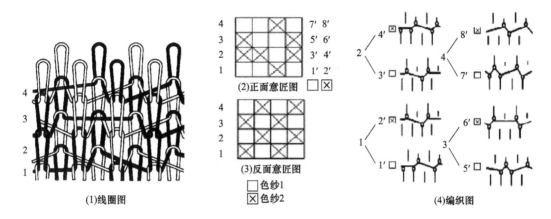

(1)线圈图　　(2)正面意匠图 □ ⊠　　(3)反面意匠图
□ 色纱1
⊠ 色纱2
(4)编织图

图3-7　芝麻点反面两色不完全提花组织

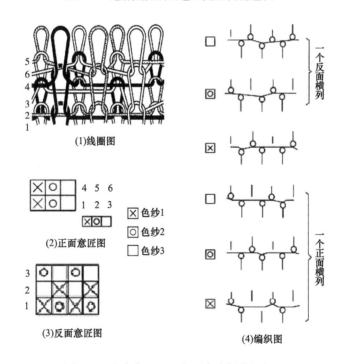

(1)线圈图

(2)正面意匠图

(3)反面意匠图

⊠ 色纱1
◎ 色纱2
□ 色纱3

(4)编织图

图3-8　芝麻点反面三色不完全提花组织

（3）空气层反面双面提花织物两面均按照花纹要求选针编织，通常正反面选针互补，即正面选针编织时，反面不编织；正面不编织的地方，反面针编织。当编织两色提花时，正反面花形相同但颜色相反，形成正反面颜色互补的花纹效应，如图3-9所示。空气层反面双面提花织物只能在两个针床都具有选针功能的提花纬编机上编织，如电脑提花横机。该产品织物厚实，紧密，花型清晰，不易露底，在织物中形成空气层效应，易起皱，在满针编织时织物单位面积重量较大。为了降低织物单位面积重量，在织物反面也可以隔针编织，图3-10是反面1隔2选针编织的空气层反面双面提花织物。

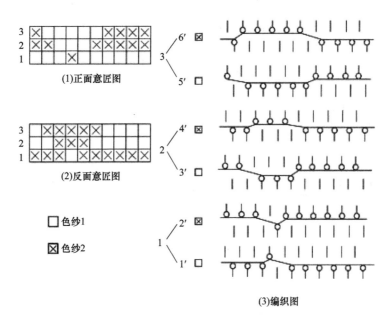

图 3-9　空气层反面双面提花组织

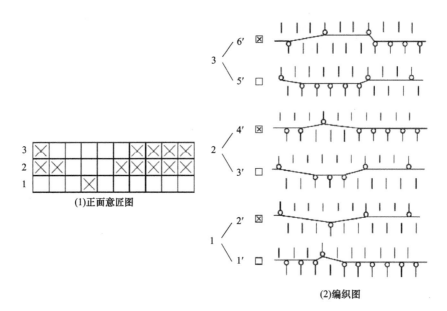

图 3-10　1 隔 2 抽针空气层反面双面提花组织

二、提花组织的特性与用途

（1）由于提花组织中存在浮线，因此横向延伸性较小，当有拉长提花线圈时，其纵向延伸性较小。

（2）单面组织的反面浮线不能太长，以免产生抽丝。在双面组织中，由于反面织针参加编织，因此不存在浮线过长的问题，即使有也被夹在织物两面的线圈之间，对服用影响不大。

（3）由于提花组织的线圈纵行和横列是由几根纱线形成的，因此它的脱散性较小，织物较厚，单位面积重量较大。

（4）由于提花组织一般几路成圈系统才编织一个提花线圈横列，因此生产效率较低，编织一个横列系统数越多，生产效率越低。通常一个横列编织一个横列系统数不超过 4 种为宜。

在用不同颜色纱线编织时，提花组织可以形成丰富的花纹效应，可用作 T 恤衫、休闲服、保暖内衣、羊毛衫、袜子和帽子等服饰；沙发布等室内装饰面料以及汽车、火车等交通工具的座椅套等。

三、提花组织的编织工艺

由于提花组织是将纱线垫放在按花纹要求所选择的织针上编织成圈，因此提花组织必须在有选针功能的纬编机上编织。选针装置及其选针原理将在下一章介绍。

（一）编织过程

图 3-11 所示为单面提花组织的编织过程。其中图 3-11（1）所示为织针 1 和 3 被选上后上升退圈并垫上新纱线 a，织针 2 未被选上不上升退圈，也不能钩取新纱线，旧线圈仍在针钩内；图 3-11（2）所示为织针 1 和 3 下降，新纱线编织成新线圈。而挂在针 2 针钩内的旧线圈在牵拉力的作用下被拉长，形成拉长线圈，未垫入针钩内的新纱线呈浮线状处于拉长的旧线圈后面。

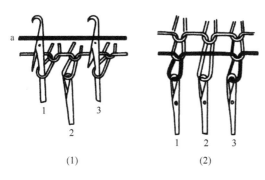

单面提花组织
的编织过程

图 3-11　单面提花组织的编织过程

图 3-12 所示为双面完全提花组织的编织过程。其中图 3-12（1）所示为织针 2、6 在这一路被选针机构选中上升退圈，同时织针 1、3、5 在三角的作用下也退圈，接着退圈的织针垫入新纱线 a。而织针 4 未被选中，既不退圈也不垫纱。图 3-12（2）所示为织针 2、6 和 1、3、5 完成成圈过程形成了新线圈，而织针 4 的旧线圈背后则形成浮线。图 3-12（3）所示为在下一成圈系统织针 4 和 1、3、5 将新纱线 b 编织成了新线圈，而未被选中的织针 2、6 既不退圈也不垫纱，在其背后也形成浮线。

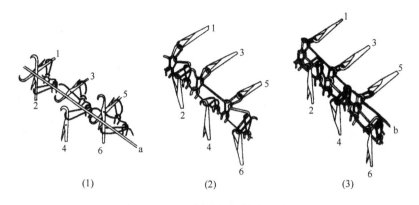

图 3-12 双面提花组织的编织过程

(二) 走针轨迹

由于在提花过程中织针处于编织和不编织两种状态,因此具有两种走针轨迹,如图 3-13 (1) 所示。轨迹 1 为编织时的走针轨迹,表示被选中参加编织的织针上升到退圈高度,如图 3-13 (2) 所示,旧线圈被退到针杆上,织针下降垫纱形成新线圈。轨迹 2 表示未选中织针的走针轨迹,织针未上升到退圈的高度,如图 3-13 (3) 所示,所以不编织。

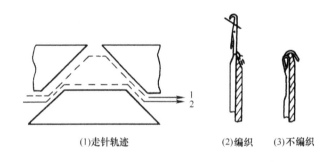

(1)走针轨迹   (2)编织   (3)不编织

图 3-13 编织提花组织的走针轨迹

第二节 集圈组织及编织工艺

一、集圈组织的结构

集圈组织 (tuck stitch) 是在针织物的某些线圈上,除套有一个封闭的旧线圈外,还有一个或几个未封闭悬弧的一种纬编花色组织。其结构单元为线圈和悬弧。

如图 3-14 所示,根据集圈悬弧跨过针数的多少,集圈可分为单针集圈、双针集圈和三针集圈等。集圈悬弧跨过一枚针的集圈称单针集圈 (图中 a),跨过两枚针上的集圈称双针集圈 (图中 b),跨过三枚针的集圈称三针集圈 (图中 c),以此类推。根据某一针上连续集圈的次数,集圈又可分为单列、双列和三列集圈等。针上有一个悬弧的称单列集圈 (图中 c),两个悬弧的称双列集圈（图中b），三个悬弧的称三列集圈（图中a），以此类推。在一枚针上连续集圈的次数一般可达7~8次，集圈次数越多，旧线圈承受的张力越大，容易造成断纱和针钩的损坏。通常把集圈针数和列数连在一起称呼，将图中a称为单针三列集圈，b称为双针双列集圈，c称为三针单列集圈。

集圈组织也可分为单面集圈和双面集圈组织。

（一）单面集圈组织

单面集圈组织是在纬平针组织的基础上进行集圈编织形成的。利用集圈的排列和使用不同色彩与性能的纱线，可使织物表面形成图案、闪色、网眼以及凹凸等效应。另

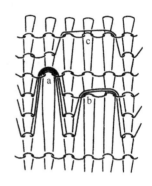

图3-14　集圈组织结构

外，还可以利用集圈悬弧来减少单面提花组织中浮线的长度，以改善提花组织的服用性能。

图3-15所示为采用单针单列集圈单元在平针线圈中有规律排列形成的一种斜纹效应。如集圈单元采用单针双列或多列集圈，效果更为明显。实际生产中，将集圈单元不规则的排列可形成绉效应；按一定规律排列，也可形成多种具有网眼以及凹凸效果花纹图案的织物。如实际生产中，将单针集圈单元与平针线圈有规律排列，形成珠地网眼效果等，图3-16所示为珠地网眼织物意匠图，其中（1）、（2）为单珠地网眼织物意匠图，（3）、（4）为双珠地网眼织物意匠图。另外，由于成圈线圈和集圈线圈对光线的反射效果存在差异，在针织物上还会产生一种阴影效应。

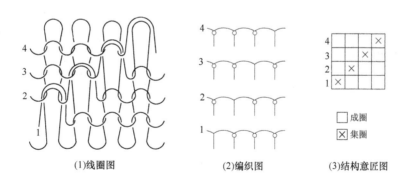

(1)线圈图　　　　　(2)编织图　　　　　(3)结构意匠图

图3-15　具有斜纹效应的集圈组织

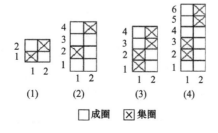

(1)　　(2)　　(3)　　(4)

□成圈　☒集圈

图3-16　珠地网眼织物意匠图

图 3-17 所示为采用两种色纱和集圈单元组合形成的彩色花纹效应。在集圈组织中，由于悬弧被正面拉长线圈遮盖，不显露在织物正面，因此，当采用色纱编织时，在织物正面只显示出拉长线圈色纱的色彩效应。从图 3-17（2）的色效应图中可以看出，凡是在图 3-17（1）所示的成圈的地方，它就显示图中当前横列色纱的颜色；而在图 3-17（1）中有集圈的地方，它所显示的则是上一次编织的拉长线圈的颜色。

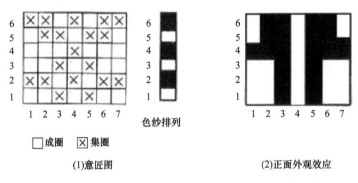

色纱排列

□成圈　☒集圈

(1)意匠图　　　　　　　　　(2)正面外观效应

图 3-17　具有彩色花纹效应的集圈组织

单面集圈组织还可用在提花织物上，利用悬弧来减短单面提花织物反面浮线过长的缺点，扩大花纹设计的灵活性，且不影响花纹的整体外观。如图 3-18 所示，白色纱线 A 通过在第 4 纵行编织集圈，减短了原根据花纹要求在第 1 和 7 纵行编织成圈而形成的长浮线，且不影响花纹的整体外观。

（二）双面集圈组织

双面集圈组织是在双针床的针织机上编织而成的。它可以在一个针床上集圈，也可以在两个针床上集圈。双面集圈组织不仅可以生产带有集圈效应的织物，还可以利用集圈单元来连接两个针床分别编织的平针线圈，得到具有特殊风格的织物。

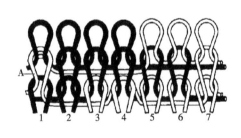

图 3-18　提花集圈线圈结构图

常用的双面集圈组织为畦编（cardigan）和半畦编（half cardigan）组织。图 3-19 所示为半畦编组织，集圈只在织物的一面形成，两次编织完成一个循环。半畦编组织由于结构不对称，两面外观效应不同。图 3-20 所示为畦编组织，集圈在织物的两面交替形成，两次编织完成一个循环。畦编组织结构对称，两面外观效应相同。畦编和半畦编组织被广泛用于毛衫生产中，又称元宝组织。

图 3-21 所示为集圈单元在织物的一面形成网眼效应。其中 1、4 路编织罗纹，2、3、5、6 路在下针编织集圈和浮线。网眼在集圈处形成，在浮线处无网眼。

在双层织物组织中，集圈还可以起到一种连接作用。图 3-22 所示为一种双层针织物结构，可选用两种不同的纱线，分别在两个针床上编织平针组织，并通过集圈而连接在一起，织物两面可具有不同的性能和风格。

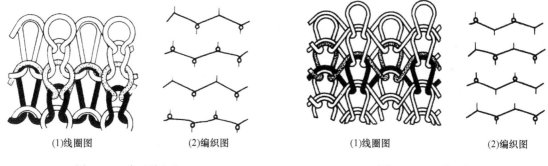

(1)线圈图　　　　　　　(2)编织图　　　　　　　　(1)线圈图　　　　　　　(2)编织图

图 3-19　半畦编组织　　　　　　　　　　　图 3-20　畦编组织

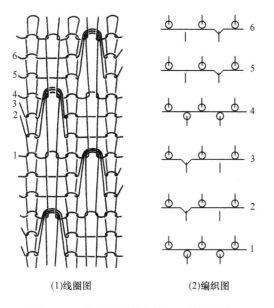

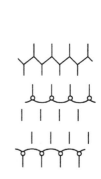

(1)线圈图　　　　　　(2)编织图

图 3-21　具有网眼效应的双面集圈织物　　　图 3-22　集圈连接的双面织物编织图

二、集圈组织的编织工艺

集圈组织可以在钩针纬编机上编织，也可以在舌针纬编机上编织，现在主要在舌针纬编机上进行编织。根据其编织方法的不同，可分为不完全退圈法和不完全脱圈法两种。

在不完全退圈法中，退圈时，织针只上升到集圈高度，旧线圈仍然挂在针舌上。垫纱后，织针下降，新纱线和旧线圈一起进入针钩里，新纱线形成悬弧，旧线圈形成拉长线圈。如图 3-23 所示，图 3-23（1）中针 1 和针 3 被选中后沿退圈三角上升到退圈最高点，针 2 只上升到集圈高度，旧线圈仍挂在针舌上，随后垫入新纱线 H。当针 1、2 和 3

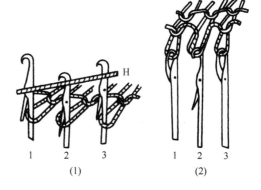

图 3-23　不完全退圈法形成集圈

下降时，三枚针都钩住新纱线。在脱圈阶段，针1和针3上的旧线圈从针头上脱下来，进入针钩的纱线形成新线圈；而此时针2上的旧线圈仍然在针钩里，不能从针头上脱下来，使其针钩内的新纱线不能形成封闭的线圈，只能形成未封闭的悬弧，与旧线圈一起形成集圈，如图3-23（2）所示。图3-24（1）中轨迹1为织针成圈编织的走针轨迹，此时旧线圈退到针杆上，如图3-24（2）所示；图3-24（1）中轨迹2为织针编织集圈的走针轨迹，织针只上升到集圈高度（不完全退圈），旧线圈仍然挂在针舌上，如图3-24（3）所示。

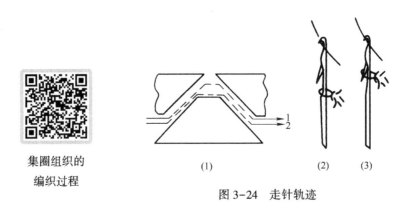

集圈组织的
编织过程

图3-24　走针轨迹

在不完全脱圈法的集圈中，在退圈时，集圈针和成圈针一样，都要上升到退圈最高点，旧线圈也要从针钩里退到针杆上，在垫纱时，织针垫上新纱线，如图3-25（1）所示。但在下降弯纱时，集圈针只下降到套圈高度，并不下降到弯纱最深点（不完全脱圈），旧线圈没有从针头上脱下来，如图3-25（2）所示。这样，再退圈时旧线圈与新纱线一起退到针杆上，由新纱线形成悬弧，旧线圈形成拉长线圈，如图3-25（3）所示。

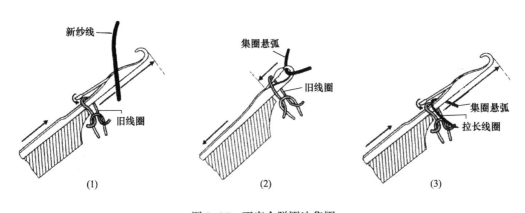

图3-25　不完全脱圈法集圈

三、集圈组织的特性与用途

利用集圈的排列和使用不同色彩与性能的纱线，可编织出表面具有图案、闪色、网眼以及凹凸等效应的织物，使织物具有不同的服用性能与外观，还可以利用集圈悬弧来减短单面提花组织中浮线的长度。

集圈组织的脱散性较平针组织小，但容易抽丝。由于集圈的后面有悬弧，所以其厚度较平针与罗纹组织的大。由于悬弧的存在，织物宽度增加，长度缩短，横向延伸较平针组织和罗纹组织小，由于线圈大小不均，强力较平针组织和罗纹组织小。

集圈组织用在毛衫、T 袖衫、运动服等面料中广泛使用。

第三节　添纱组织及编织工艺

一、添纱组织的结构

添纱组织（plating stitch）是指织物上的全部线圈或部分线圈由两根纱线形成，两根纱线所形成的线圈按照要求分别处于织物的正面和反面的一种花色组织，如图 3-26 所示，图中地纱 1 始终处于织物反面，面纱（添纱）2 始终处于织物正面。添纱组织可以是单面或双面，并可分为全部线圈添纱组织和部分线圈添纱组织。

（一）全部线圈添纱组织

全部线圈添纱组织是指织物内所有的线圈都是由两根纱线组成，织物的一面显露一根纱线的线圈，织物的另一面显露另一种纱线的线圈。图 3-26 所示是一种平针全部线圈添纱组织，图中 1 为地纱（ground yarn），2 为面纱（plating yarn）。如在编织过程中，根据花纹要求相互交换两种纱线在织物正面和反面的相对位置，就会得到一种交换添纱组织（reverse plating），如图 3-27 所示。全部线圈添纱组织还可以罗纹为地组织，形成罗纹添纱组织，如图 3-28 所示，其中 1 为地纱，2 为面纱。

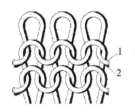
图 3-26　添纱组织结构

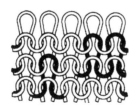
图 3-27　交换添纱组织结构

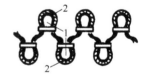
图 3-28　罗纹添纱组织结构

（二）部分线圈添纱组织

部分线圈添纱组织是指在地组织内，仅有部分线圈进行添纱。有绣花添纱和浮线添纱两种。

图 3-29 所示是绣花添纱组织（embroidery plating），地组织纱线 1 始终编织成圈，添纱 2 按花纹要求在部分针上编织成圈，显露在织物正面，形成花纹。添纱 2 常称为绣花线，当花纹间隔较大时，在织物反面有较长的浮线。且花纹部分的织物较地组织厚，从而影响织物的服用性能，这种组织一般用于袜品的生产。

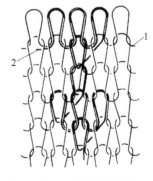
图 3-29　绣花添纱组织结构

图 3-30 所示为浮线添纱组织（float plating），又称架空添纱组织。它是将添纱纱线沿横向喂入形成线圈，覆盖在织物的部分线圈上形成的一种部分添纱组织。在没有形成添纱线圈的地方，添纱纱线以浮线的形式处于平针地组织线圈的后面，故称为浮线添纱。通常地纱纱线较细，添纱纱线较粗，在地纱成圈处织物稀薄，呈网眼状外观，形成网眼结构。

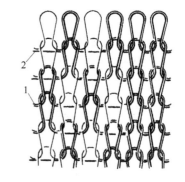

图 3-30　浮线添纱组织结构

二、添纱组织的编织工艺

（一）编织条件及影响因素

添纱组织的成圈过程与基本组织相同。但为了保证一个线圈覆盖在另一个线圈之上，且具有所要求的相对位置关系，在编织时对织针、导纱器、沉降片、纱线张力以及纱线均有相应的要求，处理不当会影响两个线圈的覆盖关系，造成"翻丝"（也称"跳纱"）的问题。

在编织添纱组织时，必须采用特殊的导纱器以便分别喂入地纱和面纱，并保证使面纱显露在织物正面，地纱处于织物反面，如图 3-31 所示的相互配置关系。为此，垫纱时必须保证地纱 1 离针背较远，面纱 2 离针背较近，如图 3-32 所示。

图 3-31　添纱与地纱的相互配置

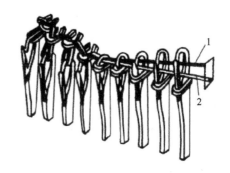

图 3-32　地纱与添纱的垫纱

图 3-33 所示为一种圆纬机上编织添纱组织时使用的导纱器。它有两个垂直配置的导纱孔 1 和 2，其中孔 1 用于穿面纱，孔 2 用于穿地纱。从这两个孔垫纱至织针上，垫纱角度不同，面纱垫纱横角较小，靠针背，地纱垫纱横角较大，近针钩外侧，从而保证了添纱和地纱的正确配置关系。

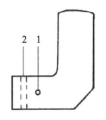

图 3-33　编织添纱组织专用导纱器

此外，织针和沉降片的外形、纱线本身的性质（线密度、摩擦系数、刚度等）、线圈长度、纱线张力等也影响添纱的位置关系。图 3-34 所示为两种针头外形不同的织针，图 3-24（1）中织针的针钩内侧不平，垫在针钩内侧的两种纱线，随织针下降，易翻滚错位，影响覆盖效果。图 3-34（2）中织针的针钩内侧较直，在成圈时两种纱线的相对位置较为稳定，因此适用于添纱组织的编织。

为了使添纱组织中两种纱线保持良好的覆盖关系，面纱宜选用较粗的纱线，地纱宜选用较细的纱线。

（二）成圈过程

1. 全部线圈添纱组织的成圈过程 这类组织的成圈过程与平针组织相同，仅需采用专门的导纱器，并根据需要选择特殊织针编织。

2. 交换添纱组织的成圈过程

（1）采用辅助沉降片的成圈过程。这种方

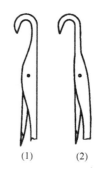

图 3-34 织针外形对编织添纱组织的影响

法在成圈过程中采用两种沉降片，如图 3-35 所示。图中 3-35（1）所示为普通沉降片，起成圈作用；图 3-35（2）所示为辅助沉降片，起翻转两种纱线的作用。两种沉降片安放在同一片槽内。辅助沉降片的片杆较长，片踵较厚，在正常情况下，它停留在机外，并不妨碍普通沉降片参加编织。根据花纹要求，辅助沉降片被选片机构作用向针筒中心推进时，由于片鼻对地纱的压挤作用，使其翻转到面纱后面，从而导致纱线交换位置。

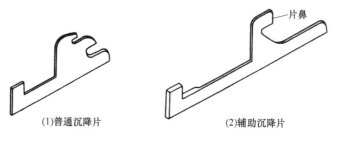

(1)普通沉降片　　　　　　(2)辅助沉降片

图 3-35 普通沉降片与辅助沉降片

成圈过程如图 3-36 所示。图 3-36（1）中面纱 1 和地纱 2 喂到针钩内，张力较大的面纱 1 靠近针钩内侧，而地纱 2 则在上方并靠近针钩尖，此时辅助沉降片 3 处在非作用位置。图 3-36（2）中织针下降成圈时，辅助沉降片受选片机构的作用向针筒中心推进，挤压地纱 2，使其靠近针钩内侧，原来在针钩内侧的面纱 1，因织针的下降，被普通沉降片的片颚 4 阻

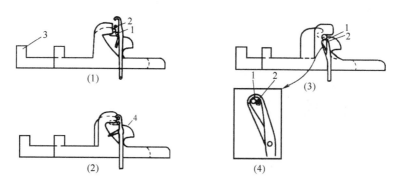

图 3-36 采用辅助沉降片的成圈过程

挡而上滑。图3-36（3）中上滑的面纱1绕过已在针钩内侧的地纱2，至地纱2的外侧，从而达到两根纱线交换位置的目的。图3-36（4）为面纱1和地纱2在针钩内配置的放大图。

（2）采用特殊沉降片的成圈过程。如图3-37（1）所示，实线和虚线分别表示沉降片处于正常工作和翻纱时的位置。图3-37（2）表示正常编织。此时织针下降，在沉降片上形成线圈，面纱1和地纱2按正常添纱原理成圈。图3-37（3）表示线圈的翻转。当沉降片向右推进，进入针钩内的纱线1、2，随着织针下降的过程遇到沉降片的倾斜片颚上沿的阻挡，因而倾斜下滑，产生离针而去的趋势，经此倾斜前滑的作用后，受张力作用的纱线1越过纱线2而到了靠近针钩尖的位置，使纱线1、2的顺序翻转，达到两根纱线交换位置的目的。

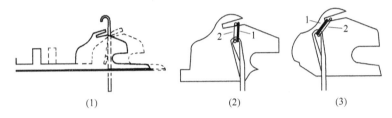

(1)　　　　　　　(2)　　　　　　　(3)

图3-37　采用特殊沉降片的成圈过程

3. 绣花添纱组织的成圈过程　如图3-38所示，这种组织的绣花线面纱2不和地纱穿在同一导纱器上，而是穿在专门的导纱片1上，导纱片受选片机构3的控制可以摆到针前和针后的位置。编织时，根据花纹要求导纱片摆至所需绣花纱线的织针前面，将绣花线垫到针上，然后摆回针后，接着再通过导纱器对织针垫入地纱，这些针上便同时垫上两根纱线，脱圈后，即生成添纱组织。未垫上绣花线的织针正常编织。

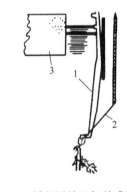

图3-38　绣花添纱组织的成圈过程

4. 浮线添纱组织的成圈过程　如图3-39所示，地纱1和添纱2的喂入高度不一样。由于地纱1垫纱位置较低，能垫到所有的织针针钩内进行成圈，如图3-39（1）所示。添纱2垫纱位置较高，将不会垫到织针3、4上，当成圈后，织针3、4上仅由地纱成圈，添纱成浮线，从而形成浮线添纱组织。

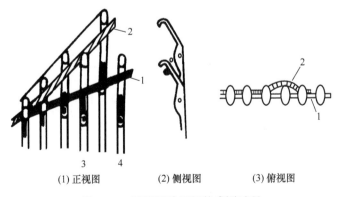

(1)正视图　　　　(2)侧视图　　　　(3)俯视图

图3-39　浮线添纱组织的成圈过程

三、添纱组织的特性与用途

全部添纱组织的线圈几何特性基本上与地组织相同，在用两种不同的纱线编织时，织物两面可具有不同的色彩或服用性能，当采用两根不同捻向的纱线进行编织时，还可以消除单面针织物线圈歪斜的现象。以平针为地组织的全部添纱组织可用于功能性、舒适性要求较高的内衣和 T 恤面料，如丝盖棉、导湿快干织物等，用弹性较高的氨纶纱线与其他纤维的纱线进行添纱编织可以增加织物的弹性，是应用较多的针织产品。

部分添纱组织中由于浮线的存在，延伸性和脱散性较相应的地组织小，但容易引起勾丝。部分添纱组织常用于袜品和无缝内衣。

第四节　衬垫组织及编织工艺

一、衬垫组织的结构

衬垫组织（fleecy stitch，laying-in stitch，laid-in stitch）是在地组织的基础上衬入一根或几根衬垫纱线，衬垫纱按照一定的比例在织物的某些线圈上形成不封闭的悬弧，在其余线圈上以浮线的形式处于织物反面的一种花色组织。其基本结构单元为线圈、悬弧和浮线。衬垫组织可以平针、添纱、集圈、罗纹或双罗纹等组织为地组织，最常用的是平针组织和添纱组织。

（一）平针衬垫组织

平针衬垫（two-thread fleecy）组织以平针为地组织，如图 3-40 所示。图中 1 为地纱（ground yarn），编织平针组织；2 为衬垫纱（fleecy yarn），按一定的比例在地组织的某些线圈上形成悬弧，在另一些线圈的后面形成浮线，它们都处于织物的反面，但在衬垫纱与平针线圈沉降弧的交叉处，衬垫纱显露在织物的正面，这样就破坏了织物的外观，在衬垫纱较粗时更为明显，如图 3-40 中的 a、b 处所示。此外，还可以根据花纹要求在同一个横列同时衬入多根衬垫纱线，在该组织中每一个横列同时衬入两根衬垫纱线，以增加花纹效应，如图 3-41 所示。

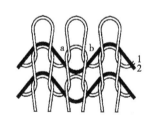

图 3-40　平针衬垫组织结构

（二）添纱衬垫组织

添纱衬垫（three-thread fleecy）组织是以添纱组织为地组织形成的衬垫组织，是一种最常用的衬垫组织，由面纱、地纱和衬垫纱构成，故通常被称作三线衬垫或三线绒。添纱衬垫组织结构如图 3-42 所示。图中 1 为面纱，2 为衬垫纱，3 为地纱，面纱和地纱形成添纱结构，衬垫纱按一

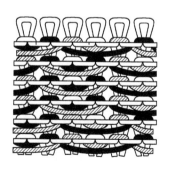

图 3-41　每一横列衬入两根衬垫
　　　　纱的平针衬垫组织

图 3-42　添纱衬垫组织结构

定的间隔在织物的某些线圈上形成不封闭的悬弧，在另一些线圈后面形成浮线。与平针衬垫不同的是，在衬垫纱与地组织线圈沉降弧的交接处，衬垫纱被夹在地组织线圈的地纱和面纱之间，使其不显露在织物正面，改善了织物的外观，又不易从织物中抽拉出来。

添纱衬垫组织的地组织由面纱和地纱组成，它们的相互位置与添纱组织一样，即面纱覆盖在地纱上，因此织物的正面外观取决于面纱的品质，但其使用寿命取决于地纱的强度，即使面纱磨断了，仍然有地纱锁住衬垫纱，使织物保持完整。

（三）衬垫纱的衬垫比与垫纱方式

衬垫纱的衬垫比是指衬垫纱在地组织上形成的不封闭圈弧跨越的线圈纵行数与浮线跨越的线圈纵行数之比，即衬垫纱在地组织上形成的不封闭悬弧与浮线之比。常用的有 1 : 1、1 : 2 和 1 : 3 等。垫纱方式一般有三种：直垫式、位移式和混合式，如图 3-43 所示。图中符号 "·" 表示织针，"·" 的上方为针前，下方为针背，横向表示线圈横列，纵向表示线圈纵行。图 3-43（1）为直垫式，图 3-43（2）、（3）为位移式，图 3-43（4）为混合式。实际生产中大多采用 1 : 2 位移式。这种垫纱方式经拉绒后可得到较为均匀的绒面。

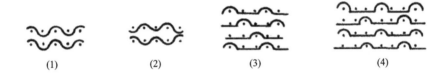

| (1) | (2) | (3) | (4) |

图 3-43　衬垫纱的垫纱方式

在设计衬垫组织时，可通过改变衬垫比及垫纱方式、垫纱根数或选用不同颜色的衬垫纱，以形成不同的花纹效应，如图 3-44 所示。如果花纹需要，也可以在同一织物中选用不同的衬垫比，来丰富花纹效果。

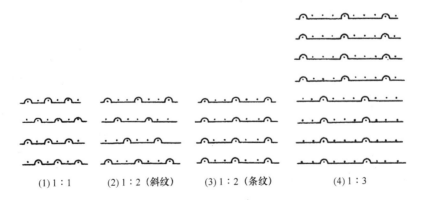

(1) 1 : 1　　　(2) 1 : 2（斜纹）　　　(3) 1 : 2（条纹）　　　(4) 1 : 3

图 3-44　不同衬垫比和垫纱方式形成的结构花纹

二、衬垫组织的编织工艺

平针衬垫组织的编织工艺较简单，在普通的单面多针道针织机上就能编织。而添纱衬垫组织则需要专用的机器编织。在我国，以前添纱衬垫组织主要在台车上用钩针进行编织，现在大多采用三线绒舌针大圆机进行编织。

在舌针机上编织添纱衬垫组织时，由于添纱衬垫组织采用面纱、地纱和衬垫纱三根纱线编织，因此编织一个横列需要三路编织系统，如图3-45所示。这里的成圈机件包括织针 A、导纱器 B、沉降片 C，从左到右的各成圈系统分别垫入衬垫纱 D、面纱 E 和地纱 F。在衬垫纱喂入系统，织针按照垫纱比由三角进行选针形成悬弧或浮线，形成悬弧时织针沿图中实线 I 所示的走针轨迹运行，形成浮线时织针沿图中虚线 II 所示的走针轨迹运行。其成圈过程如图3-46所示。

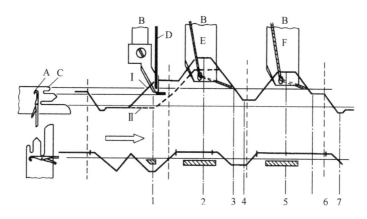

图3-45　舌针编织添纱衬垫组织的走针轨迹

1. 喂入衬垫纱　编织衬垫纱时，被选上形成悬弧的织针根据垫纱比的要求上升到集圈高度钩取衬垫纱 D，如图3-46（1）所示。然后沉降片向针筒中心运动，使衬垫纱弯曲，这些织针继续上升，衬垫纱从针钩内移到针杆上，如图3-46（2）所示，此时这些织针的针头处于图3-45中2所示的实线高度。其余织针在衬垫纱喂入系统中不上升，此后在面纱喂入系统中上升到图3-45中2所示的虚线高度。

2. 喂入面纱　两种高度的织针随针筒的回转，在三角的作用下，至图3-45中3的位置，喂入面纱 E，如图3-46（3）所示。所有的织针继续下降至图3-45中4的位置，形成悬弧的织针上的衬垫纱 D 脱圈在面纱 E 上，如图3-46（4）所示。此时，衬垫纱在沉降片的上片颚上。

3. 喂入地纱　针筒继续回转，所有的织针上升至图3-45中5的位置，此时面纱形成的线圈仍然在针舌上，然后垫入地纱 F，如图3-46（5）所示。随着针筒的回转，所有的织针下降至图3-45中6的位置，此时织针、沉降片与三种纱线的相对关系如图3-46（6）所示。当所有织针继续下降至图3-45中7的位置时，织针下降到最低点，针钩将面纱和地纱一起在沉降片的下片颚上穿过旧线圈，形成新线圈，这时衬垫纱就被夹在面纱和地纱之间，一个横列编织完成，如图3-46（7）所示。

在成圈过程中，织针和沉降片分别按图 3-46 中的箭头方向运动。当织针再次从图 3-46 (7) 所示的位置上升时，沉降片重新向前运动，这时成圈过程又回到图 3-46 （1）所示的位置，进行下一个横列的编织。

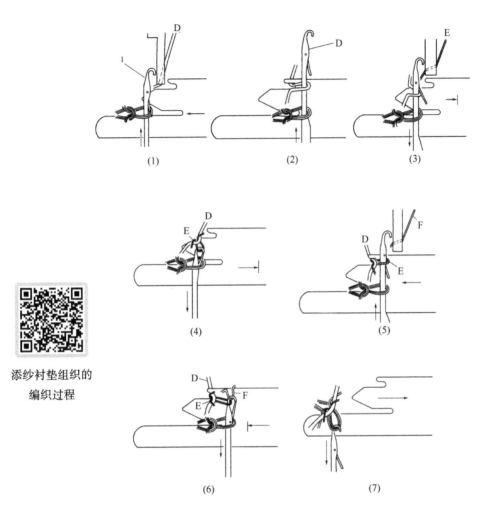

添纱衬垫组织的
编织过程

图 3-46 添纱衬垫组织的编织过程

三、衬垫组织的特性与用途

添纱衬垫组织可通过起绒形成绒类织物。起绒时，衬垫纱在拉毛机的作用下形成短绒，提高了织物的保暖性。为了便于起绒，衬垫纱可采用捻度较低但较粗的纱线。起绒织物表面平整，保暖性好，可用于保暖服装和运动衣等。

平针衬垫织物通常不进行拉绒，但由于衬垫纱不成圈，可以采用比地纱粗的纱线或各种不易成圈的花式纱线形成花式效应。主要用作休闲装和 T 恤衫面料。采用不同的衬垫方式和花式纱线还能形成一定的花纹效应。

这类织物由于衬垫纱的存在，织物厚实，横向延伸性小，尺寸稳定。

第五节 衬纬组织及编织工艺

一、衬纬组织的结构与特性

衬纬组织（weft insertion stitch）是在地组织的基础上，沿纬向衬入一根或几根不成圈的辅助纱线而形成的，衬入的纱线被称为衬纬纱或简称纬纱。衬纬组织一般多为双面结构，纬纱夹在双面织物的中间。图3-47所示的是在罗纹组织基础上衬入了一根纬纱形成的衬纬组织。

衬纬组织主要通过衬入的纬纱来改善和加强织物的某一方面性能，如横向弹性、强度、稳定性以及保暖性等。

若采用弹性较大的纱线作为纬纱，可在圆机上编织圆筒形弹性织物或在横机上编织片状弹性织物，可使织物的横向弹性回复性增加，一方面用以制作需要较高弹性的无缝内衣、袜品、领口、袖口等产品；另一方面也可以使所编织产品不易变形，增加稳定性。

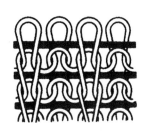

图3-47 衬纬组织结构

但弹性纬纱衬纬织物不适合加工裁剪缝制的服装，因为一旦坯布被裁剪，不成圈的弹性纬纱将回缩，使织物结构受到破坏。如果要生产裁剪缝制的弹性针织坯布，一般弹性纱线要以添纱方式成圈编织。

当采用非弹性纬纱时，衬入的纬纱可降低织物的横向延伸性，编织尺寸稳定、延伸性小的织物，适宜制作外衣。在采用高强度高模量的纱线进行衬纬时，还可以使织物在横向产生增强效果，用于生产某些产业用织物。

在双层织物中，若将蓬松的低弹丝或其他保暖性能优良的纱线衬入正反面的夹层中，可以生产优良的保暖内衣面料，俗称"三层保暖"织物。

二、衬纬组织的编织工艺

在双针床针织机上编织衬纬组织不需要专门的机器，只需在常规的机器上加装特殊的导纱器或通过对普通导纱器进行调整，使衬纬纱线仅喂入上、下织针的背面，而不进入针钩参加编织，从而将衬入的纬纱夹在正反面线圈的圈柱之间。其编织原理如图3-48所示。图3-48（1）的1、2是上、下织针运动轨迹。地纱3穿在导纱器4的导纱孔内，喂入织针上进行编织。衬纬纱5穿在特殊的喂纱嘴6内，喂入上、下织针的针背一面。当上、下织针在起针三角作用下出筒口进行退圈时，就把纬纱夹在上、下织针的线圈之间，如图3-48（2）所示。有些双面针织机没有特制的喂纱嘴6，可选用上一路的导纱器作为喂纱嘴，但导纱器的安装需适应衬纬的要求，同时这一路上、下织针应不参加编织。

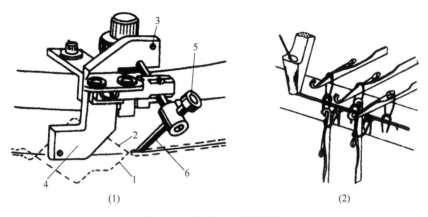

图 3-48 衬纬组织编织原理

第六节 毛圈组织及编织工艺

一、毛圈组织的结构

毛圈组织（plush stitch）是由地组织线圈和带有拉长沉降弧的毛圈线圈组合而成的一种花色组织。如图 3-49 所示，毛圈组织一般由两根纱线编织而成，一根编织地组织线圈，另一根编织毛圈线圈，两根纱线所形成的线圈以添纱的形式存在于织物中。毛圈组织可分为普通毛圈和花式毛圈，并有单面毛圈和双面毛圈之分。

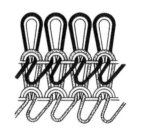

（一）普通毛圈组织

普通毛圈组织是指每一只地组织线圈上都有一个毛圈线圈，而且所形成的毛圈长度是一致的，也是同一种颜色的，又被称为满地毛圈（all-over plush）。图 3-49 所示即为普通

图 3-49 普通毛圈组织

毛圈的结构，它的地组织为平针添纱组织。它能得到最密的毛圈，毛圈通过剪毛以后可以形成天鹅绒织物，是一种应用广泛的毛圈组织。

普通毛圈组织有正包毛圈和反包毛圈两种。地纱线圈显露在织物正面并覆盖住毛圈线圈的称"反包毛圈"，这可防止在穿着和使用过程中毛圈纱被从正面抽拉出来，尤其适合于要对毛圈进行剪毛处理的天鹅绒织物。如果毛圈纱线圈显露在织物正面，将地纱线圈覆盖住，而织物反面仍是拉长沉降弧的毛圈称"正包毛圈"。在后整理工序中，可对反包毛圈正反两面的毛圈纱进行起绒处理，形成双面绒织物。

（二）花式毛圈组织

花式毛圈（patterned plush）组织是指通过毛圈形成花纹效应的毛圈组织，可分为提花毛圈组织和双面毛圈组织、浮雕花纹毛圈组织和双面毛圈组织、高低毛圈组织和双面毛圈组织等。

1. 提花毛圈组成 提花毛圈（jacquard plush）组织的每个毛圈横列由两种或两种以上的色织毛圈编织而成。有两种结构和编织方法，一种是非满地提花毛圈，这种提花毛圈每一提花毛圈横列由几个横列的地组织线圈组成，即两色提花毛圈每一毛圈横列由两个横列的地组织线圈组成，三色提花毛圈每一毛圈横列由三个横列的地组织线圈组成，以此类推。在编织时，每一路所有的地纱都参加编织，而毛圈纱则是有选择地在某些针上成毛圈，在不成毛圈的地方与地纱形成添纱结构，如图3-50所示。在这种结构中，随着毛圈线圈编织一个横列系统数的增加，织物的毛圈横列密度相应降低，使毛圈稀松，易倒伏，影响了织物的效果。另一种是满地提花毛圈，在这种提花毛圈织物中，无论编织一个横列系统数多少，每一横列的毛圈线圈只有一个横列的地组织线圈，毛圈纱在不成圈的地方以浮线的形式存在于其他毛圈线圈的上面，如图3-51所示。这样，毛圈编织一个横列系统数的多少就不会影响到毛圈的稀密程度，故又称高密度提花毛圈（high-density jacquard plush）。但是，由于这种提花毛圈必须经过剪毛之后才能使用，因此其最终产品只能是绒类产品，现在主要用于制作汽车和其他室内装饰绒。

2. 浮雕花纹毛圈组织 浮雕花纹毛圈组织是通过有选择地在某些线圈上形成毛圈，在某些线圈上不形成毛圈，从而在织物表面由毛圈形成浮雕花纹（raised pattern）效应，如图3-52所示。

 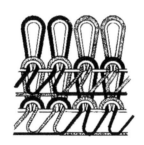 

图3-50 非满地提花毛圈组织 　图3-51 满地提花毛圈组织 　图3-52 浮雕花纹毛圈组织

3. 高低毛圈组织 高低毛圈组织是通过有选择地在不同针上形成毛圈高度不同的毛圈，以形成凹凸花式效应。

4. 双面毛圈组织 双面毛圈（two-faced plush）组织是指织物两面都形成毛圈的一种组织。如图3-53所示，该组织由三根纱线编织而成，纱线1编织地组织，纱线2形成正面毛圈，纱线3形成反面毛圈。

二、毛圈组织的编织工艺

毛圈组织可以在钩针或舌针针织机上编织，现在主要在单面或双面的舌针针织机上编织。

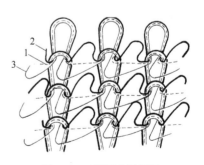

图3-53 双面毛圈组织

（一）在单面舌针机上编织毛圈组织

毛圈组织的线圈是由地纱和毛圈纱构成，垫纱时需要用带有两个导纱孔的导纱器，如图3-54所示，地纱1垫纱位置较低，毛圈纱2垫纱位置较高。通过成圈过程中织针与沉降片的配合，使地纱 1 在片颚上弯纱形成平针线圈，毛圈纱 2 在片鼻上弯纱，沉降弧被拉长形成毛圈，如图 3-55 所示。可以采用片鼻高度不同的沉降片来改变毛圈的高度。

毛圈组织的
编织过程

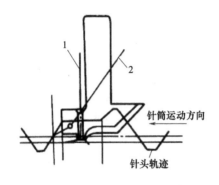

图 3-54　编织毛圈组织用导纱器

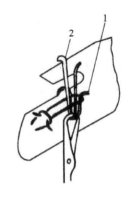

图 3-55　单面舌针机上毛圈的形成

（二）在双面舌针机上编织毛圈组织

在双面舌针针织机上编织毛圈组织时，通常需要用一组针编织成圈，而另一组针作为毛圈片使用，形成拉长的毛圈沉降弧。如图 3-56 所示，此时上针作为成圈针将地纱和毛圈纱编织成添纱线圈，而下针根据花纹的需要将钩取的沉降弧纱线拉长，形成毛圈。

三、毛圈组织的特性与用途

毛圈纱线的加入使毛圈组织织物较普通平针组织织物厚实。但在使用过程中，由于毛圈松散，在织物的一面或两面容易受到意外的抽拉，使毛圈产生转移，破坏了织物的外观。因

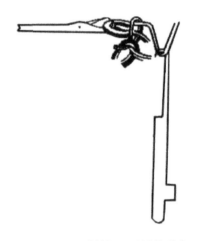

图 3-56　双面舌针机上毛圈的形成

此，为了防止毛圈意外抽拉转移，可将织物编织得紧密些，增加毛圈转移的阻力，并可使毛圈直立。另外，地纱可以使用弹性较好的低弹加工丝，以帮助束缚毛圈纱。

由于毛圈线圈和地组织线圈是一种添纱结构，因此它还具有添纱组织的特性，为了使毛圈纱与地纱具有良好的覆盖关系，毛圈组织应遵循添纱组织的编织要求。

不剪毛的毛圈组织具有良好的吸湿性，产品柔软、厚实，适宜制作睡衣、浴衣以及休闲服等。

毛圈组织经剪绒和起绒后还可形成天鹅绒、摇粒绒等单双面绒类织物，从而使织物丰满、厚实，保暖性增加。摇粒绒织物是秋冬季保暖服装的主要面料；天鹅绒是一种高档的时装面料；各种提花绒类被广泛用于家用和其他装饰用领域。

第七节　长毛绒组织及编织工艺

一、长毛绒组织的结构与特性

将纤维束与地纱一起喂入织针编织成圈，使纤维以绒毛状附着在织物表面，在织物反面形成绒毛状外观的组织，称为长毛绒组织（high-pile stitch）。它一般在纬平针组织的基础上形成的，如图3-57所示。

长毛绒组织可以利用各种不同性质的纤维进行编织，根据所喂入的纤维长短、粗细不同，在织物中可形成类似于天然毛皮的刚毛、底毛和绒毛等毛绒效果，具有类似于天然动物毛皮的外观和风格，也被称为"人造毛皮"。

长毛绒织物手感柔软，保暖性和耐磨性好，可仿制各种天然毛皮，单位面积重量比天然毛皮轻，而且不会虫蛀。因而在服装、毛绒玩具、拖鞋、装饰织物等方面广泛应用。

图3-57　长毛绒组织结构

二、长毛绒组织的编织工艺

长毛绒组织需要在专门的长毛绒编织机上进行编织，它是一种单面舌针针织机，除了普通单面机的特点外，在每一成圈系统还需附加一套纤维毛条梳理喂入装置，以便将纤维喂入织针。

如图3-58所示，纤维毛条1通过断条自停装置、导条器（图中未画出）进入梳理装置。梳理装置由一对输入辊2、3和表面带有钢丝的滚筒4组成。输入辊牵伸纤维毛条1并将其输送给滚筒4，后者的表面线速度大于前者，使纤维伸直、拉细并平行均匀排列。借助于特殊形状的钢丝，滚筒4将纤维束5喂入退圈织针6的针钩。

当针钩抓取纤维束后，针头后上方的吸风管A（图3-59）利用气流吸引力将未被针钩钩住而附着在纤维束上的散乱纤维吸走，并将纤维束吸向针钩，使纤维束的两个头端靠后，呈"V"字形紧贴针钩，以利编织，如图3-59中针1、2、3、4所示。

当织针进入地纱喂纱区域时，针逐渐下降，从导纱器B中钩取地纱，并将其与纤维束一起编织成圈（图3-59中针5、6、7），纤维束的两个头端露在长毛绒组织的工艺反面，形成毛绒，由地纱与纤维束共同

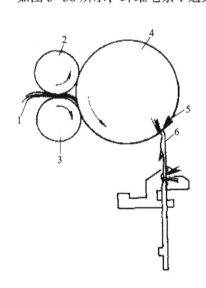

图3-58　纤维束的梳理和喂入

编织形成了长毛绒织物。

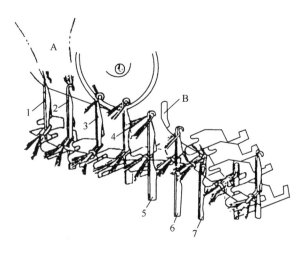

图 3-59　长毛绒组织的编织过程

为了生产提花或结构花型的长毛绒织物，可通过电子或机械选针机构，对经过每一纤维束喂入区的织针进行选针，使选中的织针退圈并获取相应颜色的纤维束。

第八节　移圈组织及编织工艺

在编织过程中，凡是通过转移线圈部段形成的纬编组织都称为移圈组织。根据转移线圈部段的不同，可以分为针编弧转移的纱罗组织和沉降弧转移的菠萝组织两类。

一、纱罗组织结构及编织工艺

（一）纱罗组织的结构和特性

在纬编基本组织基础上，按照花纹要求将某些针上的线圈针编弧转移到与其相邻纵行的针上，所形成的移圈组织为纱罗组织（loop transfer stitch，lace stitch），如图3-60所示。可在单针床或双针床上进行移圈形成单面或双面纱罗组织，在针织物表面形成各种结构的花式效应。

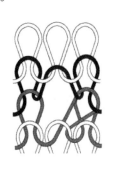

图 3-60　纱罗组织结构

1. 单面纱罗组织　图3-61所示为一种单面纱罗组织。按照花纹要求在不同针上以不同方式进行移圈，形成具有一定花纹效应的网眼。例如，图中第Ⅱ横列2、4、6、8针上的线圈向右转移到3、5、7、9针上后，使2、4、6、8针成为空针，相应纵行中断，在第Ⅲ横列重新垫纱后，在这些地方就形成了一个横列的网眼结构；而在接下来的横列中，以第5针为中心，左右纵行的线圈依次分别向左右转移，从而在织物中由移圈网眼形成了"V"字形的花纹。

图3-62所示为一种单面绞花组织（cable stitch）。它是通过

在相邻纵行中进行相互移圈形成的，这样在织物表面就由倾斜的移圈线圈形成了麻花状的花式效应。

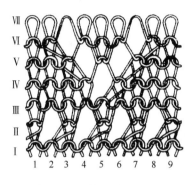

图 3-61　单面纱罗组织

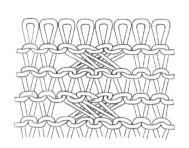

图 3-62　单面绞花组织

2. 双面纱罗组织　双面纱罗组织可以在针织物的一面进行移圈，即将一个针床上的某些线圈移到同一针床的相邻针上；也可以在针织物两面进行移圈，即将一个针床上的线圈移到另一个针床与之相邻的针上，或者将两个针床上的线圈分别移到各自针床的相邻针上。

图 3-63 所示为将一个针床针上的线圈转移到另一个针床的针上所形成的织物结构。正面线圈纵行 1 上的线圈 3 被转移到另一个针床相邻的针（反面线圈纵行 2）上，从而使正面线圈在此处断开，形成开孔 4。在实际织物中，由于罗纹结构的横向收缩，在织物中并不真正形成网眼，在此处看到的是与正面线圈纵行 1 相邻的反面线圈，从而产生一种凹凸的效果。图 3-64 所示为在同一针床上进行移圈的双面纱罗组织。在第 Ⅱ 横列，同一面两只相邻线圈朝不同方向移到相邻的针上，即针 5、7 上的线圈移到针 3、9 上；第 Ⅲ 横列再将针 3 上的线圈移到针 1 上。在以后若干横列中，如果使移去线圈的针 3、5、7 不参加编织，而后再重新成圈，则在双面针织物上可以看到一块单面平针组织区域，这样在针织物表面就形成凹纹效应，而在两个线圈合并的地方，产生凸起效应。

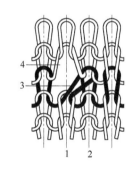

图 3-63　一个针床向另一针床
移圈的双面纱罗组织

（二）纱罗组织的编织工艺

纱罗组织可以在圆机和横机上利用专用的移圈工具编织，但以在横机上编织为多。

横机编织纱罗组织有手工移圈和自动移圈两种方式。在手动和半自动横机上，手工利用专用的移圈工具，可以在同一针床的织针之间进行移圈，也可以在不同针床织针之间进行移圈，这种

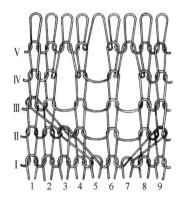

图 3-64　同一针床移圈的双面纱罗组织

方法灵活方便，但工人的劳动强度大，生产效率低。自动移圈主要用在电脑横机上，图 3-65 所示为其移圈过程。如图 3-65（1）所示，移圈针 1 上升到过退圈高度（移圈高度），旧线圈恰好处于扩圈片位置；在图 3-65（2）中，接圈针 2 上升，将针头插入移圈针的扩圈片中；其次，移圈针下降，针上的线圈将针口关闭 [图 3-65（3）]；最后，随着移圈针继续下降，针上的线圈从针头上脱下来，进入接圈针的针钩里，完成了移圈的动作 [图 3-65（4）]。

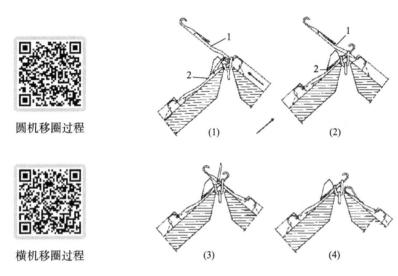

圆机移圈过程

横机移圈过程

图 3-65　电脑横机的移圈过程

在电脑横机上，由于前后针床都可以进行选针编织和移圈，因此两个针床都使用带有移圈片的织针，既可以从前针床向后针床移圈，也可以从后针床向前针床移圈。目前的技术要想实现同一针床织针之间相互移圈，一般是先将一个针床针上的线圈移到另一个针床的针上，然后横移针床，改变前后针床织针的对位关系后，再将移过去的线圈移回到原来针床的相应织针上。

（三）纱罗组织的特性和用途

纱罗组织的基本特性主要取决于形成该组织的基本组织，但在移圈处由于网眼的存在、线圈的凸起和扭曲，影响到织物的强度、耐磨、起毛起球和勾丝等性能，也使织物的透气性增加。纱罗组织可以形成网眼、凹凸、线圈倾斜或扭曲等效应，如将这些结构按照一定的规律分布在针织物表面，则可形成所需的花纹图案。可以利用纱罗组织的移圈原理来增加或减少工作针数，编织成形针织物，或者改变织物的组织结构，使织物由双面编织改为单面编织。纱罗组织大量应用于毛衫和某些高档 T 恤衫的生产，也用作一些时尚内衣等产品。

二、菠萝组织结构及编织工艺

（一）菠萝组织的结构和特性

菠萝组织（pelerine stitch，eyelet stitch）是新线圈在成圈过程中同时穿过旧线圈的针编弧与沉降弧的纬编花色组织，如图 3-66 所示。在编织菠萝组织时，必须将旧线圈的沉降弧套到针上，使旧线圈的沉降弧连同针编弧一起脱圈到新线圈上。

菠萝组织可以在单面组织的基础上形成，也可以在双面组织的基础上形成。图 3-66 是以平针组织为基础形成的菠萝组织，其沉降弧可以转移到右边针上（图中a），也可以转移到左边针上（图中b），还可以转移到相邻的两枚针上（图中c）。图 3-67 是在 2+2 罗纹基础上转移沉降弧的菠萝组织，两个反面纵行之间的沉降弧 a 转移到相邻两枚针上，形成网眼 b。

菠萝组织由于沉降弧的转移，可以在被移处形成网眼效应，移圈后纱线的聚集也使织物产生凹凸效应。因为菠萝组织的线圈在成圈时，沉降弧是拉紧的，当织物受到拉伸时，各线圈受力不均匀，张力集中在张紧的线圈上，纱线容易断裂，使织物强力降低。

菠萝组织需要特殊的机器进行编织，编织机构复杂，因此使用较少，现在主要在圆机上编织网眼布，多用于休闲服装。

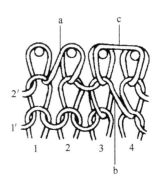

图 3-66　菠萝组织结构

（二）菠萝组织的编织工艺

编织菠萝组织时，需借助于专门的移圈钩子或扩圈片将旧线圈的沉降弧转移到相邻的针上。移圈钩子或扩圈片有三种，左钩用于将沉降弧转移到左面针上，右钩用于将沉降弧转移到右面针上，双钩用于将沉降弧转移到相邻的两枚针上。钩子或扩圈片可以装在针盘或针筒上。

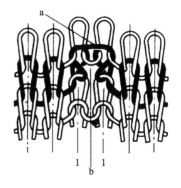

图 3-67　在 2+2 罗纹基础上
转移沉降弧

图 3-68 所示为利用装在针筒上的双侧扩圈片进行移圈的编织方法。随着双侧扩圈片 1 的上升，逐步扩大沉降弧 2。当上升至一定高度后，扩圈片 1 上的台阶将沉降弧向上抬，使其超过针盘针 3 和 4。接着舌针 3 和 4 向外移动，穿过扩圈片的扩张部分，直至沉降弧 2 位于针钩的上方，如图 3-68（1）所示；然后扩圈片下降，织针 3 和 4 将钩子的上部撑开后，与沉降弧一起脱离移圈钩子，沉降弧被转移到织针 3 和 4 的针钩内。

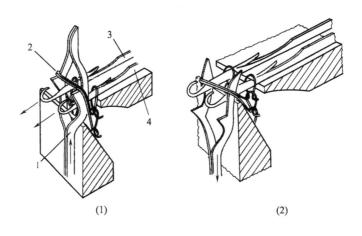

(1)　　　　　　　　　　　　　　(2)

图 3-68　利用双侧扩圈片进行移圈的编织方法

第九节　波纹组织及编织工艺

一、波纹组织的结构

波纹组织（racked stitch）是通过前后针床织针对应位置的相对移动，使线圈倾斜，在织物上形成波纹状外观的双面纬编组织，如图3-69所示。波纹组织可以罗纹组织为基础组织形成，也可以双面集圈组织为基础组织形成。

（一）罗纹波纹组织

图3-69为在1+1罗纹组织基础上，通过改变前后针床织针的对应关系形成的波纹组织。如图3-69所示，在第Ⅰ横列，第1、3纵行的正面线圈在第2、4纵行反面线圈的左侧，而到了第Ⅱ横列，原来第1、3纵行的正面线圈已经移到了第2、4纵行反面线圈的右侧。从而使第Ⅰ横列的正面线圈向右倾斜，而反面线圈向左倾斜。同样，在第Ⅲ横列时，第1、3纵行的正面线圈又移回到第2、4纵行反面线圈的左侧，从而使第Ⅱ横列的正面线圈向左倾斜，反面线圈向右倾斜。但在实际中，由于纱线弹性力的作用，它们力图回复到原来的状态，从而使曲折效应消失。因此，在1+1罗纹中，当针床移动一个针距时，在针织物表面并无曲折效应存在，正反面线圈纵行呈相背排列，而不像普通1+1罗纹那样，正反面线圈呈交替间隔排列。因此，在实际生产中，要想在1+1罗纹中形成波纹效果，编织时就要使正反面纵行的线圈相对移动两个针距，如图3-70所示。由于此时线圈倾斜较大，不易回复到原来的位置，可以形成较为显著的曲折效果。

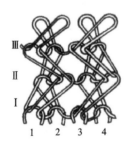

图3-69　1+1罗纹波纹组织
（横移一针距）

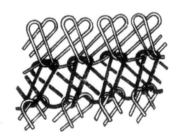

图3-70　1+1罗纹波纹组织
（横移两针距）

为了增强波纹效果，还可以在罗纹组织中进行抽针编织，如图3-71所示。此时在反面有7个线圈纵行，而在正面只有5个线圈纵行，与第4、5反面线圈纵行对应的正面织针被抽去。当在前3个横列，正面线圈纵行连续向右移动3次之后，就形成了从左向右的倾斜效果，而在后3个横列，正面线圈纵行连续向左移动3次之后，就形成了从右向左的倾斜效果。

（二）集圈波纹组织

图 3-72 所示为以畦编组织为基础组织的集圈波纹组织。在织物正面形成曲折花纹，在织物反面是直立的线圈。

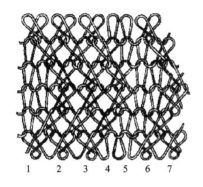
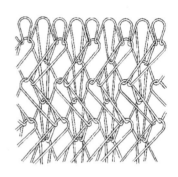

图 3-71　抽针罗纹波纹组织　　　　　　　　图 3-72　集圈波纹组织

二、波纹组织的编织工艺

波纹组织是在双针床横机上通过针床横移来实现的。图 3-73 所示为 1+1 罗纹波纹组织的编织过程。此时前后针床织针相错排列，前针床 1、3、5 针分别在后针床 2、4、6 针的左边，机头运行，由纱线编织一个横列的 1+1 罗纹线圈 a，如图 3-73（1）所示；然后后针床向左移动一个针距，使前针床 1、3、5 针分别处于后针床 2、4、6 针的右边，从而使得在前针床针上所编织的正面线圈从左下向右上倾斜，此时再移动机头编织一个横列的线圈 b，如图 3-73（2）所示。如此往复移动针床，就可以形成曲折的波纹效果。

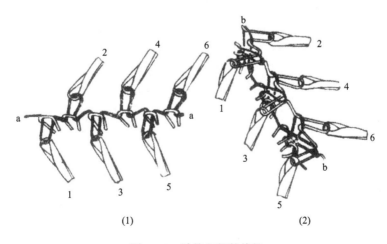

(1)　　　　　　　　　　　　　　(2)

图 3-73　波纹组织的编织

根据所编织织物的花纹效果要求，可以在机头每运行一次移动一次针床，也可以在机头运行若干次后移动一次针床；针床可以每次移动一个针距，也可以每次移动两个针距；可以在相邻横列中分别向左右往复移动针床，也可以连续向一个方向移动若干横列后再向另一个方向移动。

三、波纹组织的特性与用途

波纹组织可以根据花纹要求，由倾斜线圈组成曲折、方格及其他几何图案。通常织物较厚，延伸性较小，且织物宽度增加而长度减小，由于它只能在横机上编织，因此主要用于毛衫类产品。

第十节　绕经组织及编织工艺

一、绕经组织的结构

绕经组织（wrapping pattern）是在纬编地组织基础上，由经向喂入的纱线在一定宽度范围内的织针上缠绕成圈形成具有纵向花纹效应的织物。所引入的经纱可以与地组织线圈形成提花结构、衬垫结构和添纱结构，分别形成经纱提花组织、经纱衬垫组织和经纱添纱组织。

（一）经纱提花组织

经纱提花组织（warp-stitch weft knitted fabric）是在纬编地组织基础上，由沿经向喂入的纱线在一定的宽度范围内，在地纱没有成圈的针上形成线圈，从而在织物中形成纵向花纹效应。

目前经纱提花组织主要用于单面纬编织物，纬纱和经纱形成的结构类似于单面提花织物，如图3-74所示，它们是按照花纹的需要，在需要显露的地方成圈，在不成圈的地方以浮线的形式存在于织物反面。同时，连接相邻横列线圈的经纱将形成延展线。通常经纱只隔行编织，如图3-74中的2、4、6横列，而在1、3、5横列则由地纱（纬纱）形成一横列的平针线圈。

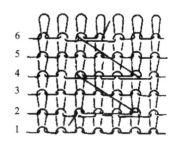

图3-74　经纱提花组织

（二）经纱衬垫组织

经纱衬垫组织（warp inlay weft knitted fabric）是在纬编地组织基础上，由沿经向喂入的纱线在一定的宽度范围内，在地纱线圈上进行集圈和浮线编织，从而在织物中形成纵向衬垫花纹效应。纬编地组织可以是平针组织，也可以是衬垫组织。

图3-75所示为以平针衬垫组织为地组织的经纱衬垫组织。这里，在地纱1编织的平针组织上，隔行由衬垫纱2形成1∶3的衬垫结构，而在衬垫纱没有编织的横列，由经纱3在部分针上形成1∶1的衬垫结构。

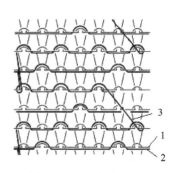

图3-75　经纱衬垫组织

（三）经纱添纱组织

经纱添纱组织（warp-plated weft knitted fabric, embroi-dery-plated fabric）是在纬编地组织基础上，由沿经向喂入的纱线在一定的宽度范围内，在地纱线圈上进行添纱编织，从而在织物中形成纵向花纹效应。纬编地组织主要是各种纬编单面织物，如平针和单面提花组织。在袜品中它又被称为吊线或绣花添纱组织。

图3-76所示的是经纱添纱组织，它是将添纱纱线沿经向喂入形成线圈，覆盖在地组织的部分线圈上形成的一种局部添纱结构。图中1为地纱，2为添纱，添纱常称为绣花线，它按花纹要求覆盖在部分线圈上形成花纹效应。添纱纱线通常较粗，可在织物中形成凸出的花纹效果。这种组织在袜品生产中应用较多。

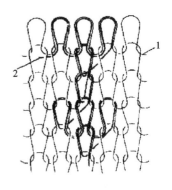

图3-76　经纱添纱组织

二、绕经组织的编织工艺

绕经组织需要专门的圆纬机进行编织，如图3-77所示，它配备专门的经纱导纱器1将经纱绕在选上的针2上进行成圈、集圈或添纱。经纱提花组织可以用带有绕经（吊线）机构的多针道圆机和单面提花圆机进行生产。

与地纱导纱器不同的是，在编织时经纱导纱器与针筒一起转动，从而使每一经纱导纱器只对应一定范围内的织针，在经纱编织时，经纱导纱器向外摆出将纱线垫入所对应的那部分针中被选上的织针上进行成圈。经纱花纹的最大宽度取决于经纱导纱器所对应的织针数目，一般在24针以内，机型不同也有所不同。

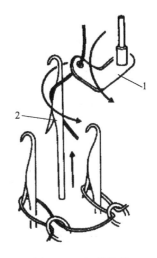

图3-77　经纱垫纱

三、绕经组织的特性与用途

由于一般的单面纬编组织在编织纵条纹花纹时会在织物中形成较长的浮线，既不易于编织也不利于服用，而利用绕经组织可以方便地形成纵向色彩和凹凸花纹效应，如果和横条组织结合，还可形成方格等效应。由于绕经组织中引入了经纱，使织物的纵向弹性和延伸性有所下降，纵向尺寸稳定性有所提高，但沿纵向的长延展线可能使织物强度和耐用性降低。经纱提花组织可用作T恤和休闲服饰面料；经纱衬垫组织可生产花式绒类休闲和保暖服装；经纱添纱组织主要用于绣花袜的生产。

第十一节　衬经衬纬组织及编织工艺

一、衬经衬纬组织的结构

在纬编地组织基础上衬入不参加成圈的经纱和纬纱所形成的组织为衬经衬纬组织（biaxial fabric）。

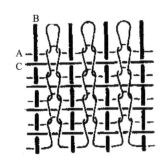

图 3-78　衬经衬纬纬平针织物

图 3-78 所示的是在纬平针组织基础上衬入经纱和纬纱所形成的衬经衬纬织物。这里，地纱 A 形成正常的纬平针组织结构，纬纱 C 和经纱 B 分别沿横向和纵向以直线的形式被地组织线圈的圈柱和沉降弧夹住。

衬经衬纬组织由于在横向和纵向都衬入了不成圈的直向纱线，从而使织物在这两个方向上的强度和稳定性增强，延伸性和变形能力降低。由于这些衬入的纱线不必弯曲成圈，可以采用弹性模量高、强度高、不易弯曲的高性能纤维进行编织，从而生产出具有较高拉伸强度的织物。这种织物经过模压成型、涂层或复合，可以用于制作高性能的产业用品，如头盔、增强材料等。

二、衬经衬纬组织的编织工艺

图 3-79 为衬经衬纬单面圆机编织原理示意图。它除了具有普通圆机的结构特点外，在针筒上方加装了一个直径大于针筒的分经盘 1，用于将经纱 2 分开导入编织区。衬纬纱由衬纬导纱器 3 将其喂入织针和衬经纱之间，由于分经盘直径大于针筒直径，所以地纱导纱器 3 可以被安置在衬经纱的里边，这样，织针钩取地纱 4 成圈时就将衬经纱夹在了所形成的线圈沉降弧与衬纬纱之间，使其被束缚在织物中。

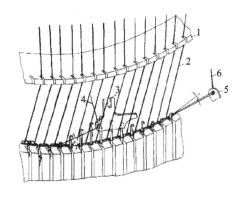

图 3-79　衬经衬纬单面圆机编织原理

第十二节　复合组织及编织工艺

复合组织（combination stitch）是由两种或两种以上的纬编组织复合而成。它可以由不同的基本组织、变化组织和花色组织复合而成。复合组织可分为单面和双面复合组织。双面复合组织又可分为罗纹型和双罗纹型复合组织。设计复合组织织物时，可根据各种组织的特性复合成所需要的组织结构，以形成特殊的花色效应和织物性能，从而满足不同的使用要求。

一、单面复合组织

单面复合组织是在单面纬编组织基础上，通过成圈、集圈、浮线等结构单元的组合而形成的组织。图 3-80 所示是由成圈、集圈和浮线三种结构单元复合而成的单面斜纹织物的意匠图和编织图。它由四路形成一个循环，且在每一路编织中，织针呈现 2 针成圈、1 针集圈和 1 针浮线的循环，各路之间依次向右移一针进行编织，使织物表面形成较明显的仿哔叽斜纹效应。由于浮线和悬弧的存在，织物纵、横向延伸性小，结构稳定，挺括。该织物可用来制作衬衣等产品。该织物可在单面四针道圆纬机或具有选针机构的单面圆机上编织。

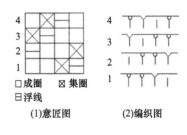

□成圈　⊠集圈　⊟浮线

(1)意匠图　　(2)编织图

图 3-80　单面斜纹织物

二、双面复合组织

（一）罗纹型复合组织

罗纹型复合组织是在罗纹配置的双面纬编机上编织而成的。这类产品很多，这里仅举几种常用的织物。

1. 罗纹空气层组织　罗纹空气层组织译名为米拉诺罗纹（milano rib）组织，它由罗纹组织和平针组织复合而成，其线圈结构图与编织图如图 3-81 所示。该组织由 3 路成圈系统编织一个完全组织，第 1 路编织一个 1+1 罗纹横列；第 2 路上针不编织，下针全编织一行正面平针；第 3 路下针不编织，上针全编织一行反面平针，这两行单面平针组成一个完整的线圈横列。

从图 3-81 中可以看出，该织物正、反面两个平针组织之间没有联系，在织物上形成双层袋形空气层结构，并在织物表面有凸起的横楞效应，织物正反两面外观相同。

在罗纹空气层组织中，由于平针线圈浮线状沉降弧的存在，使织物横向延伸性减小，尺寸稳定性提高。同时，这种织物比同机号同细度纱线编织的罗纹织物厚实、挺括，保暖性好，因此在内衣、毛衫等产品中得到广泛应用。

2. 点纹组织　点纹组织是由不完全罗纹组织与单面变化平针组织复合而成的，四个成圈系统编织一个完全组织。由于成圈顺序不同，因而产生了结构上不同的瑞士式点纹和法式点纹组织。图 3-82 为瑞士式点纹（swiss pique）组织的线圈结构和编织图。第 1 系统上针高踵针与全部下针编织一行不完全罗纹，第 2 系统上针高踵针编织一行变化平针，第 3 系统上针低踵针与全部下针编织另一行不完全罗纹，第 4 系统上针低踵针编织另一行变化

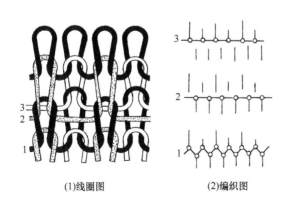

(1)线圈图　　(2)编织图

图 3-81　罗纹空气层组织

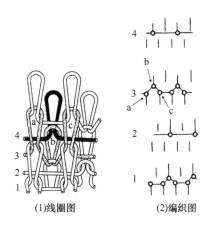

(1)线圈图　(2)编织图

图 3-82　瑞士式点纹组织

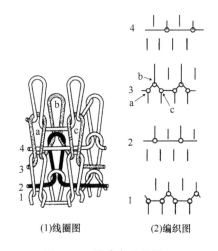

(1)线圈图　(2)编织图

图 3-83　法式点纹组织

平针。每枚针在一个完全组织中成圈两次，形成两个横列。

图 3-83 显示了法式点纹（French pique）组织的线圈结构和编织图。虽然在一个完全组织中也是两行单面变化平针，另外两行不完全罗纹，但是编织顺序与瑞士式点纹组织不同。第 1 系统上针低踵针与全部下针编织一行不完全罗纹，第 2 系统上针高踵针编织一行变化平针，第 3 系统上针高踵针与全部下针编织另一行不完全罗纹，第 4 系统上针低踵针编织另一行变化平针。

法式点纹组织从正面线圈 a、c 到反面线圈 b 的沉降弧是向上弯曲的，而瑞士式点纹组织是向下弯曲的。由于法式点纹组织中线圈 b 的线圈指数是 2，受到较大拉伸，故其沉降弧弯曲较大并且在弹性回复力作用下力图伸展，从而将线圈 a、c 向两边推开，使线圈 a、c 所在的纵行纹路清晰，织物幅宽增大，表面丰满。而瑞士式点纹组织中线圈 b 的线圈指数是 0，因此沉降弧弯曲较小，织物结构紧密，尺寸较为稳定，延伸度小，横密增加，纵密减小，表面平整。点纹组织可用于生产 T 恤衫、休闲服等产品。点纹组织可在织针呈罗纹配置的双面多针道变换三角圆纬机或双面提花圆机上编织。

3. 胖花组织　胖花组织（blister patterned fabric）由单面提花和双面提花复合而成。在双面提花地组织基础上，按照花纹要求配置单面提花线圈。地组织纱线在织物反面满针或隔针成圈，在织物正面选针成圈；胖花纱线在织物反面不成圈，在织物正面，在地组织纱线不成圈处成圈。由于胖花线圈附着在地组织之上，且线圈长度小于反面线圈，下机后拉长的反面线圈收缩将使胖花线圈被挤压而凸出于织物表面形成凸出的花纹效应，固被称为胖花。

胖花组织一般可分为单胖和双胖。如果在一个正面线圈横列中，胖花线圈在同一枚针上只编织一次，其大小与地组织线圈一致，为单胖；如果在一个正面线圈横列中，胖花线圈在同一枚针上连续编织两次，其大小是地组织线圈的一半，为双胖。在一个正面线圈横列中，胖花线圈在同一枚针上连续编织的次数越多，凹凸效应越明显。

图 3-84（1）、（2）分别为两色单胖组织的线圈结构图、正面花型意匠图和编织图。从图中可以看出，一个正面线圈横列由 2 路编织而成，一个反面线圈横列由 4 路编织而成。正反面线圈高度之比为 1∶2，反面线圈被拉长，织物下机后，被拉长的反面线圈力图收缩，因而单面的胖花线圈就呈架空状凸出在织物的表面，形成胖花效应。由于在单胖组织中，胖花

线圈在一个正面横列只进行一次编织，所以凹凸效应不够突出。

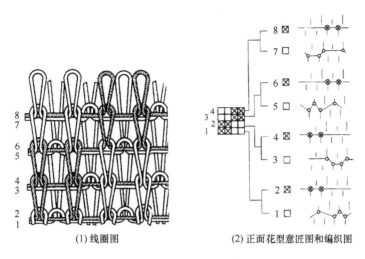

|（1）线圈图|（2）正面花型意匠图和编织图|

图3-84　两色单胖组织

图3-85（1）、（2）分别为两色双胖组织的线圈结构图、正面花型意匠图和编织图。从图中可以看出，一个正面线圈横列由3路编织而成，一个反面线圈横列由6路编织而成。正面胖花线圈与地组织反面线圈的高度之比为1∶4，两者差异较大，使架空状的单面胖花线圈更加突出在织物表面。

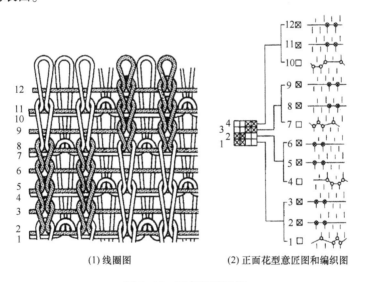

|（1）线圈图|（2）正面花型意匠图和编织图|

图3-85　两色双胖组织

　　和双面提花一样，胖花组织的反面也可以形成不同的效果，但通常都是采用高低踵针交替隔针成圈的方法编织。这样，在编织两色胖花时，反面地组织由一种色纱形成单色效应；在编织三色胖花时，如果地组织由两色编织，反面可形成两色的芝麻点效应。

　　胖花组织不仅可以形成色彩花纹，还具有凹凸效应，因此，也常常采用同一种颜色的纱线分别编织地组织线圈和胖花线圈，形成素色凹凸花纹效应，如双面斜纹、人字纹等产品。

　　双胖组织由于单面编织次数增多，所以其厚度、单位面积重量都大于单胖组织，且容易起毛起球和勾丝。此外，由于线圈结构的不均匀，使双胖织物的强力降低。胖花组织除了用作外衣织物外，还可用来生产装饰织物，如沙发座椅套等。

（二）双罗纹型复合组织

在上下针槽相对的棉毛机或其他双面纬编圆机上编织的复合组织为双罗纹型复合组织。这种组织通常具有普通双罗纹组织的一些特点。

1. 双罗纹空气层组织 图3-86（1）所示为4个成圈系统编织，由双罗纹组织与单面组织复合而成的双罗纹空气层组织，译名为蓬托地罗马（Punto di Roma）组织。其中，第1、2成圈系统编织一横列双罗纹，第3、4成圈系统分别在上、下针编织平针，形成一个横列的筒状空气层结构。

图3-86（2）所示为6个成圈系统编织的双罗纹空气层（six-course Punto di Roma）组织。其中，第1、6成圈系统一起编织一横列双罗纹；第2、4成圈系统下针编织变化平针，形成一横列正面线圈；第3、5成圈系统上针编织变化平针，形成一横列反面线圈。由于正反面变化平针横列之间没有联系，形成空气层结构。

该类织物比较紧密厚实，横向延伸性小，具有较好的弹性。由于双罗纹横列和单面空气层横列形成的线圈结构不同，在织物表面有横向凸出条纹外观。一般用于制作内衣和休闲服等产品。

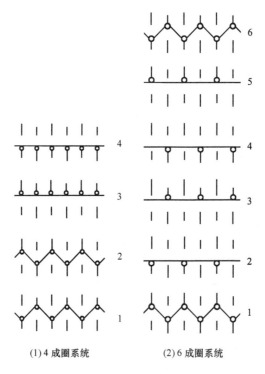

(1) 4成圈系统　　(2) 6成圈系统

图3-86　双罗纹空气层组织

2. 双层织物组织 双层织物组织（double-layer fabric）是在罗纹或双罗纹组织的基础（以双罗纹为多）上，由双面集圈和变化平针复合而成。织物的两面可由不同色泽或性质纱线的线圈构成，从而使两面具有不同性能与效应，若采用涤纶和棉纱编织，则可得到涤盖棉织物，行业内又称这种组织为两面派织物或丝盖棉织物。该组织可作外衣、运动服、功能性内衣等面料。

　　为了保证织物表面具有良好的遮盖效果，通常需选择合适的组织结构、适当的纱线线密度和给纱张力。图3-87（1）是一种4个成圈系统为一循环的涤盖棉组织的编织图，这里，1、3成圈系统喂入涤纶丝，分别在下针低踵针和下针高踵针成圈，在上针低踵针和高踵针集圈，从而使其只显露在织物正面（下针编织的一面），2、4成圈系统喂入棉纱，分别在上针高踵针和上针低踵针成圈，从而使其只显露在织物反面（上针编织的一面），它们由涤纶丝在上针上的集圈连接起来，形成涤盖棉的效果。图3-87（2）为一种6成圈系统编织一循环的涤盖棉组织编织图，此时，2、3、5、6成圈系统喂入涤纶丝，1、4成圈系统喂入棉纱。涤纶丝只在下针编织，显露在织物正面（下针编织的一面），在上针2、5成圈系统由集圈连接织物的两面；棉纱只在上针编织，显露在织物反面（上针编织的一面）。同种条件下，6路涤盖棉较4路涤盖棉更紧密，遮盖性更好。

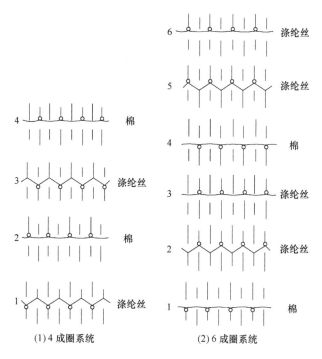

(1) 4成圈系统　　　　　(2) 6成圈系统

图3-87　涤盖棉组织编织图

思考练习题

1. 纬编花色组织主要有哪些种类？各如何定义？
2. 纬编提花组织和集圈组织在编织上有何区别？
3. 舌针编织集圈组织有哪两种方法？有何区别？
4. 根据下列纬编组织意匠图画出单面提花组织的编织图。

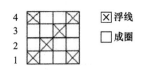

5. 根据下列纬编组织意匠图画出编织图。

（1）单面提花组织。

（2）双面提花组织（横条反面）。

（3）双面提花组织（芝麻点反面）。

（4）单胖组织（色纱1为地组织，色纱2为胖花线圈）。

（5）双胖组织（色纱1为地组织，色纱2为胖花线圈）。

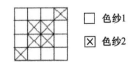

6. 根据下列单面集圈组织意匠图画出编织图和色效应图。

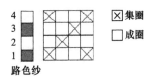

7. 设计一种纬编斜纹组织，画出其意匠图和编织图。

第四章　纬编选针机构

📄 ／ **教学目标** ／

    1. 熟悉选针机构的主要形式及种类。

    2. 掌握多针道选针机构、推片式与拨片式选针机构、提花轮选针机构、单级式与多级式电子选针机构的选针原理和上机工艺设计方法。

    3. 能够运用多针道选针机构的选针原理，设计花型、排列织针与三角排列。

    4. 能够运用推片式与拨片式选针机构的选针原理，设计花型、排列提花片与推片或拨片。

    5. 能够运用提花轮选针机构的选针原理，设计花型、排列钢米。

    6. 能对给定的纬编花色组织织物进行分析，合理选择设备，设计相应上机工艺。

    在纬编针织物的生产中，除了采用基本组织外，还广泛采用各种花色组织来编织针织品，其目的在于：改变织物的外观，赋予织物需要的特性。纬编花色组织针织物通常需要在具有选针机构的针织机上编织，选针机构可以根据花纹的要求，实现在每一成圈系统的选针，使织针按照需要进行成圈、集圈、不编织或处于其他编织状态，同时配合纱线排列或配置特殊编织机件，实现花色组织的编织。选针机构的形式和种类很多，常用的有多针道选针机构、提花轮选针机构、推片和拨片式选针机构和电子式选针机构等。

第一节　多针道选针机构

    多针道选针机构也称多针道变换三角选针机构，其选针机构采用具有几种不同高度针踵的舌针（又称不同踵位织针）和相对应的不同针道的三角，每一高度三角针道的起针三角有成圈、集圈和不编织三种变换，从而实现选针的目的。目前使用最多的是单面四针道针织机以及双面2+4针道（即上针两针道，下针四针道）针织机。

一、选针机构与选针原理

    多针道变换三角针织机是利用三角变换（成圈、集圈和不编织）的配置，以及不同踵位织针的排列来进行选针。一种典型的单面四针道变换三角式选针机构的结构如图4-1所示，它包括织针1、针筒2、沉降片3、导纱器4、沉降片三角5、沉降片三角座6、沉降片圆环7、针筒三角座8、四档三角9和线圈长度调节盘10等。针筒上插有四种踵位的织针A、B、C、D（图4-2），它们的踵位高度与各档三角针道的高度相对应，分别受相应针道三角的控制。

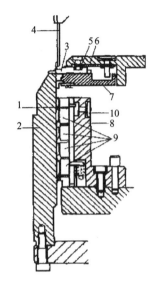

图 4-1 四针道变换三角式选针机构

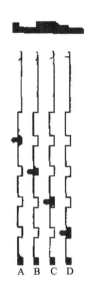

图 4-2 四档踵位的织针和沉降片

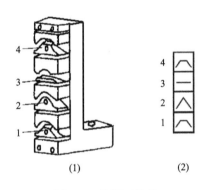

(1)　　　(2)

图 4-3 针筒三角座

图 4-3（1）是四针道针织机针筒的三角座，每一路成圈系统有四档三角，分别构成四条与织针踵位高度相对应的走针轨道（针道），各档三角可以独立变换，根据花纹的要求配置成圈三角、集圈三角和浮线（不成圈）三角。图 4-3（1）中为一路成圈系统，第 1、4 针道使用了集圈三角，第 2 针道使用了成圈三角，第 3 针道使用了浮线三角。根据织针踵位与相应针道三角的对应关系，当针筒上的织针经过此路成圈系统时，织针的编织状态分成三种情况：C 型织针成圈，A 型和 D 型织针集圈，B 型织针不编织（浮线）。该成圈系统的三角排列可用三角配置图予以表示，如图 4-3（2）所示。

二、形成花纹能力分析

多针道选针机构可以根据花纹要求编排织针、配置三角，完成相应花型结构的编织。

（一）花纹宽度

1. 不同花纹纵行数　由于每一线圈纵行是由一枚织针编织的，各织针的运动是相互独立的，不同踵位针的运动规律可以不一样，所以能够形成不同的花纹纵行。因此，在这种机器上，完全组织中不同花纹的纵行数 B_0 等于针踵的档数 n。即 $B_0 = n$。例如，在三针道变换三角针织机上，有三档不同高度的针踵，完全组织中不同花纹的纵行数即为 3；在四针道和五针道变换三角针织机上，分别有四档和五档不同高度的针踵，完全组织中不同花纹的纵行数即为 4 或 5。

2. 最大花宽 B_{max} 实际生产中，为避免排针出错，通常需要将织针按照一定规律排列，但不同花纹纵行最多只有四个。

不对称花型，织针呈步步高"/"或步步低"\"形单片排列，则 $B_{max} = B_0 = n$，如图 4-4（1）和（2）所示。织针呈步步高"/"或步步低"\"形双片排列，则 $B_{max} = 2B_0$，如图 4-4（3）和（4）所示。

对称花型，织针可呈"∧"或"∨"形排列，如图 4-4（5）所示，织针单片呈"∧"形单顶排列，$B_{max} = 2(B_0 - 1) = 2(n - 1)$；若织针单片呈"∧"形双顶排列，则 $B_{max} = 2B_0 = 2n$，如图 4-4（6）所示。

对无规律花型，不同踵位的织针排列可以任意设计，但不成循环，此时，$B_{max} = N$（N 为针筒总针数），如图 4-4（7）所示。需要注意的是，完全组织中不同花纹的纵行数只有 B_0 或 n 个，为了简化图示，可用意匠格中竖线表示织针的排列，图 4-4（1）和（2）中织针排列可分别用图 4-4（8）和（9）表示，或直接用图中的字母来表示。

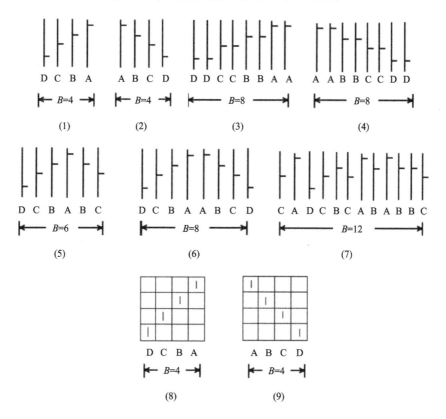

图 4-4 不同踵位织针的排列

（二）花纹高度

1. 不同花纹横列数 对于一路成圈系统编织一个横列的情况，在多针道针织机上，一路成圈系统控制一个横列。对于每一成圈系统的每个针道，有成圈、集圈和浮线（不成圈）三种独立变换的三角选择，这样该机器变换三角的可能组合，即可以形成的不同花纹横列（或行数）H_0 可用下式计算：

$$H_0 = 3^n \tag{4-1}$$

式中：n——针道数。

例如，三针道针织机，$n=3$，$H_0 = 3^3 = 27$ 横列。

以上仅是所有的排列可能，还应该扣除完全组织中无实际意义的排列，例如，在单面多针道针织机中，所有针道都配置成不成圈三角的情况等。因此，三针道针织机，$H_0' = 3^3 - 1 = 26$ 横列；四针道针织机，$H_0' = 3^4 - 1 = 80$ 横列。

2. 最大花高 H_{max} 在多针道针织机上，最大花高 H_{max} 一定小于或等于机器的总路数，若一个完整的花型循环所需要的编织路数小于机器总路数，通常要求是总路数的约数。有些织物组织是由几个成圈系统编织一个完整的花纹横列，此时机器所能编织的最大花高 H_{max} 可由下式计算：

$$H_{max} = \frac{M}{e} \tag{4-2}$$

式中：M——成圈系统数；

e——编织一个横列所需要的成圈系统数（色纱数）。

三、应用实例

单面针织斜纹织物是利用线圈、集圈、浮线等线圈单元有规律的组合而成，使织物表面形成连续斜向的纹路，形成类似机织物的外观，通常分为单斜纹和双斜纹两种，后者较前者斜纹效果明显。

例1：单面双斜纹织物工艺图如图4-5所示，图4-5（1）是一种双斜纹织物完全组织的意匠图，花高 H 为4横列，一个成圈系统编织意匠图中一个横列，故需要4个成圈系统编织一个完全组织花高，对应横列序号和成圈系统序号如图4-5（1）和（3）所示；花宽 B 为4纵行，且为4个不同的花纹纵行，故需选用4个不同踵位的织针，4个不同踵位的织针排成"＼"形，如图4-5（2）所示；根据意匠图、织针排列图及选针原理即可排出各成圈系统的三角配置图，如图4-5（3）所示。

例2：如图4-6（1）所示为某一双面花色织物的编织图。一个完全组织6行，下针编织了两个完整的线圈横列，而上针形成了一个完整的线圈横列。

图4-6（2）是针踵的排列，对于双面织物，要分别根据上下针编织的状况来排列。本例下针编织的一面有四种不同的花纹纵行，因此要用到四种不同踵位的下针（用高低位置的竖线或者字母 A、B、C 和 D 表示），上针编织的一面有两种不同的花纹纵行，因此要用到两种不同踵位的上针（用高低位置的竖线或者字母 E 和 F 表示）。

图4-6（3）所示为相对应的三角排列，其

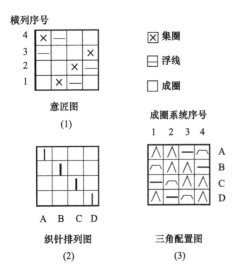

图4-5 单面双斜纹织物工艺图

中 A、B、C、和 D 代表不同高低位置的下三角针道，与四种不同踵位的下针相对应；E 和 F 代表不同高低位置的上三角针道，与两种不同踵位的上针相对应；所以要采用双面 2+4 针道变换三角圆纬机来编织。排三角时，应根据编织图和针踵的排列，以及每一成圈系统对应于编织图中一行的原则，逐个系统排出。实际机器上的织针与三角排列方法同例 1 所述。

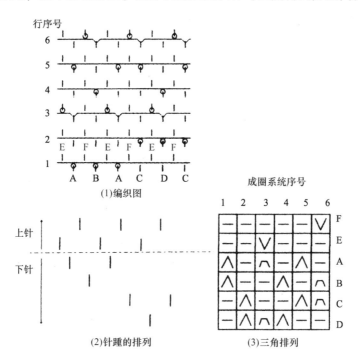

图 4-6　双面花色组织上机工艺图

第二节　提花轮选针机构

提花轮提花圆机的选针机构为提花轮，其结构简单，属于有选择性的直接式选针机构。它以提花轮上的片槽及其钢米作为选针元件，直接与针织机的织针、沉降片或挺针片发生作用，并在与其一起啮合转动的过程中进行选针。提花轮选针机构可在单针筒或双针筒针织机上使用。

一、选针机构与选针原理

（一）选针原理

在提花轮提花圆机上，针筒上只有一种织针（舌针），每枚织针上只有一个针踵，在一个针道中运行。针踵有两个用途，一是在针道中与三角作用，控制织针的运动；二是与提花轮作用进行选针，使织针处于编织、集圈或不编织等不同编织状态。

针筒的周围每一成圈系统装有三角，其结构如图 4-7 所示。每一成圈系统的三角由起针

提花轮选针装置

三角1、侧向三角2和压针三角3组成，每一成圈系统三角的外侧安装一个提花轮4。提花轮的结构如图4-8所示，提花轮1上由钢片组成许多凹槽，与织针针踵啮合，由针踵带动使提花轮绕其轴芯2回转。在凹槽中，按照花纹的要求，可装上高钢米3或低钢米4，也可不装钢米，由于提花轮是呈倾斜配置的，当提花轮回转时，便可使针筒上的织针分成三条轨迹运动：

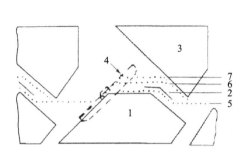 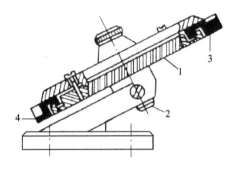

图4-7　提花轮提花圆机三角结构　　　　　　图4-8　提花轮的结构

当织针与提花轮上不插钢米的凹槽啮合时，沿起针三角1上升一定高度，而后被侧向三角2压下。织针没有升至退圈高度，没有垫纱成圈，织针的运动轨迹线如图4-7中轨迹线5所示，该织针不编织。

当织针与提花轮上装有低钢米的凹槽啮合时，针踵受钢米的上抬作用，上升到不完全退圈的高度，然后被压针三角3压下，如图4-7中的轨迹线6所示，该织针形成集圈。

当织针与提花轮上装有高钢米的凹槽啮合时，针踵在钢米作用下，上升到完全退圈的高度，进行编织成圈，它的轨迹线如图4-7中的轨迹线7所示。

这种选针机构属于三功位选针，按照花纹要求在提花轮中插入高、低钢米或不插钢米，就能在编织一个横列时将织针分成编织、不编织、集圈3种轨迹。

（二）选片原理

图4-9所示为提花轮选沉降片的原理。提花轮呈水平配置安装在沉降片圆环的外侧，且位于每一成圈系统处。提花轮上装有许多钢片，组成许多凹槽，与沉降片的片尾啮合。当针筒与沉降片圆环同步转动时，沉降片的片尾带动提花轮绕自身轴芯回转，沉降片圆环与提花轮的传动关系也犹如一对齿轮。在提花轮的每一凹槽中，可按花纹的要求装上钢米或不装钢米。

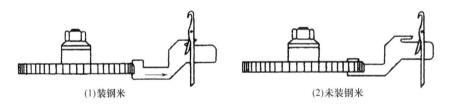

(1)装钢米　　　　　　　　　　　　　　(2)未装钢米

图4-9　提花轮选沉降片的原理

当提花轮上某一凹槽装有钢米时，会将与它啮合的沉降片向针筒中心推进，如图4-9（1）所示，从而使地纱和毛圈纱分别搁在沉降片的片颚和片鼻上弯纱，毛圈纱形成了拉长的沉降弧即毛圈（图3-55）。当提花轮上某一凹槽未装钢米时，与它啮合的沉降片不断向针筒中心推进，如图4-9（2）所示，从而使地纱和毛圈纱都搁在沉降片的片颚上弯纱，不形成毛圈。

提花轮直径的大小，不仅影响各路成圈系统所占的空间，还影响花纹的大小以及针踵的受力情况。提花轮直径小，有利于增加成圈系统数，但花纹的范围较小，提花轮直径大，则成圈系统数较少。另外，由于提花轮的转动是由针踵带动的，所以提花轮直径大时，针踵的负荷较大，不利于提高机速和织物质量。

二、矩形花纹的形成和设计

提花轮式提花圆机所形成的花纹区域可归纳为矩形、六边形和菱形三种，其中以矩形花纹最为常用。花纹区域主要取决于针筒总针数 N、提花轮槽数 T 和成圈系统数 M 之间的关系。当 T 能被 N 整除时，则形成无位移的矩形花纹；当 T 不能被 N 整除，但余数 r 与 N、T 之间有公约数时，则形成有位移的矩形花纹；当 T 不能被 N 整除，且余数 r 与 N、T 之间无公约数时，则形成六边形花纹。而菱形花纹则要由专门的提花轮来形成。下面介绍矩形花纹的形成和设计方法。

（一）总针数 N 可被提花轮槽数 T 整除，即余针数 $r=0$ 时

在针筒回转时，提花轮槽与针筒上的针踵啮合并转动，且存在下列关系式：

$$N = Z \times T \pm r \tag{4-3}$$

式中：N——针筒上的总针数；

T——提花轮槽数；

r——余针数；

Z——正整数。

当 r（余针数）$= 0$ 时，$N/T = Z$，即针筒一转，则提花轮自转 Z 转，因此针筒每转中针与提花轮槽的啮合关系始终不变。

假设某机上针筒的针数 $N = 36$ 针，提花轮槽数 $T = 12$，成圈系统 $M = 1$，则 $N/T = 36/12 = 3$，r（余针数）$= 0$，这样，针筒每转一圈，编织一个横列，提花轮自转 3 转。在针筒周围构成 3 个完全相同的织物单元。如果将圆筒展开成平面，画出针与槽的关系，可得到如图4-10所示的情况。

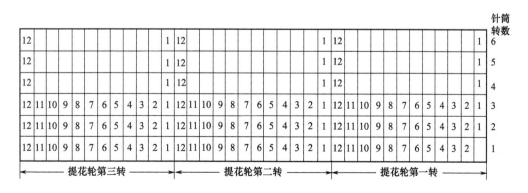

图4-10 余针数为0时织针与提花轮槽啮合关系展开图

当针筒第一转时，提花轮第 1 槽作用在第 1、13、25 针上，提花轮第 2 槽作用在第 2、14、26 针上，依次类推。当针筒第二转时，针与槽的关系也是如此。依此方式连续编织下去，其对应关系始终不变，此种花型上下垂直重叠，且平行排列，没有纵移和横移。由于一般提花圆机成圈系统数和提花轮槽数相比要少很多，所以这种结构的提花轮提花圆机通常花纹高度较小，花纹宽度较大，使得花形不协调，很少采用。

（二）总针数 N 不能被提花轮槽数 T 整除，即余针数 $r \neq 0$ 时

1. 当 $r \neq 0$ 时，提花轮槽与针的关系 当 $r \neq 0$ 时，提花轮槽与针的关系就不像 $r = 0$ 时那样固定不变。当 N、T、r 之间具有公约数时，完全组织为直角矩形花纹，否则将为六边形。此时，当针筒第 1 转时，提花轮的第 1 个槽与针筒上的第 1 针啮合；但当针筒第 2 转时，提花轮的第 1 个槽就不会与针筒第 1 针啮合。

假设某提花机的针筒总针数 $N = 170$ 针，提花轮槽数 $T = 50$ 槽，则 $\dfrac{N}{T} = \dfrac{170}{50}$ 余 20 针，即 $r = 20$。此时，N、T、r 三者最大公约数为 10。

当针筒第 1 转时，提花轮自转 $3\dfrac{2}{5}$ 转。当针筒第 2 转时，与针筒上第 1 枚针啮合的是提花轮上的第 21 个槽，这种啮合变化的情况如图 4-11 所示（图中小圆代表提花轮，大圆代表针筒，大圆上每一圈代表针筒 1 转，其中的 I、II、III、IV、V 分别代表 10 针一段或 10 槽一段）。

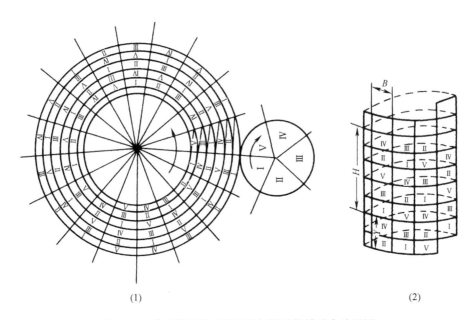

(1)　　　　　　　　　　　　　　(2)

图 4-11　余针数不为 0 时织针与提花轮槽啮合关系图

从图 4-11（1）中可看出：当针筒第 1 转时，提花轮上的第 1 区段（1~10 槽）与针筒的 1~10 枚针啮合；当针筒第 2 转时，提花轮上的第 III 区段（21~30 槽）与针筒的 1~10 枚针啮合；当针筒第 3 转时，提花轮上的第 V 区段（41~50 槽）与针筒的 1~10 枚针啮合；一直到针筒第 6 转时，才又回复到提花轮上的第 I 区段与针筒上的 1~10 针啮合。即针筒要转过 5 转，针筒上最后一枚针才恰好与提花轮槽的最后一槽啮合，完成一个完整的循环。

从图 4-11（2）中还可看出：提花轮的 5 个区段在多次滚动啮合中，互相并合构成一个个矩形面积，其高度为 H，宽度为 B（图中用粗线条画出）。花纹矩形面积之间有纵移 Y；由此使花纹在织物中呈螺旋形排列，编织出有位移花纹的织物。当成圈系统数越多，花纹的纵移越大，螺旋形分布也越明显。在设计花纹图案时，应对花纹尺寸、位置布局、纵移和段的横移情况作全面考虑，使相邻的两个完全组织能合理配置，首尾衔接，形成比较自然的螺旋形分布，这样比较合乎人们的习惯。

2. 当 $r \neq 0$ 时，花宽、花高的选择及花纹设计

（1）完全组织的宽度和高度。完全组织宽度 B 应是 N、T、r 三者的公约数。完全组织最大宽度 B_{max} 应是 N、T、r 三者的最大公约数。

完全组织花纹高度：

$$H = \frac{TM}{B_{max}e} \tag{4-4}$$

式中：B_{max}——完全组织宽度；

$\quad\quad T$——提花轮槽数；

$\quad\quad M$——成圈系统数；

$\quad\quad e$——编织一个横列所需要的成圈系统数（色纱数）。

（2）段数及段的横移。将提花轮的槽分成几等分，每一等分所包含的槽数等于最大花宽 B_{max}，现将这个等分称为"段"；提花轮槽中所包含的等分数即为段数，用 A 表示。计算式为：

$$A = \frac{T}{B_{max}} \tag{4-5}$$

此时花纹高度的计算式可写成：

$$H = \frac{TM}{B_{max}e} = A\frac{M}{e} \tag{4-6}$$

由上述计算式可知：花纹完全组织的高度 H 是提花轮的段数 A 与针筒一回转所编织的横列数 $\frac{M}{e}$ 的乘积。

由于余针数 $r \neq 0$，所以针筒每转，段号就要横移一次，称为段的横移。段的横移用符号 X 表示。计算式为：

$$X = \frac{r}{B_{max}} \tag{4-7}$$

式（4-7）表明：段的横移就是余针数中所包含的最大花宽数。

在图 4-11 所示的例子中，花纹完全组织宽度为 10 纵行，故提花轮的段数 $A = \frac{T}{B_{max}} = 5$ 段，每一段依次编号，称为段号，如图 4-11 中的 Ⅰ、Ⅱ、Ⅲ、Ⅳ、Ⅴ 等。

段的横移：$X = \frac{r}{B_{max}} = \frac{20}{10} = 2$ 段。

（3）花纹的纵移。花纹的纵移是指两个相邻花纹（完全组织）在垂直方向的位移，是花纹在线圈形成方向向上升的横列数，用 Y 表示。花纹具有纵移是提花轮式选针机构的特征。

纵移与成圈系统数 M、段的横移数 X、提花组织中一个横列所使用的成圈系统数 e 及完全组织的高度 H 有关。两个完全组织之间纵移的段数 Y' 为：

这里的 K 为正整数 0，1，2，3 等，在计算时从"0"开始选起，直到所得的数 Y' 为整数止。

当机器上有 M 个成圈系统，一个横列所使用的成圈系统数为 e 时，则针筒转 1 转要编织 $\dfrac{M}{e}$ 个横列。在这种情况下，纵移横列数 Y 可用下式求得：

$$Y = Y' \times \frac{M}{e} = \frac{\dfrac{M}{e} \times A(K+1) - \dfrac{M}{e}}{X} \tag{4-8}$$

因为 $\dfrac{M}{e} \times A = H$；则

$$Y = \frac{H(K+1) - \dfrac{M}{e}}{X} \tag{4-9}$$

在求得上述各项数据的基础上，就可以设计矩形花纹。因为有段的横移和花纹纵移存在，所以一般要绘出两个以上完全组织，并应指出纵移和段号在完全组织高度中的排列顺序。

三、应用实例

已知机器条件：总针数 $N = 552$ 针；提花轮槽数 $T = 60$ 槽；进纱成圈系统数 $M = 8$ 路；产品为两色提花织物，编织一个横列的成圈系统数（色纱数）$e = 2$。

1. 计算并确定花纹完全组织的宽度 B 由 $N = Z \times T + r$，得：$\dfrac{N}{T} = \dfrac{552}{60} = 9\dfrac{12}{60}$，余针数 $r = 12$（$r \neq 0$）。

552、60、12 三者的公约数为 12、6…，其中最大公约数为 12，故可设计矩形花纹。现取花纹完全组织宽度为 $B = B_{\max} = 12$ 纵行。

2. 计算并确定花纹完全组织的高度 H

$$H = \frac{T \times M}{B \times e} = \frac{60 \times 8}{12 \times 2} = 20 (横列)$$

花纹的宽度与高度相差不大，取 $H = 20$ 横列。

3. 计算段数 A 并确定段的横移 X

$$A = \frac{T}{B} = \frac{60}{12} = 5 (段)$$

$$X = \frac{r}{B} = \frac{12}{12} = 1 (段)$$

4. 计算花纹纵移 Y

$$Y = \frac{H(K+1) - \dfrac{M}{e}}{X} = \frac{20 \times (0+1) - \dfrac{8}{2}}{1} = 16 (横列)$$

5. 设计花纹图案 在意匠纸上，划出两个以上完全组织的范围，然后画出各完全组织及其纵移、横移情况，并设计花纹图案。设计时，要注意花纹的连接，不要造成错花的感觉。意匠图如图 4-12 所示。

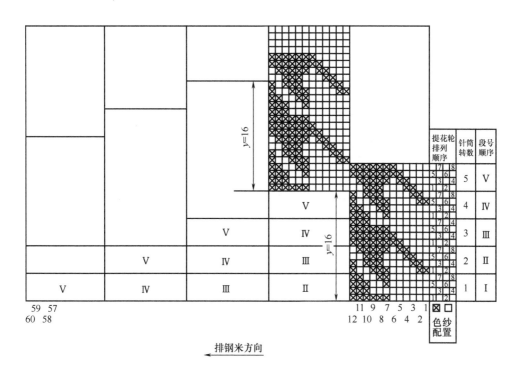

图 4-12 花纹意匠图与上机工艺图

6. 绘制上机图或进行上机设计

（1）编制提花轮排列顺序。按两路成圈系统编织一个横列，针筒每转编织 4 个横列及编织一个完全组织需要针筒回转 5 转的计算数据，编制提花轮排列顺序，如图 4-12 所示。

（2）编制段号与针筒转数关系图。按针筒转数与段号关系的计算方法编制它们的关系图，如图 4-12 右侧所示。

（3）编制提花轮钢米排列图。因为提花轮段数为 5，故将每只提花轮槽分为 5 等分，每等分 12 槽，按逆时针方向写好 Ⅰ→Ⅱ→Ⅲ→Ⅳ→Ⅴ顺序，然后按逆时针方向排钢米。根据每一提花轮上各段所对应的意匠图花形横列及各成圈系统编织色纱情况，排列提花轮上钢米。例如，第 2 号提花轮上的第Ⅲ段（25~36 槽，即第Ⅲ段中的第 1~12 槽）对应于意匠图中第 9 横列，且是选针编织白色（符号"□"）的线圈。所以第 25~28 槽（即第Ⅲ段中的第 1~4 槽）应排高钢米，第 29~36 槽（即第Ⅲ段中的第 5~12 槽）应不排钢米。8 个提花轮上其余各段的钢米按此方法排列，提花轮槽钢米按段排列见表 4-1。由于提花轮的分段只是虚拟的，在提花轮上并没有真实的段界限，因此，在实际生产中，可以以整个提花轮的所有槽数按顺序排列钢米，见表 4-2。

表 4-1 提花轮钢米按段号排列表

色纱	针筒转数	1	2	3	4	5
	提花轮段号	I	II	III	IV	V
	提花轮编号	钢米排列情况				
黑纱	1	1~6 无、7~12 高	1~2 高、3~6 无、7~9 高、10~11 无、12 高	1~4 无、5~12 高	1~6 无、7 高、8~9 无、10~12 高	1~2 无、3~4 高、5~7 无、8~10 高、11~12 无
白纱	2	1~6 高、7~12 无	1~2 无、3~6 高、7~9 无、10~11 高、12 无	1~4 高、5~12 无	1~6 高、7 无、8~9 高、10~12 无	1~2 高、3~4 无、5~7 高、8~10 无、11~12 高
黑纱	3	1~9 无、10~12 高	1 无、2~3 高、4~7 无、8~10 高、11 无、12 高	1~5 无、6~12 高	1~6 无、7~8 高、9~10 无、11~12 高	1~3 无、4~5 高、6 无、7~11 高、12 无
白纱	4	1~9 高、10~12 无	1 高、2~3 无、4~7 高、8~10 无、11 高、12 无	1~5 高、6~12 无	1~6 高、7~8 无、9~10 高、11~12 无	1~3 高、4~5 无、6 高、7~11 无、12 高
黑纱	5	1~6 无、7 高、8~9 无、10~12 高	1~2 无、3~4 高、5~7 无、8~10 高、11~12 无	1~6 无、7~12 高	1~2 高、3~6 无、7~9 高、10~11 无、12 高	1~4 无、5~12 高
白纱	6	1~6 高、7 无、8~9 高、10~12 无	1~2 高、3~4 无、5~7 高、8~10 无、11~12 高	1~6 高、7~12 无	1~2 无、3~6 高、7~9 无、10~11 高、12 无	1~4 高、5~12 无
黑纱	7	1~6 无、7~8 高、9~10 无、11~12 高	1~3 无、4~5 高、6 无、7~11 高、12 无	1~9 无、10~12 高	1 无、2~3 高、4~7 无、8~10 高、11 无、12 高	1~5 无、6~12 高
白纱	8	1~6 高、7~8 无、9~10 高、11~12 无	1~3 高、4~5 无、6 高、7~11 无、12 高	1~9 高、10~12 无	1 高、2~3 无、4~7 高、8~10 无、11 高、12 无	1~5 高、6~12 无

表 4-2 提花轮钢米不按段号排列表

色纱	提花轮编号	钢米排列情况																			
		高	无	高	无	高	无	高	无	高	无	高	无	高	无	高	无	高	无	高	无
黑纱	1	—	1~6	7~14	15~18	19~21	22~23	24		25~28	29~36	37~42	43		44~45	46~48	49~50	51~53	53~55	56~58	59~60	—
白纱	2	1~6	7~14	15~18	19~21	22~23	24	25~28	29~36	37~42	43	44~45	46~48	49~50	51~53	53~55	56~58	59~60	—	—	

续表

色纱	提花轮编号	钢米排列情况																			
		高	无	高	无	高	无	高	无	高	无	高	无	高	无	高	无	高	无	高	无
黑纱	3	—	1~9	1~12	13	14~15	16~19	20~22	23	24	25~29	30~36	37~42	43~44	45~46	47~48	49~51	52~53	54	55~59	60
白纱	4	1~9	1~12	13	14~15	16~19	20~22	23	24	25~29	30~36	37~42	43~44	45~46	47~48	49~51	52~53	54	55~59	60	—
黑纱	5	—	1~6	7	8~9	10~12	13~14	15~16	17~19	20~22	23~30	31~38	39~42	43~45	46~47	48	49~52	53~60			
白纱	6	1~6	7	8~9	10~12	13~14	15~16	17~19	20~22	23~30	31~38	39~42	43~45	46~47	48	49~52	53~60				
黑纱	7	—	1~6	7~8	9~10	11~12	13~15	16~17	18	19~23	24~33	34~36	37	38~39	40~43	44~46	47	48	49~53	54~60	
白纱	8	1~6	7~8	9~10	11~12	13~15	16~17	18	19~23	24~33	34~36	37	38~39	40~43	44~46	47	48	49~53	54~60	—	—

第三节 推片和拨片选针机构

一、选针机构与选针原理

（一）推片式选针机构与选针原理

推片式（插片式）选针装置有单推片式、双推片式两种类型。双推片式选针机构与单推片选针机构相似，其主要区别在于单推片式选针机构的装置为一组重叠的选针推片，只有一个选针点，同一选针系统上可对织针进行成圈和浮线二功位选针；双推片式提花圆机选针机构每个选针装置上配置了两组重叠的选针推片，有两个选针点，可实现在同一选针系统上对织针进行成圈、集圈和浮线三功位选针。

下面介绍一种双推片式提花圆机选针机构的结构及选针原理。

1. 双推片式提花圆机成圈和选针机构 图4-13所示为一种双推片式提花圆机成圈和选针机构的配置情况。针筒1的同一针槽中自上而下插有织针3、挺针片4和提花片5，2是双向运动沉降片。提花（选针）片5从下向上有39档不同高度的齿，如图4-14所示，1~37档齿为提花选针齿，每片提花片只保留某一档齿，提花片最上面38

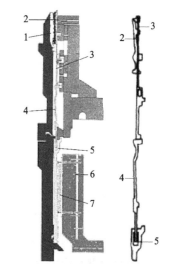

图4-13 双推片式选针机构成圈与选针机件配置

（B）和 39（A）档齿为基本选针齿，其作用是在编织某些基本组织时用基本选针齿来控制。在高度上提花片的 1~39 号提花选针齿与选针装置 6 上的两列彼此平行排列的 1~39 档推片 7 一一对应，如图 4-13 所示。选针推片均可作径向"进""出"运动，即按照花纹要求，每一档推片可以有"进"（靠近针筒）和"出"（离开针筒）两个位置，织针的编织情况由这两排推片的进出位置共同决定。

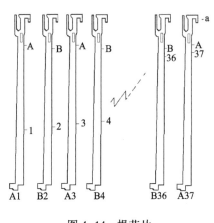

图 4-14 提花片

2. 双推片式提花圆机选针原理 每一路成圈系统均有一个选针装置，如图 4-15（1）所示，每一个选针装置上都有左、右两排选针推片。其俯视图如图 4-15（2）所示，若针筒沿箭头方向转动，根据同一高度（档）左右两推片不同的"进""出"位置，可以将织针选至成圈、集圈和不编织三个位置。

如果某一档左右两推片 10 和 11 均处于"出"位［图 4-15（2）中 A］，则留同一档齿的提花片 5 的片齿 8 不受推片前端 9 的作用，即不被压入针槽。这样位于其上部的挺针片也不被压入针槽。由于提花片 5 的上端与挺针片 4 的下端呈相嵌状（图 4-13），因此挺针片也不被压入针槽，这样挺针片片踵便沿挺针片三角上升至退圈高度，从而将位于其上的织针 3 向上推至退圈位置，使织针正常成圈。

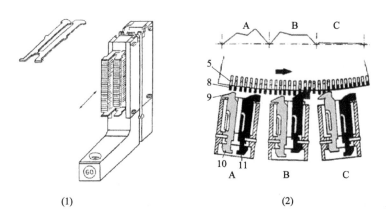

(1)   (2)

图 4-15 双推片选针机构选针装置及选针原理

如果某一档推片左出右进，即左推片处于"出"位，右推片处于"进"位［图 4-15（2）中 B］，则留同一档齿的提花片 5 在经过左推片时不被压入针槽，在它上面的挺针片 4 的片踵可沿挺针片三角上升至集圈高度，当该提花片运动至右推片位置时被压进针槽，使挺针片片踵在到达集圈高度后也被压入针槽，因此织针只能上升到集圈高度进行集圈。

如果某一档推片左进右出，即左推片处于"进"位，右推片处于"出"位［图 4-15（2）中 C］，则留同一档齿的提花片 5 一开始就被压进针槽，提花片带动挺针片，使挺针片的片踵脱离挺针片三角作用面，挺针片不能上升，从而织针不上升，即不编织。

这种选针方式可进行三功位选针，从而增加了花纹设计的可能性。进行花纹设计，即是按照花纹意匠图的要求，根据上述原理对每一成圈系统中的左右推片进行排列。

（二）拨片式选针机构与选针原理

拨片式提花圆机选针机构是一种操作方便的三功位选针机构。

1. 拨片式提花圆机成圈和选针机构　拨片式提花圆机成圈及选针机构的配置情况如图4-16所示。在针筒1的每个针槽中自上而下安装织针2、挺针片3和提花片4；5为选针装置，6为选针拨片，7为针筒三角座，8为沉降片，9为沉降片三角，10为提花片复位三角。织针的上升受挺针片控制，如果挺针片能沿起针三角上升，则顶起其上织针参加编织；如果选针拨片将提花片压进针槽，提花片头便带动挺针片脱离挺针三角作用，织针不上升。

如图4-14所示，提花选针片共有39档齿，其中选针齿有37档，由低到高依次编为1、2、3、…、37号，38、39档齿为基本选针齿，分别称为B齿、A齿，B齿比A齿低一档。每枚提花片上有一个提花选针齿和一个基本选针齿。1、3、5、…、37奇数提花片上有A齿，故又称A型提花片，2、4、6、…、36偶数提花片上有B齿，故又称B型提花片。在提花片进入下一路成圈系统的选针区域前，由复位三角作用复位踵，使提花片复位，选针齿露出针筒外，以便接受选针拨片的选择。

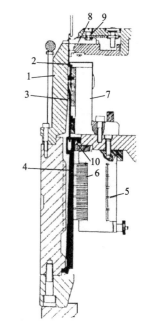

图4-16　拨片式成圈机构与
选针机构配置图

拨片式选针机构如图4-17所示。它主要为一排重叠的可左右拨动的选针拨片，每只拨片在片槽中可根据不同的编织要求处于左、中、右三个选针位置。每个选针装置上共有39档选针拨片，与提花片的39档齿在高度上一一对应。

2. 拨片式提花圆机选针原理　如图4-18所示，图中1为针筒，2为提花片片齿，3为选针拨片。在拨片式选针机构中，拨片可拨至左、中、右三个不同位置，从而在同一选针系统上对织针进行成圈、集圈和浮线三功位选针。

当某一档拨片置于中间位置时，拨片的前端作用不到留同一档齿的提花片，则不将这些提花片压入针槽，使得与提花片相嵌的挺针片的片踵露出针筒，在挺针片三角的作用下，挺针片上升，将织针推升到退圈高度，从而编织成圈，如图4-18（1）所示。

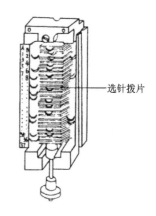

图4-17　拨片式选针装置

当某一档拨片拨至右侧时，挺针片在挺针片三角的作用下上升，将织针推升到集圈高度后，与挺针片相嵌的并留同一档齿的提花片被拨片压入针槽，使挺针片不再继续上升退圈，从而其上方的织针集圈，如图4-18（2）所示。

当某一档拨片拨至左侧时，它会在退圈一开始就将留同一档齿的提花片压入针槽，使挺针片片踵埋入针筒，从而导致挺针片不上升，这样织针也不上升，即不编织，如图4-18（3）所示。

二、形成花纹能力分析

尽管拨片式和推片式提花圆机的选针原理不同，但其花纹宽度和高度的设计方法基本相同，其花纹的大小与拨片或推片的档数、机器的成圈系统数有关。

（一）花纹宽度

花纹宽度的大小与提花圆机所用提花片的齿数多少及排列方式有关。提花片的排列方式可分为单片排列、多片排列和单片、多片混合排列。

当非对称花型时，提花片按齿高一般采用"／"或"＼"型排列。一枚提花片控制一枚针，即意匠图上一个线圈纵行。一枚提花片只留一个提花选针齿，这样不同高度提花选针齿的运动规律是独立的，故完全组织中花纹不同的纵行数等于提花片选针齿的档数，所以单片排列时非对称花形的最大花宽 $B_{max} = n$ 或 $B_{max} = n - 1$，其中 n 为提花片选针齿档数。

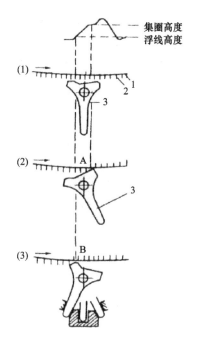

图4-18　拨片式选针机构选针原理

为了在最大花宽内在不重新排列提花片的情况下可以有更多的花宽选择，希望最大花宽 B_{max} 有较多的可约数，由于 n 往往为25、37等奇数，可约数少，故 B_{max} 常选 $n-1$。例如，当 n 为37时，如果提花片按照1~36片排列，则可以在不重新排列提花片的情况下编织花宽为18、12、9、6、4、3、2和1等花宽的产品；如果按照1~37片排列，所能编织的花宽只能是1和37纵行。

对称花型提花片按齿高一般采用"∨"或"∧"型排列。一枚提花片控制两枚针，即意匠图上的两个线圈纵行，两者的运动规律一样，这样编织出来的花纹是左右对称的。一般情况下在设计对称花形时都采用单顶单底式，所以第1档提花片和最高一档提花片在排列时只使用一次，所以单片排列时对称花形的最大宽度 B_{max} 为：

$$B_{max} = 2(n - 1) \tag{4-10}$$

如果上述最大花宽还满足不了花形设计要求，那么根据选针原理，在设计花形时，在某些纵行上可设计相同的组织点，这些纵行就可以采用同一种档数的提花片。

（二）花纹高度

最大花高取决于提花圆机成圈系统数及编织一个横列所需要的成圈系统数。当所选用的机器型号、规格一定时，成圈系统数即为一定值，最大花高 H_{max} 计算式如下：

$$H_{max} = \frac{M}{e} \tag{4-11}$$

式中：M——成圈系统数；

e——编织一个横列所需要的成圈系统数（色纱数）。

选取的花纹高度可以小于上述最大花高，但最好是最大花高的约数，以最大限度地使用所有成圈系统工作，否则就要使某些成圈系统退出工作，从而使机器的生产效率降低。

三、应用实例

机器条件：某拨片式单面提花圆机，针筒直径 760mm（30 英寸），成圈系统数 $M = 72$ 路，提花片齿数 $n = 37$ 齿。要求设计一单面提花集圈织物。

1. 花宽与花高设计　根据机器的条件，现设计单面不均匀提花织物，花宽 B 取 36 纵行，花高 H 取 72 横列；提花集圈组织每一路成圈系统编织一个线圈横列，72 路成圈系统可编织 72 个横列，即针筒 1 转织出 1 个花高。

2. 设计花型图案　根据确定的花宽与花高设计花纹意匠图，如图 4-19 所示，成圈系统自下而上依次为 1、2、3、…、72 路。

3. 提花片排列　由意匠图可以看出，花型不对称，且设计花宽 B 为 36 纵行，故选用 1 ~ 36 号提花片，自下而上排成 "/" 形。

4. 上机工艺　根据设备的选针原理及花纹意匠图，排出各成圈系统的拨片工艺位置图，如图 4-20 所示。图中：M 表示拨片在图 4-18 中的中间位置（成圈）；R 表示拨片在图 4-18 中的右侧位置（集圈）；L 表示拨片在图 4-18 中的左侧位置（浮线）。也可以用相应的表格方式从下到上按顺序给出各路拨片的工作情况，见表 4-3。

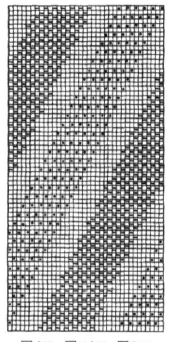

□成圈　□不成圈　●集圈

图 4-19　花纹意匠图

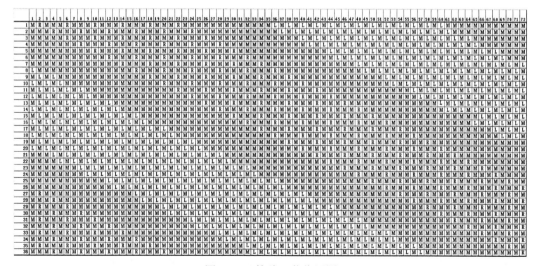

图 4-20　拨片工艺位置图

表4-3　拨片排列

拨片工艺位置

路	左	中	右	左	中	右	左	中	右	左	中	右	左	中	右	左	中	右	左	中	右	左	中	右	左	中	右	左	中	右	左	中	右	左	中	右	左	中	右	中	右	左	中	右
1	0	7	0	1	1	0	1	1	0	1	1	0	1	1	0	1	16	1	0	1	0	1	1	0	1	1	0	1	1	0	1	1	0	1	1	0	1	1			1			
2	0	0	1	7	1	0	1	1	0	1	1	0	1	1	0	1	7	1	0	1	0	1	1	0	1	1	0	1	1	0	1	1	0	1	1	0	1	1			1			
3	0	9	1	0	16	1	1	1	0	1	1	0	1	1	0	1	1	0	1	1	0	1	1	0	1	1	0	1	1	0	1	1	0	1	1	0	1	1			1			
4	0	1	0	1	6	1	0	1	1	0	1	1	0	1	1	0	1	1	0	1	1	0	1	1	0	1	1	0	1	1	0	1	1	0	1	1	0	1			1			
5	0	9	0	1	1	0	1	14	1	0	1	1	0	1	1	0	1	1	0	1	1	0	1	1	0	1	1	0	1	1	0	1	1	0	1	1	0	1			1			
6	0	0	1	1	1	0	1	1	0	1	7	1	0	11	1	0	1	1	0	1	1	0	1	1	0	1	1	0	1	1	0	1	1	0	1	1	0	1			1			
7	0	11	1	0	1	1	0	1	7	1	0	1	1	0	1	1	0	1	1	0	1	1	0	1	1	0	1	1	0	1	1	0	1	1	0	1	1	0			1			
8	0	1	0	1	1	0	6	1	0	1	1	0	1	1	0	1	1	0	1	1	0	1	1	0	1	1	0	1	1	0	1	1	0	1	1	0	1	1			1			
9	0	11	0	1	1	0	1	1	7	1	0	1	1	0	1	1	0	1	1	0	1	1	0	1	1	0	1	1	0	1	1	0	1	1	0	1	1	0			1			
10	0	0	1	1	12	1	0	1	1	0	1	1	0	1	1	0	1	1	0	1	1	0	1	1	0	1	1	0	1	1	0	1	1	0	1	1	0	1			1			
11	0	13	1	0	1	1	0	6	1	0	1	1	0	1	1	0	1	1	0	1	1	0	1	1	0	1	1	0	1	1	0	1	1	0	1	1	0	1			1			
12	0	1	0	1	1	0	1	10	1	0	1	1	0	1	1	0	1	1	0	1	1	0	1	1	0	1	1	0	1	1	0	1	1	0	1	1	0	1			1			
13	0	13	0	1	1	0	1	1	0	1	1	0	1	1	0	1	1	0	1	1	0	1	1	0	1	1	0	1	1	0	1	1	0	1	1	0	1	1			1			
14	0	0	1	1	1	0	1	1	0	1	7	1	0	1	1	0	1	1	0	1	1	0	1	1	0	1	1	0	1	1	0	1	1	0	1	1	0	1			1			
15	0	15	1	0	10	1	0	1	1	0	1	1	0	1	1	0	1	1	0	1	1	0	1	1	0	1	1	0	1	1	0	1	1	0	1	1	0	1			1			
16	0	1	0	1	1	0	1	1	0	1	6	1	0	1	1	0	1	1	0	1	1	0	1	1	0	1	1	0	1	1	0	1	1	0	1	1	0	1			1			
17	0	15	0	1	1	0	1	1	0	1	7	1	0	1	1	0	8	1	0	1	1	0	1	1	0	1	1	0	1	1	0	1	1	0	1	1	0	1			1			
18	0	0	1	1	1	0	1	1	0	1	1	0	1	8	1	0	1	1	0	1	1	0	1	1	0	1	1	0	1	1	0	1	1	0	1	1	0	1			1			
19	0	17	1	0	1	1	0	6	1	0	1	1	0	1	1	0	1	1	0	1	1	0	1	1	0	1	1	0	1	1	0	1	1	0	1	1	0	1			1			
20	0	1	0	1	1	0	1	6	1	0	1	1	0	1	1	0	1	1	0	1	1	0	1	1	0	1	1	0	1	6	1	0	1	1	0	1	1	0			1			
21	0	17	0	1	1	0	1	7	1	0	1	1	0	1	1	0	1	1	0	1	1	0	1	1	0	1	1	0	1	7	1	0	1	1	0	1	1	0			1			
22	0	0	1	1	1	0	1	1	0	1	6	1	0	1	1	0	1	1	0	1	1	0	1	1	0	1	1	0	1	1	0	7	1	0	1	1	0	1			1			
23	0	19	1	0	1	1	0	6	1	0	1	1	0	1	1	0	1	1	0	1	1	0	1	1	0	1	1	0	1	6	1	0	1	1	0	1	1	0			1			
24	0	1	0	1	1	0	1	6	1	0	1	1	0	1	1	0	1	1	0	1	1	0	1	1	0	1	1	0	1	1	0	1	1	0	1	0	1	0	5	1	0	1	5	

续表

拨片工艺位置

路	左	中	右
25	0	19	0
26	0	2	1
27	0	21	1
28	0	3	1
29	0	21	1
30	0	4	1
31	0	23	1
32	0	5	1
33	0	23	1
34	0	6	1
35	0	25	1
36	1	6	1
37	0	1	1
38	1	7	1
39	0	1	1
40	1	1	1
41	0	1	1
42	1	1	1
43	0	1	1
44	1	1	0
45	0	1	0
46	1	1	0
47	0	1	0
48	1	1	0

续表

拨片工艺位置

路	左	中	右	左	中	右	左	中	右	左	中	右	左	中	右	左	中	右	左	中	右	左	中	右	左	中	右	左	中	右	左	中	右	左	中	右	左	中	右	左	中	右	左	中	右
49	0	1	0	1	1	0	1	1	0	1	1	0	1	23	0	1	1	0	1	1	0	1	1	0	1	1	0	1	7	0	1	1	0	1	1	0	1	1	0						
50	1	1	0	1	7	0	1	1	1	1	1	1	1	1	1	0	1	1	0	1	1	0	1	1	0	7	1	0	1	1	0	1	1	0	1	1	0	1	1						
51	0	1	0	1	1	0	25	1	0	1	1	0	1	1	0	1	1	0	1	1	0	1	1	0	1	1	0	1	1	0	1	1	0	1	1	0	0	1	1						
52	1	1	0	1	1	0	1	6	0	1	1	0	1	1	0	1	1	0	1	1	0	1	1	0	1	1	0	1	1	0	1	1	0	1	1	0	0	1	1						
53	0	1	0	1	1	0	1	23	0	1	1	0	1	1	0	1	1	0	1	1	0	1	1	0	1	1	0	1	1	1	1	1	1	1											
54	1	1	0	1	1	0	1	7	1	25	1	0	1	1	0	1	1	0	1	1	0	1	1	0	1	1	0	1	1	0	1	1	0	1	1	0	0	1	1						
55	0	1	0	1	1	0	1	1	0	1	25	0	1	1	0	1	1	0	1	1	0	1	1	0	1	1	0	1	1	0	1	1	0	1	1	0	0	1	1						
56	1	1	0	1	1	0	1	1	1	6	6	1	1	23	1	1	1	0	1	1	0	1	1	0	1	1	0	1	6	0	1	6	0	1	1										
57	0	1	0	1	1	0	1	7	0	1	7	0	1	24	0	1	1	0	1	1	0	1	1	0	1	1	0	1	7	1	0	7	1	0	1	1									
58	1	1	0	1	1	0	1	1	1	7	1	1	1	1	1	1	1	0	1	1	0	1	1	0	1	1	0	1	1	0	1	1	0	1	1	0	0	1	1						
59	0	1	0	1	1	0	1	1	0	1	1	0	1	1	0	1	1	0	1	1	0	1	1	0	1	1	0	1	1	1															
60	1	1	0	1	1	0	1	1	1	6	6	1	1	1	1	1	1	0	1	1	0	1	1	0	1	6	0	1	6	0	1	0	1	6											
61	0	1	0	1	1	0	1	1	0	1	22	0	1	1	0	22	1	0	1	1	0	1	1	0	1	20	0	1	20	1															
62	0	2	0	1	1	0	1	1	1	7	1	1	1	7	1	1	1	0	1	1	0	1	1	0	1	1	0	1	1	0	1	5	1	0	1	1									
63	0	3	0	1	1	0	1	1	0	1	22	0	1	1	0	1	1	0	1	1	0	1	1	0	1	1	0	1	1	0	1	1	1	1	1										
64	0	2	0	1	1	0	1	1	1	1	1	1	1	1	1	1	6	0	1	1	0	1	1	0	1	1	0	1	1	1	1	1	1	0	4										
65	0	3	0	1	1	0	1	1	0	1	1	0	1	1	0	20	1	0	1	1	0	1	1	0	1	20	0	1	1															
66	0	4	0	1	1	0	1	1	1	1	1	1	1	7	1	1	1	0	1	1	0	1	1	0	1	1	0	1	1	0	1	3	1	0	1	1									
67	0	5	0	1	1	0	1	1	0	1	20	0	1	1	0	1	1	0	1	1	0	1	1	0	1	1	0	1	1															
68	0	4	0	1	1	0	1	1	1	1	1	1	1	1	1	1	6	0	1	1	0	1	1	0	1	6	0	1	6	0	1	1	1	0	2										
69	0	5	0	1	1	0	1	1	0	1	18	0	1	1	0	18	1	0	1	1	0	1	1	0	1	1																			
70	0	6	0	1	1	0	1	1	1	7	1	1	1	7	1	1	1	0	1	1	0	1	1	0	1	1	0	1	1	0	1	1	0	1	1										
71	0	7	0	1	1	0	1	1	0	1	18	0	1	1	0	1	1	0	1	1																								
72	0	6	0	1	1	0	1	1	1	1	1	1	1	1	1	1	6	1	0	1	0	1	1	0	1	1	0	1	1	0	1	1	0	1	1										

第四节　电子选针机构

电子选针机构属单针式选针机构。随着计算机技术和电子技术的迅速发展以及针织机械制造加工水平的不断提高，越来越多的针织机采用了电子选针装置，再配以计算机辅助花型准备系统，大幅提高了针织机的花型编织能力和花型设计准备的速度。目前纬编针织机采用的电子选针装置可以分为多级式与单级式两类。

一、多级式电子选针机构与选针原理

图4-21为电脑提花圆机上使用的多级式电子选针器的外形。它主要由多级（一般六级或八级）上下平行排列的选针刀1、选针电器元件2以及接口3组成。每一级选针刀片受与其相对应的同级电器元件控制，可作上下摆动，以实现选针与否。选针电器元件有压电陶瓷和线圈电磁铁两种。前者具有工作频率高，发热量与耗电少和体积小等优点，因此使用较多。选针电器元件通过接口和电缆接收来自计算机控制器的选针脉冲信号。

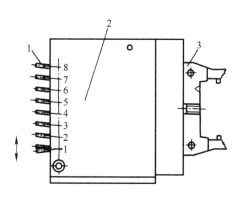

图4-21　多级式电子选针器

由于电子选针器可以安装在多种类型的针织机上，因此机器的编织与选针机件的形式与配置可能不完全一样，但其选针原理还是相同的，下面仅举一个例子说明选针原理。

图4-22为一种针织机编织与选针机件及其配置。图中1为八级电子选针器，在针筒2的同一针槽中，自下而上插着提花片3、挺针片4和织针5。有八档不同的齿高的提花片，与八级选针刀片一一对应。各档提花片通常呈步步高"／"排列。如果选针器中某一级电器元件接收到不选针编织的脉冲信号，它控制同级的选针刀向上摆动，刀片将与其同级的提花片片齿作用，从而将相应的提花片压入针槽，通过提花片的上端6作用于挺针片下端，使挺针片的下片踵也没入针槽中，因此挺针片不能沿挺针片三角7上升。这样，在挺针片上方的织针也不上升，织针不编织。如果某一级选针电器元件接收到选针编织的脉冲信号，它控制同级的选针刀片向下摆动，刀片作用不到同级提花片的齿上，提花片不被压入针槽，提花片的上端和挺针片的下端向针筒外侧摆动，使挺针片下片踵沿三角7上升，并推动在其上方的织针也上升进行编织。三角8和9分别作用于挺针片上片踵和针踵，将挺针

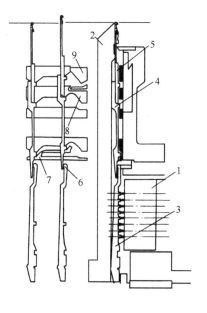

图4-22　多级式选针与成圈机件配置

片和织针向下压至起始位置。

对于八级电子选针器来说，在针织机运转过程中，每一选针器中的各级选针电器元件在针筒每转过 8 个针距时都接收到一个信号，从而实现连续选针。选针器级数的多少与机号和机速有关。由于选针器的工作频率有一个上限，所以机号和机速越高，需要级数越多，致使针筒高度增加。如果每一成圈系统只有一组选针器，为两功位选针（即编织与不编织）方式；如果每一成圈系统有两组选针器，为三功位选针（即编织、集圈与不编织）方式。

二、单级式电子选针机构与选针原理

图 4-23 为某单级式选针电脑提花圆机的编织与选针机件及其配置。同一针槽中自上而下安插着带有导针片 2 的织针 1 和带有弹簧片 4 的挺针片 3。选针器 5 是一个永久磁铁，其中有一狭窄的选针区（选针磁极）。根据接收到选针脉冲信号的不同，选针区可以保持磁性或消除磁性。6 和 7 分别是挺针片起针三角和压针三角。织针没有起针三角，织针上升与否取决于挺针片是否上升。活络三角 8 和 9 可使被选中的织针进行编织或集圈。当活络三角 8 和 9 同时拨至高位时，织针编织；当同时拨至低位时，织针集圈。

选针原理如图 4-24 所示，其中图 4-24（2）和（3）为俯视图。在挺针片 3 即将进入每一系统的选针器 5 时，先受复位三角 9 的径向作用，使挺针片片尾 10 被推向选针器 5，并被永久磁铁 11 吸住。此后，挺针片片尾贴住选针器表面继续横向运动。在机器运转过程中，针筒每转过一个针距，从控制器发出一个选针脉冲信号给选针器的狭窄选针磁极 12。当某一挺针片运动至磁极 12 时，若此刻选针磁极收到的是低电平脉冲信号，则选针磁极保持磁性，挺针片片尾

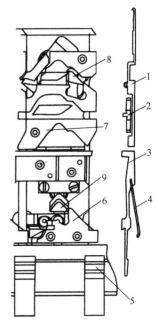

图 4-23　单级式选针与
成圈机件配置

仍被选针器吸住，如图 4-24（2）中的 13。随着片尾移出选针磁极 12，仍继续贴住选针器上的永久磁铁 11 横向运动。这样，挺针片的下片踵只能从起针三角 6 的内表面经过，不能走上起针三角，不推动织针上升，即织针不编织；若选针磁极 12 收到的是高电平脉冲信号，则选针磁极磁性消除，挺针片在弹簧片的作用下，片尾 10 脱离选针器，如图 4-24（3）中的 14 所示，随着针筒的回转，挺针片下片踵沿起针三角 6 上升，推动织针上升编织或集圈。

与多级式电子选针器相比，单级式选针具有选针速度快，选针机件少，机器结构紧凑，机件磨损小的优

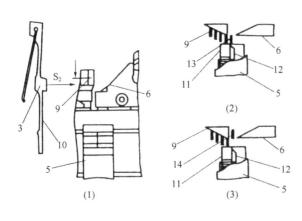

图 4-24　单级式选针原理

点。而多级式选针对选针器的频率要求不高，选针动作易于实现。

为了保证电子选针针织机能顺利地编织出所要求的花纹，需要有花型设计、信息储存、信号检测与控制等部分与之相配套。计算机花型准备系统用来设计与绘制花型以及设置上机工艺数据，可通过鼠标、数字化绘图仪、扫描仪等输入图形。设计好的花型信息保存在磁盘或优盘上，将磁盘或优盘插入针织机的计算机控制器中，便可输入选针等控制信息。计算机控制器上有键盘、显示器等，也可在其上直接输入比较简单的花型或对已输入的花型进行修改。

电脑横机一般采用电子选针的原理进行编织，目前主要采用多级式电子选针，具体原理在第六章详述。

三、电子选沉降片原理

图4-25所示为某种电子选沉降片装置及选片原理。在沉降片圆环的每一片槽中，自里向外安插着沉降片1、挺片2、底脚片3和摆片4。电子选片器5上有两个磁极，分别是内磁极6和外磁极7，它们可交替吸附摆片4，使其摆动。沉降片圆环每转过一片沉降片，电子选片器接收到一个选片脉冲信号，使内磁极或外磁极产生磁性。当外磁极吸附经过的摆片4时，摆片4逆时针摆动［图4-25（2）］，通过摆片4作用于底脚片3，使底脚片3受底脚片三角8的作用，沿着箭头A的方向运动［图4-25（1）］，再经挺片2的传递，使沉降片1向针筒中心挺进，其片喉的运动轨迹为A′，此时将形成毛圈。如果是内磁极吸附经过的摆片4时，摆片4顺时针摆动［图4-25（3）］，通过摆片4作用于底脚片3，使3不受底脚片三角8的作用，沿着箭头B的方向运动［图4-25（1）］，从而使沉降片1不向针筒中心挺进，其片喉的运动轨迹为B′，即不形成毛圈。图4-25（1）中的9和10分别是挺片分道三角和沉降片三角。

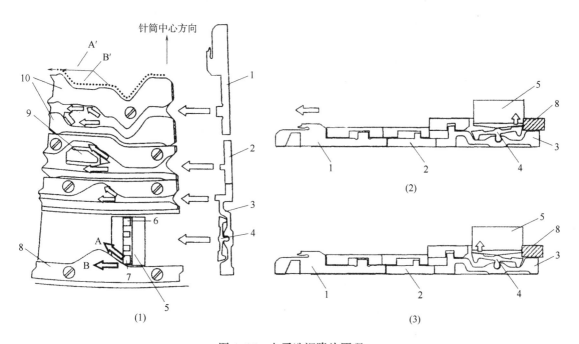

图4-25 电子选沉降片原理

四、电子选针（选片）圆纬机花纹设计的特点

在具有机械选针装置的针织机上，不同花纹的纵行数受到针踵位数或提花片片齿档数等的限制，而电子选针（选片）圆纬机（常称电脑针织机）可以对每一枚针（沉降片）独立进行选择，因此不同花纹的纵行数最多可以等于总针数；对于机械式选针机器来说，花纹信息是储存在变换三角、提花轮、拨片等机件上，储存的容量有限，因此不同花纹的横列数也受到限制。而电子选针（选片）针织机的花纹信息是储存在计算机的内存和磁盘上，容量大得多，而且针筒每一转输送给各电子选针器的信号可以不一样，所以不同花纹的横列数可以非常多。从实用的角度说，花纹完全组织的大小及其图案可以不受限制。在设计花型和织物结构以及制订编织工艺时，需要采用与电脑针织机相配的计算机辅助花型准备系统，通过鼠标、数字化绘图仪、扫描仪、数码相机等装置来绘制花型和输入图形，并设置上机工艺数据。设计好的花型信息保存在优盘上，将优盘插入与针织机相连的计算机控制器中，便可输入选针（选片）等控制信息，进行编织。

第五节　双面提花圆机上针编织工艺

一、双面提花产品及其上针成圈系统

双面提花产品的花纹可以在织物的一面形成，也可以在织物的两面形成。实际生产中多采用一面提花，并把提花的一面作为织物正面花纹效应面，把不提花的一面作为织物反面。织物的正面花纹由双面提花圆机的选针机构，按设计意匠图的要求，对针筒织针进行选针编织形成；织物的反面则依据针盘织针及针盘三角的排列不同而形成不同的外观。

双面大花纹纬编产品是在双面提花机上编织的。机器的种类很多，其选针方式也有很大差别。但其上针盘一般只有高低两种不同针踵高度的织针，通常按一隔一交替排列。与之相应的两种不同高度三角的排列方式不同，将使织物反面形成不同的外观。不同的反面外观对正面花纹效果的影响也不同。织物的反面设计就是合理排列上三角，设计出与正面相适应的反面组织，从而使正面花纹清晰，表面丰满，反面平整。下面按不同的组织结构分别说明其织物反面设计的方法。

编织提花织物，其上三角在每一路成圈系统均排上高、低两种成圈三角，则针盘上所有织针在每一路成圈系统全部参加编织。即反面组织是每一路成圈系统编织一个横列（一种纱线组成的横列）。织物的反面呈"横向条纹"，正面容易"露底"使正面花纹效应不清晰。因此提花织物极少采用这种反面组织结构。

二、提花织物反面组织的设计

1. 两色提花织物反面组织的设计　两色提花织物针盘三角有三种配置方式。将使织物反面形成"直向条纹""大芝麻点""小芝麻点"三种外观。

（1）图 4-26（1）表示上三角呈高、低 2 路一循环排列，色纱呈黑白交替排列。这种设

计，高踵针始终吃黑纱；低踵针始终吃白纱。使织物反面呈"直向条纹"，正面容易露底，使正面花纹效果不清晰。因此在两色提花织物的反面设计中很少采用这种组织结构。

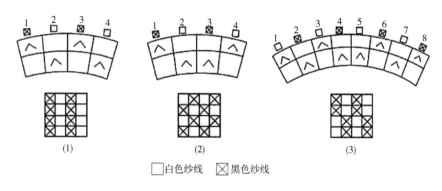

□白色纱线　　⊠黑色纱线

图 4-26　两色提花织物反面组织设计

（2）图 4-26（2）表示上三角呈高、高、低、低 4 路一循环排列，色纱呈黑白交替排列。这种设计，高踵针在第 1 路吃黑纱，接着在第 2 路吃白纱；低踵针在第 3 路吃黑纱，接着在第 4 路吃白纱。在织物反面每一纵行与横列都是由黑白线圈交替排列而成，呈"小芝麻点"花纹效应。

（3）图 4-26（3）表示上三角呈高、低、高、低、低、高、低、高 8 路一循环排列，色纱呈黑白交替排列。这种设计，高踵针在第 1、3 路连续两次吃白色纱线，在第 6、8 路连续吃两次黑色纱线；低踵针在第 2、4 路连续两次吃黑纱，在第 5、7 路连续吃两次白纱。在织物反面每一纵行都是由两个白线圈与两个黑线圈交替排列而成，外观呈"大芝麻点"效应。

由于采用"芝麻点"的外观时反面色纱组织点分布较均匀，使露底现象得以改善，正面花纹清晰，以"小芝麻点"效果更好，故一般都采用"小芝麻点"的反面组织结构。

2. 三色提花织物反面组织的设计　图 4-27 所示为两种最常用的三色提花织物反面组织设计方法。

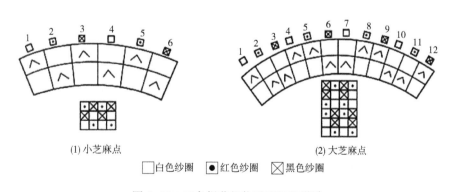

(1) 小芝麻点　　　　　　　　　(2) 大芝麻点

□白色纱圈　　●红色纱圈　　⊠黑色纱圈

图 4-27　三色提花织物反面组织设计

图 4-27（1）表示色纱呈白、红、黑交替排列，上三角为高、低、高、低、高、低 6 路编织一个循环。这种设计方法，高踵针在第 1、3、5 路吃白、黑、红色纱；低踵针在第 2、4、6 路吃红、白、黑色纱。在织物反面每一纵行都是由白、黑、红 3 色交替编织而成，每一

横列是由白、黑或黑、红或红、白2色交替而成，织物反面外观呈"小芝麻点"花纹效应。

图4-27（2）表示色纱呈白、红、黑交替排列，上三角为高、低、低、高、高、低、低、高、高、低、低、高12路编织一个完全循环。这种设计方法，高踵针在第1、4路连续吃两次白纱，在第5、8路连续吃两次红纱，在第9、12路连续吃两次黑纱，低踵针在第3、6路连续吃两次黑纱，在第7、10路连续吃两次白纱，在第2、11路连续吃两次红纱。织物反面每一纵行都是由2白、2红、2黑3色线圈交替而成，外观呈"大芝麻点"花纹效应。

3. 四色提花织物反面组织的设计 图4-28所示为最常用的四色提花织物反面组织设计方法。从图4-28中可以看出，当上三角呈高、低、低、高、低、高、高、低8路一循环，色纱呈白、红、黑、蓝交替排列时，在织物反面每一纵行都是由白、蓝、红、黑交替而成，外观呈"小芝麻点"花纹效应。

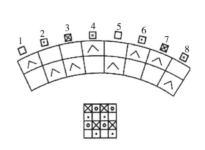

□白色线圈　●红色线圈
⊠黑色线圈　○蓝色线圈

图4-28　四色提花织物反面组织设计

三、复合织物反面组织的设计

1. 单胖组织反面组织的设计 图4-29所示为单胖组织反面组织设计方法。

图4-29（1）所示为双色单胖组织的反面组织设计方法，上三角呈高、平、低、平4路一循环排列，色纱呈白、红交替排列。这种设计方法，第1路上高踵针吃白纱；第2路编织红色胖花线圈，上针全不参加编织；第3路上低踵针吃白纱；第4路编织红色胖花线圈，上针全不参加编织。这样双色单胖组织的反面全部呈地组织纱线的颜色，同时可将红色胖花线圈凸出在织物正面。

图4-29（2）所示为三色单胖组织的反面组织设计方法，上三角呈高、平、平、低、平、平6路一循环排列，色纱呈白、红、黑交替排列。这种设计方法，针盘上高踵针在第1路，低踵针在第4路吃白色地组织纱，形成白色反面线圈横列；而在其余4路上针全不参加编织。因此三色单胖组织的反面也全部呈地组织纱的颜色。

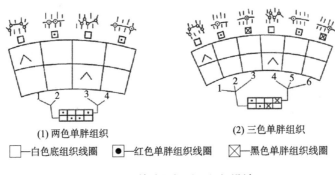

(1) 两色单胖组织　　　　(2) 三色单胖组织
□—白色底组织线圈　●—红色单胖组织线圈　⊠—黑色单胖组织线圈

图4-29　单胖组织反面组织设计

2. 双胖组织反面组织的设计 图4-30所示为双胖组织反面设计方法。

图4-30（1）最常用的两色双胖组织的反面组织设计方法，上三角呈高、平、平、低、平、平6路一循环排列，色纱呈白、红、红交替排列。这种设计方法，上针盘的高、低踵针

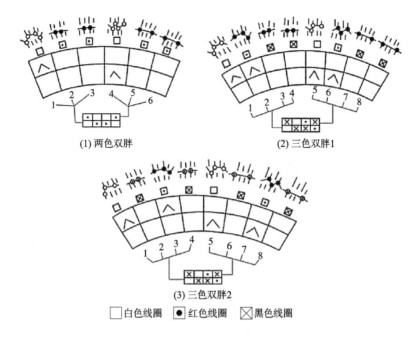

(1) 两色双胖　　(2) 三色双胖1

(3) 三色双胖2

□白色线圈　●红色线圈　☒黑色线圈

图4-30　双胖组织反面组织设计

分别在第1、4吃白色地组织纱，而在其余路上针全部不参加编织，使织物反面呈地组织纱线的颜色。

图4-30（2）所示为三色双胖组织的反面组织设计方法，上三角呈高、高、平、平、低、低、平、平8路一循环排列，色纱呈白、红、黑、黑交替排列。这种设计方法使织物反面呈"小芝麻点"花纹效应。

图4-30（3）所示为另一种三色双胖组织的反面组织设计方法，上三角呈高、平、高、平、低、平、低、平8路一循环排列，色纱呈白、黑、红、黑交替排列。这种设计方法也使织物反面呈"小芝麻点"花纹效应。

思考练习题

1. 多针道选针的花宽和花高与哪些因素有关？

2. 画出与涤盖棉组织（图3-87）相对应的织针与三角排列图。

3. 在多针道变换三角针织机上，设计一种反面呈芝麻点花纹的两色提花组织织物（花宽4纵行、花高6横列），画出其意匠图、编织图、织针排列图和三角配置图。

4. 什么是段的横移和花纹的纵移，它们与哪些因素有关？

5. 某一单面提花轮提花圆机，机器总针数 N 为1830针，成圈系统数 M 为32路，提花轮槽数 T 为120槽，在编织两色提花组织时，试求其最大花宽和最大花高、段的横移数和纵移横列数，画出段号作用顺序。并以最大花宽和最大花高设计一种两色提花产品，排出各成圈系统的提花轮钢米的排列情况。

6. 拨片式选针的花宽和花高与哪些因素有关？

7. 某拨片式双面提花圆机成圈系统数为 72 路，在该圆机上设计一种花宽为 18 纵行、花高为 12 横列的三色小芝麻点反面双面提花织物，并排其上机工艺（排出色纱、提花片、各成圈系统的拨片位置和上三角排列等）。

8. 简述电子选针原理？比较单级式与多级式电子选针的优缺点？

9. 调研近年来我国针织技术的发展情况。

第五章　纬编圆机成形产品及编织工艺

📋 **／ 教学目标 ／**

1. 掌握袜品的主要组成部段及成形方式。
2. 掌握单面双层袜口的编织方式，熟悉袜跟和袜头的结构以及成形编织原理。
3. 了解无缝内衣的成形原理。
4. 熟悉无缝内衣针织圆机的编织机构，掌握常用无缝内衣织物组织的编织工艺。
6. 能够识别纬编圆机成形产品的种类，判断其成形工艺。
7. 能够设计纬编圆机成形产品的编织工艺。

纬编圆机成形产品编织的主要方法有：通过减少或增加参加编织的针数（持圈式收放针），通过改变织物的组织结构或改变线圈长度形成所需要的形状，主要产品有袜品和无缝内衣等。

第一节　袜品及编织工艺

一、袜品的成形原理

袜品（hosiery）的种类很多，根据袜子的花色和组织结构可以分为素袜、花袜等；根据袜口的形式可以分为双层平口袜、单罗口袜、双罗口袜、橡筋罗口袜、橡筋假罗口袜、花色罗口袜等；根据袜筒长短可以分为连裤袜、长筒袜、中筒袜和短筒袜等。根据织造方法可以分为纬编单针筒袜、双针筒袜、经编网眼袜、分趾袜等。

（一）袜品的结构

袜品的种类虽然繁多，但就其结构而言主要组成部分大致相同，仅在尺寸大小和花色组织等方面有所不同。图 5-1 所示为几种常见袜品的外形图。

下机的袜子有两种形式：一种是袜头敞开的袜坯，如图 5-1（1）所示，需将袜头缝合后才能成为一只完整的袜子；另一种是已形成的完整的袜子（即袜头已缝合），如图 5-1（2）、（3）和（4）所示。

传统的长筒袜主要组成部段一般包括袜口 1、上筒 2、中筒 3、下筒 4、高跟 5、袜跟 6、袜底 7、袜面 8、加固圈 9、袜头 10 等。中筒袜没有上筒，短筒袜没有上筒和中筒，船袜没有上中下筒，甚至袜面也没有，其余部段与长筒袜相同。

不是每一种袜品都包括上述组成部段。如目前深受消费者青睐的高弹丝袜结构比较简单，袜坯多为无跟型，由袜口（裤口）、袜筒过渡段（裤身）、袜腿和袜头组成。

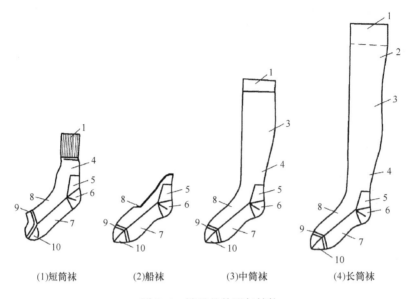

图 5-1　袜品的外形与结构

1. 袜口　袜口的作用是使袜边既不脱散又不卷边，能紧贴在腿上，穿脱时方便。单面圆袜机编织的袜品一般采用平针双层袜口或衬垫氨纶弹力线双层袜口，双面圆袜机编织的袜品一般采用具有良好弹性和延伸性的罗纹组织或衬以橡筋线或氨纶丝的罗纹衬纬组织。

2. 袜筒　袜筒的形状必须符合腿形，特别是长袜，应根据腿形不断改变各部段的密度。袜筒的织物组织除了采用平针组织和罗纹组织之外，还可采用各种花色组织来增强外观效应，如提花袜、绣花添纱袜、网眼袜、集圈袜、凹凸袜和毛圈袜等。

3. 高跟　高跟属于袜筒部段。由于这个部段在穿着时与鞋子发生摩擦，所以编织时通常在该部段加入一根加固线，以增加其坚牢度。

4. 袜跟与袜头　袜跟要织成袋形，以适合脚跟的形状，否则袜子穿着时将在脚背上形成皱痕，而且容易脱落。编织袜跟时，相应于袜面部分的织针要停止编织，只有袜底部分的织针工作，同时按要求进行收放针，以形成梯形的袋状袜跟。这个部段一般用平针组织，并需要加固，以增加耐磨性。袜头的结构和编织方法与袜跟相同。

5. 袜脚　袜脚由袜面与袜底组成。袜底容易磨损，编织时需要加入一根加固线，俗称夹底。编织花袜时，袜面一般织成与袜筒相同的花纹，以增加美观，袜底无花。由于袜脚也呈圆筒形，所以其编织原理与袜筒相似。袜脚的长度决定袜子的大小尺寸，即决定袜号。

6. 加固圈　加固圈是在袜脚结束时、袜头编织前再编织 12、16 或 24 个横列（根据袜子大小和纱线粗细而不同）的平针组织，并加入一根加固线，以增加袜子牢度，这个部段俗称"过桥"。

7. 套眼横列与握持横列　袜头编织结束后还要编织一列线圈较大的套眼横列，以便在缝头机上缝合袜头时套眼用；然后再编织 8~20 个横列作为握持横列，这是缝头机上套眼时便于用手握持操作的部段，套眼结束后即把它拆掉，俗称"机头线"，一般用低级棉纱编织。

近年来，随着新型原料的应用和产品向轻薄、花色多样的方向发展，以及人们生活水平的提高，袜品的坚牢耐穿已退居次要，许多袜品的结构也在变化。例如，袜底不再加固，高跟和加固圈也被取消，一些新型时尚的品种出现，如五指袜、船袜等。

（二）袜品的成形方式

因袜品种类和袜机特点不同，袜品的成形方式主要有以下三种。

1. 三步成形　在单针筒袜机上编织短袜。袜口是在罗纹机上完成的，也可衬入橡筋线或氨纶袜口；袜口完成后经套刺盘转移到袜机针筒上，再编织袜筒、袜跟、袜脚、加固圈、袜头、握持横列等部段，下机后只是一只袜头敞开的袜坯；接下来还需将袜坯转移到缝头机上进行缝合才能形成袜子。织成一只袜子需要三种机器完成。

2. 二步成形　先编织袜口：在折扣袜机上编织平口袜，可自动起口和折口，形成平针双层袜口；有的袜机可编织平针衬垫橡筋线或氨纶的假罗口；有的袜机可编织单罗口、双罗口等。织完袜口后依次编织袜坯的其他各个部段。这几种袜子下机后都要通过人工套口将袜子转移至缝合机上进行袜头缝合才能形成最终的袜子。织成一只袜子需要两种机器完成。双针筒袜机由于具有上、下两个针筒，可在袜机上编织罗纹袜口及袜坯各部段，但下机后仍要进行缝头，也属于二步成形。

3. 一步成形　将袜口经套刺盘转移到针筒上称"套口"，将袜头进行缝合称"缝头"。这两个过程劳动强度大，生产效率低，原料消耗也较大。经过技术革新，我国研制了具有独特风格的"单程式全自动袜机"，使织袜口、织袜、缝头三个工序在一台袜机上就可进行。织成一只袜子需要一种机器即可。

二、袜机的结构与编织工艺

不同结构的袜品需要采用相应类型的袜机进行编织。圆袜机属于圆型纬编针织成形编织机器，除袜口部段的起口和袜头、袜跟部段的成形外，其余部段的编织原理与圆型纬编相似。这里以单面圆袜为例介绍袜机的结构和编织工艺。对于不同结构的单面圆袜，尽管其编织机件及其配置并不相同，但是袜口、袜跟、袜头的编织方法是相似的。下面以编织绣花袜的单针筒圆袜机为例，介绍其编织机件与配置及编织方法。

（一）双向针三角座

在编织单面圆袜的袜筒和袜脚时，袜机的针筒单向转动，编织原理如同一般的圆纬机。为了实现袜跟、袜头袋形结构的成形编织，袜机的针筒需要正、反向往复回转，因此采用了双向针三角座。

图 5-2 为某种电子选针单针筒绣花袜机的三角装置展开图。右边为第 Ⅰ 成圈系统（喂入地纱与面纱），中间为第 Ⅱ 成圈系统（喂入绣花纱，即局部添纱），左边为第 Ⅲ 成圈系统（喂入绣花纱和氨纶丝）。针筒中自上而下安插着袜针 A、底脚片 B（也称挺针片）和选针片 C（也称提花片）。

该机的双向针三角座主要由右、左弯纱三角 1、3（右、左菱角），上中三角 2（中菱角）组成。左、右弯纱三角以上中三角为中心线左右对称。

当针筒正转（即织针从右向左运动）时，袜针经过双向三角座的运动轨迹，如图 5-2 中实线 *D—D* 所示，即先沿着右弯纱三角 1 的上表面升高完成退圈，接着被上中三角 2 的右斜

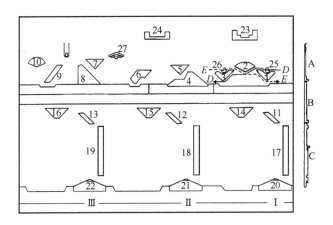

图 5-2　单针筒袜机的三角装置展开图

边拦下，随后沿着左弯纱三角 3 右斜边下降，依次完成垫纱、闭口、套圈、脱圈、弯纱与成圈动作。

当针筒反转（即织针从左向右运动）时，袜针经过双向三角座的运动轨迹，如图 5-2 中虚线 $E—E$ 所示，即先沿着左弯纱三角 3 的上表面升高完成退圈，接着被上中三角 2 的左斜边拦下，随后沿着右弯纱三角 1 左斜边下降，依次完成垫纱、闭口、套圈、脱圈、弯纱与成圈动作。

上中三角的上部可使挑针杆 25、26 挑起的袜针继续上升到不编织的高度。

其他机件还有：4 为网孔三角，5 为拦针三角，6 为第 II 系统成圈三角，7 为拦针三角，8 为袜跟三角，9 为第 III 系统成圈三角，10 为第 III 系统拦针三角；11、12、13 分别为第 I、II、III 系统的底脚片超刀（上升三角），14、15、16 分别为第 I、II、III 系统的底脚片下压三角，17、18、19 分别为第 I、II、III 系统的多级式选针电子装置，20、21、22 分别为第 I、II、III 系统的带活络挺针三角的选针片三角；23、24 分别为第 I、II 系统的导纱器座，供搁置导纱器用，其位置要保证织针可靠地垫上纱线，以及导纱器能灵活地上下运动，使之顺利进入或退出工作；27 是揿针器。

（二）袜口的编织

单面袜的袜口按其组织结构的不同可分为平针双层袜口、衬垫袜口、罗纹袜口等，罗纹袜口已趋于淘汰，平针双层袜口和衬垫袜口一般采用双层袜口。

双层袜口的编织可采用双片扎口针或单片扎口针。两种扎口针的编织原理相似，单片扎口针主要用于高机号袜机。这里以双片扎口针的起口和扎口过程为例进行介绍。

1. 起口和扎口装置的结构　采用带有双片扎口针（俗称哈夫针）的起口和扎口装置，如图 5-3 所示。1 为扎口针圆盘，位于针筒上方；2 为扎口针三角座；扎口针

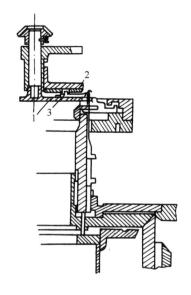

图 5-3　扎口装置

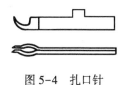

图 5-4　扎口针

3 水平地安装在扎口针圆盘的针槽中；扎口针圆盘 1 由齿轮传动，并与针筒同心、同步回转。扎口针 3 的形状如图 5-4 所示，由可以分开的两片薄片组成。扎口针的片踵有长短之分，其配置与针筒上的袜针一致，即长踵扎口针配置在长踵袜针上方，短踵扎口针配置在短踵袜针上方，扎口针针数为袜针数一半，即一隔一地插在扎口针圆盘的针槽中。编织袜面部分的一半袜针排短踵针（或长踵针），编织袜底部分的另一半袜针排长踵针（或短踵针）。袜针的具体排列取决于袜跟、袜头的编织方法。

扎口针三角座 2 中三角配置如图 5-5 所示，可垂直升降的推出三角 1 和拦进三角 2，控制扎口针在扎口针圆盘内做径向运动。推出三角 1 在起口时下降进入工作，使扎口针移出，挂住未升起袜针上方的浮线，随后扎口针沿圆盘内沿收进一些。在扎口转移时，三角 1、2 同时下降进入工作，使扎口针上的线圈转移到袜针上，从而形成双层袜口。

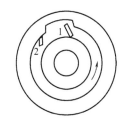

图 5-5　扎口针三角

下面以图 5-2 所示的三角座展开图为例，说明袜口的编织工艺。此时，第 I 系统的面纱导纱器进入工作，选针片三角 20 的活络挺针三角升起，左弯纱三角 3、第 II 系统成圈三角 6、第 III 系统成圈三角 9 径向进入工作。

2. 起口过程　袜子的编织过程是单只落袜，所以每只袜子开始编织前，上一只袜子的线圈全部由针上脱下。为了起口，必须将关闭的针舌全部打开，此时织针是一隔一地上升钩取纱线。当利用电子选针装置 17 作用于选针片来选针时，被选中的选针片沿着选针片三角 20 上升，未被选中的选针片被压进针槽沿着三角 20 的内表面通过，这样使袜针间隔上升，经左弯纱三角 3 后垫入第 I 系统的面纱。接着沉降片前移，将垫上的纱线向针筒中心方向推进，使纱线处于那些未升起的袜针背后，形成一隔一垫纱，如图 5-6（1）所示，图中奇数袜针为上升的袜针，针钩内垫入了纱线 I。

在编织第二横列时，经第 I 系统选针装置 17 的作用使所有袜针上升退圈，所有袜针经过面纱导纱器都垫入纱线 II。这样，在上一横列被升起的奇数袜针上形成了正常线圈，而在那些未被升起的偶数袜针上只形成未封闭的悬弧，如图 5-6（2）所示。

在编织第三横列时，袜针仍是一隔一地升起。首先由第 I 系统的选针装置 17 选针，使袜针以一隔一的形式上升。此时扎口针装置要与其配合，使与袜针相间排列的扎口针径向向外伸出，具体过程为：扎口针三角座中的推出三角 1 分级下降进入工作，即在长踵扎口针通过之前下降一级，待长踵针通过时，三角 1 再下降一级；于是所有扎口针受三角 1 作用向圆盘外伸出，并伸入一隔一针的空档中钩取纱线 III，如图 5-6（3）所示。推出三角 1 在针筒第三转结束时就停止起作用，即当长踵扎口针重新转到三角 1 处，它就上升退出工作。扎口针钩住第三横列纱线后，受扎口针三角座的圆环边缘作用而径向退回，并握持这些线圈直至袜口织完为止。

在编织第四横列时，针筒上的袜针还是一隔一地垫入纱线 IV 进行编织，如图 5-6（4）所示。在扎口针完成钩住悬弧后，其悬弧两端与相邻袜针上的线圈相连，使袜针上线圈受到向上吊起拉力；再编织一个一隔一针的线圈横列，可以消除线圈向上吊起的拉力，特别是对于短纤维纱线袜口更有利。

第五横列，在全部袜针上垫入纱线Ⅴ成圈，如图5-6（5）所示。

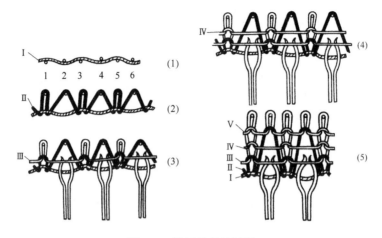

图5-6　袜口的起口过程

以后，全部袜针垫纱成圈按照需要的组织结构编织袜口部段，形成所需要长度的2倍编织袜口。

3. 扎口过程　袜口编织到一定长度后，将扎口针上的线圈转移至袜针针钩内，将所织袜口长度对折成双层，这个过程称为扎口。

扎口移圈在第Ⅰ系统进行，首先由选针装置17对袜针进行选针，使所有袜针上升，此时扎口装置配合工作，带有悬弧的扎口针在袜针上升前，经分级推出三角1的作用被向外推出，所有袜针中的偶数针升起进入扎口针的小孔内，如图5-7所示；而后扎口针经拦进三角2的作用向里缩回，这样便把扎口针上的线圈转移到袜针上。此后全部袜针上升，进入编织区域。这时在奇数袜针上，旧线圈退圈、垫纱形成正常的线圈；而在偶数袜针上，除套有原来的旧线圈以外，还有一只从扎口针中转移过来的悬弧。在编织过程中，线圈和悬弧一起脱到新线圈上，将袜口对折相连。袜口扎口处的线圈结构如图5-8所示。

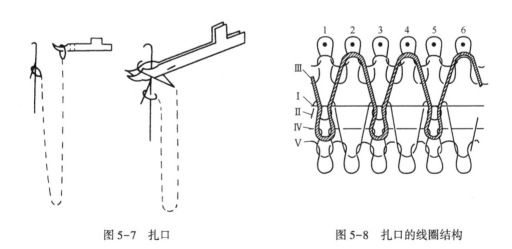

图5-7　扎口　　　　　　　　　　图5-8　扎口的线圈结构

袜口编织结束后，在编织袜筒时常常先编织几个横列的防脱散线圈横列。

（三）袜跟和袜头的结构与编织

1. 袜跟和袜头的结构　袜跟应编织成袋形，其大小要与人的脚跟相适应，否则袜子穿着时，在袜背上将形成皱痕。在圆袜机上编织袜跟，是在一部分织针上进行，并在整个编织过程中进行握持式收放针（简称持圈收放针），以达到织成袋形的要求。

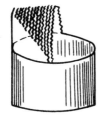

图 5-9　袜跟的形成

在开始编织袜跟时，相应于编织袜面的一部分针停止工作。针筒做往复回转，编织袜跟的针先以一定次序收针，当达到一定针数后再进行放针，如图 5-9 所示。当袜跟编织完毕，那些停止作用的针又重新工作。

在袋形袜跟中间有一条跟缝，跟缝的结构影响着成品的质量，跟缝的形成取决于收放针方式。跟缝有单式跟缝和复式跟缝两种。

如果收针阶段针筒转一转收一针，而放针阶段针筒转一转也放一针，则形成单式跟缝。在单式跟缝中，双线线圈是脱卸在单线线圈之上，袜跟的牢度较差，一般很少采用。如果收针阶段针筒转一转收一针，在放针阶段针筒转一转放两针收一针，则形成复式跟缝。复式跟缝是由两列双线线圈相连而成，跟缝在接缝处所形成的孔眼较小，接缝比较牢固，故在圆袜生产中广泛应用。

袜头的结构与编织方法与袜跟相似。一般在编织袜头之前织一段加固圈，在袜头织完之后进行套眼横列和握持横列的编织，其目的是为了以后缝袜头的方便，并提高袜子的质量。

2. 袜跟的编织　袜跟有多种结构，图 5-10 所示为普通袜跟的展开图。

在开始编织袜跟时应将形成 *ga* 与 *ch* 部段的针停止工作，其针数等于针筒总针数的一半，而另一半形成 *ac* 部段的针（袜底针），在前半只袜跟的编织过程中进行单针收针，直到针筒中的工作针数只有总针数的 1/6~1/5 为止，这样就形成前半只袜跟，如图 5-10 中 *a—b—d—c* 所示。后半只袜跟是从 *bd* 部段开始进行编织，这时就利用放两针收一针的方法来使工作针数逐渐增加，以得到如图 5-10 中 *b—d—f—e* 部段组成的

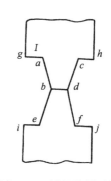

图 5-10　袜跟的展开图

后半只袜跟。袜坯下机后，*ab*、*cd* 分别与相应部分 *be*、*df* 相连接，*ga* 和 *ie*、*ch* 和 *fj* 相连接，即可得到袋形的袜跟。

3. 袜头的编织　袜头也有多种结构，图 5-11 所示为楔形袜头的展开图，它是在针筒总针数的一半（袜面针）上织成的。首先在袜面针 *ab* 处开始收针编织，直到 1/3 袜面针 *cd* 处；接着所有袜面针 *ef* 进入编织，并在左右两侧进行收针编织 12 个横列；在编织至 *gh* 处时，使左右两侧的织针 *gj* 和 *hk* 同时退出工作，只保留 1/3 袜面针 *jk* 编织；而后进行放针编织，直至

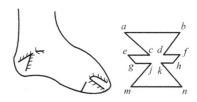

图 5-11　楔形袜头的展开图

mn 处所有针放完。袜坯下机后，ac、bd 分别与 ec、fd 相连接，eg、gj 与 mj 相连接，fh、hk 与 nk 相连接，再将袜头缝合，便可得到封闭的袋形袜头。

4. 编织袜跟袜头时部分织针退出工作法 该方法分为利用袜跟三角和埋藏走针两种方法。

（1）利用袜跟三角法。袜跟三角的作用是使袜跟或袜头编织开始时有一半袜针退出工作，编织结束后使所有退出的袜针重新进入工作。以编织袜跟为例，此时针筒上袜针的排列方法为袜面半周插长踵袜针，袜底半周插短踵袜针。如图 5-2 所示，在开始编织袜跟前，袜跟三角 8 朝针筒中心径向进入一级，离开针筒一定距离，碰不到短踵袜针，但将针筒上的长踵袜针（袜面针）升高到上中三角 2 以上，使之退出编织区。而短踵袜针（袜底针）仍留在原来位置上，参加袜跟部段的编织。当袜跟编织结束后，拦针三角 7 径向进入工作，并靠近针筒，能对所有袜针的针踵起作用，将退出工作的袜针拦下使全部袜针进入工作位置。

（2）埋藏走针法。埋藏走针法是指不参加编织袜跟或袜头的一半袜针不升起，而埋藏于针三角座内往复回转不垫纱成圈的方法。这种编织方法的优点是：省去了袜跟三角所占位置，且因不参加编织的一半袜针无须升高，防止了在袜坯上产生一道油痕。

以袜跟编织为例，此时针筒上袜针的排列方法为袜面半周插短踵袜针，袜底半周插长踵袜针。在开始编织袜跟时，左、右弯纱三角都径向退出一级离开针筒一定距离。因此，这些三角只能作用到长踵袜针，碰不到短踵袜针，编织袜面的短踵袜针在三角座内往复运行，不垫纱成圈。当袜跟编织结束后，三角又重新恢复到原位，进行后面部段的编织。

5. 前一半袜跟（袜头）的编织方法 编织前一半袜跟（袜头）时，收针是在针筒每一往复回转中，将编织袜跟的袜针两边各挑起一针，使之停止编织，直至挑完规定的针数为止。

挑针是由挑针器完成的，在袜针三角座的左（右）弯纱三角后面，分别安装有左（右）挑针架 1，如图 5-12（1）所示。左（右）挑针杆 2 的头端有一个缺口，缺口的深度正好能容纳一个针踵。左右挑针杆利用拉板相连。编织袜跟时，针筒进行往复运转，因左挑针杆 2 头端原处在图 5-12（2）所示的左弯纱三角 4 上部凹口内，针筒倒转过来的第一枚短踵袜针便进入挑针杆头端凹口内，在针踵 5 推动下，迫使左挑针

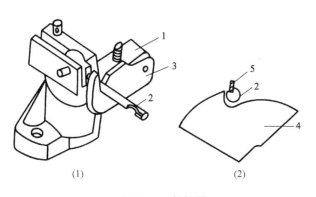

（1）　　　　　　　　（2）

图 5-12　挑针器

杆 2 头端沿着导板 3 的斜面向上中三角背部方向上升，将这枚袜针升高到上中三角背部，即退出了编织区。左挑针杆在挑针的同时，通过拉板使右挑针杆进入右弯纱三角背部的凹口中（在编织袜筒和袜脚时，右挑针杆的头端不在右弯纱三角背部凹口中），为下次顺转过来的第一枚短踵袜针的挑针做好准备。如此交替地挑针，形成前一半袜跟编织。

从图 5-2 所示的三角装置展开图中，也可以看到左挑针杆 26 和右挑针杆 25 的配置。

6. 后一半袜跟（袜头）的编织方法 编织后一半袜跟（袜头）时，要使已退出工作的

袜针逐渐再参加编织，为此采用了揿针器，如图 5-13 所示。它配置在导纱器座对面，其上装一个揿针杆，揿针杆的头端呈"T"字形，其两边缺口的宽度只能容纳两枚针踵。在编织前一半袜跟或针筒、袜脚时，揿针器退出工作，这时袜针从有脚菱角 1 的下平面及揿针头 2 的上平面之间经过。揿针器工作时，其头端位于有脚菱角 1 中心的凹势内，正好处于挑起袜针的行程线上。放针时当被挑起的袜跟针运转到有脚菱角 1

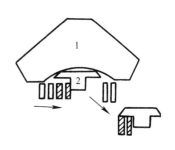

图 5-13　揿针器

处，最前的两枚袜针就进入揿针头 2 的缺口内，迫使揿针杆沿着揿针导板的弧形作用面下降，把两枚针同时揿（下压）到左或右弯纱三角背部等高的位置参加编织。当针筒回转一定角度后，袜针与揿针杆脱离，揿针杆借助弹簧的作用而复位，准备另一方向回转时的揿针。在放针阶段，挑针器仍参加工作，这样针筒每转一次，就揿两针挑一针，即针筒每一往复，两边各放一针。

从图 5-2 所示的三角装置展开图中，也可以看到揿针器 27 的配置。

第二节　圆机无缝内衣及编织工艺

一、圆机无缝内衣的成形原理

传统针织内衣（汗衫、背心、短裤等）的生产，都是先将光坯布裁剪成一定形状的衣片，再缝制成最终产品。因此，在内衣的两侧等部位具有缝迹，对内衣的整体性、美观性和服用性能有一定的影响。

无缝针织内衣是 20 世纪末发展起来的新型高档针织产品，其加工特点是在专用针织圆机上一次基本成形，内衣的两侧无缝迹，内衣的不同部位可采用不同的织物组织并结合原料搭配来适应人的三维体型，衣坯下机后稍加裁剪、缝制以及后整理，便可成为无缝的最终产品。无缝针织内衣产品除了一般造型的背心和短裤外，还包括吊带背心、胸罩、护腰、护膝、高腰束腰短裤、泳装、健美服、运动服和休闲装等。

无缝内衣针织圆机是在袜机的基础上发展而来的，其特点为：一是基本上具有袜机除编织头跟之外的所有功能，并增加了一些机件以编织多种结构与花型的无缝内衣；二是针筒直径较袜机大，一般在 254~432mm（10~17 英寸），以适应各种规格产品的需要。

下面以一件简单的单面无缝三角短裤为例，说明其产品结构与编织原理。图 5-14 显示了一种三角短裤的外形。图 5-14（1）为无缝圆筒形裤坯结构的正视图，图中 5-14（2）、（3）分别为沿圆筒形两侧剖开后的前片和后片视图。

编织从 $A—B$ 开始。$A—B—C—D$ 段为裤腰，采用与平针双层或衬垫双层袜口类似的编织方法，通常加入橡筋线进行编织。$C—D—E—F$ 段为裤身，为了增加产品的弹性、形成花色效应以及成形的需要，一般采用两根纱线编织，其中地纱多为较细的锦纶弹力丝或锦纶/氨纶包芯纱等，织物结构可以是添纱（部分或全部添纱）、集圈、提花等组织。$E—F—G—H$ 段为

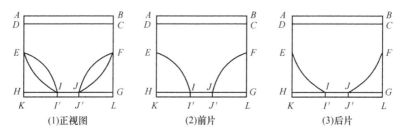

图5-14 无缝三角裤结构图

裤裆，原料与结构可以同 $C—D—E—F$ 段相同或不同，而 $E—H—I$ 和 $F—G—J$ 部分仅用地纱编织平针。$G—H—K—L$ 为结束段，采用双纱编织。圆筒形裤坯下机后，将 $E—K—I'$ 和 $F—L—J'$ 部分裁去并缝上弹力花边，再将前后的 $I—J$ 段缝合在一起，便形成了一件无缝短裤。

二、无缝内衣针织圆机的结构与编织工艺

计算机控制无缝内衣针织圆机分单针筒和双针筒两类，可分别生产单面和双面无缝针织内衣产品。下面以某种单针筒无缝内衣针织圆机为例介绍其主要机件配置和编织原理。

（一）主要机件配置

1. 编织机件 编织机件主要包括织针、沉降片、哈夫针、中间片和选针片，如图5-15所示。

（1）织针。如图5-15（1）所示，织针分长、短两种针踵高度，主要为了使三角在机器运行过程中可以进出运动，从而实现三角的变换，进行不同织物结构的编织。在机器运行时，如果某一三角要进入工作，就必须先在短踵针的位置时进入一半，此时它作用不到短踵针，而只能对长踵针起作用。待长踵针已经沿其运行时，再完全进入工作，使其对长短踵针都起作用。因此在使三角进入或退出工作时，必须在程序中严格按规定的机器角度编写进出深度，否则将会有撞针的危险。在该机中一般短踵针占织针的3/4，长踵针为1/4。

（2）沉降片。如图5-15（2）所示，沉降片插在沉降片槽中，与针槽相错排列，配合织针进行成圈。沉降片片踵也分高、低两种，高片踵沉降片可用来编织毛圈组织。

（3）哈夫针。采用单片式哈夫针，如图5-15（3）所示。哈夫针主要用于内衣在起头或结束编织时的起口和扎口过程，从而在裤子的腰部、裤口或上衣的下摆处形成双层折边的织物边口，类似于上节中所提到的袜品的起口和扎口的编织过程。

（4）中间片。如图5-15（4）所示。中间片装在针筒上，位于织针和选针片之间，起传递运动的

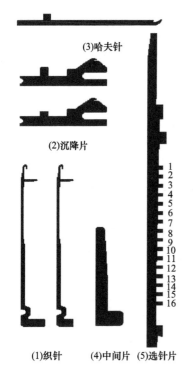

图5-15 无缝内衣机的编织与选针机件

作用，可将织针升高以进行相应的编织动作，也可将选针片压下，以便在下一个选针区进行选针。

（5）选针片。如图5-15（5）所示。选针片装在针筒上，位于中间片的下方。每片选针片上有一档齿，共有16片不同档齿的选针片，在机器上呈"/"（步步高）排列，分别受相对应的16把电磁选针刀片控制，进行选针。选针刀片作用到的选针片不出来编织。

2. 选针装置 该机采用8路编织系统。每一路有两个电子选针装置。如图5-16所示，每个选针装置共有上下平行排列的16把电磁选针刀，每把选针刀片受一双稳态电磁装置控制，可摆到高低两种位置。当某一选针刀片摆到高位时，如图5-17（1）所示，可将留同一档齿提花片压进针槽，使其片踵不沿选针三角上升，故其上织针不被选中，即不成圈；当某一选针刀片摆至低位时，如图5-17（2）所示，不与选针片齿接触，选针片不被压进针槽，片踵沿选针三角上升，其上的织针被选中即垫纱成圈。双稳态电磁装置由计算机程序控制，可进行单针选针，因此花型的花宽和花高不受限制，在总针数范围内可随意设计。

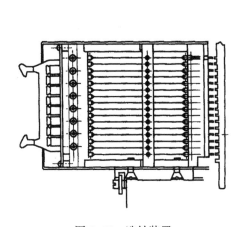

图5-16 选针装置

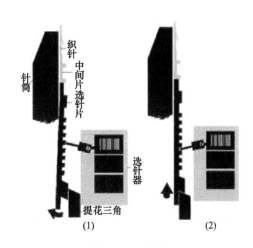

图5-17 选针位置

3. 三角装置 该机一个成圈系统的三角装置展开图如图5-18所示。其中1~9为织针三角，10和11为中间片三角，12和13分别为第一和第二选针区的选针三角，14和15分别为第一和第二选针区的电子选针装置。图中的黑色三角为活动三角，即可以由程序控制，根据编织要求处于不同的工作位置，其他三角为固定三角。

集圈三角1和退圈三角2有进入或退出工作两种状态，视织物组织不同而定。当集圈三角1和退圈三角2都进入工作时，所有织针在此处上升到退圈高度；当集圈三角1进入工作而退圈三角2退出工作时，所有织针在此处只上升到集圈高度；当集圈三角1

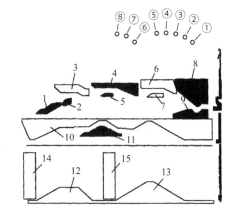

图5-18 三角装置展开图

和退圈三角 2 都退出工作时，织针在此处不上升，只有在选针区通过选针装置来选针编织。

参加成圈的织针在上升到退圈最高点后，在收针三角 3、4、6 和成圈三角 8 的作用下下降，垫纱成圈。收针三角 3、4、6 还可以防止织针上窜。其中三角 4、5 为活动三角，可沿径向进出运动，当它们退出工作且中间片挺针三角 11 径向进入工作时，在第一选针区被选上的织针在经过第二选针区时仍然保持在退圈高度，直至遇到第二个选针区的收针三角 6 和成圈三角 8 时才被压下来垫纱成圈。

成圈三角 8、9 可由步进电动机带动上下移动以改变弯纱深度，从而改变线圈长度。在有些型号的机器上，奇数路上成圈三角也可以沿径向运动，进入或退出工作，这时相邻两路就会只用一个偶数路上的成圈三角进行弯纱成圈。

中间片三角 10 为固定三角，它可以将被选中上升的中间片压回到起始位置，也可以防止中间片向上窜动。中间片挺针三角 11 作用于中间片的片踵上，当其进入工作时，中间片沿其上升，从而推动在第一选针区（选针装置 14 与选针三角 12）处被选中的处于集圈高度的织针继续上升到退圈高度；当三角 11 退出工作时，在第一选针区被选中的织针只能上升到集圈高度。选针三角 12、13 位于针筒座最下方，为固定三角，可分别使被选针器 14、15 选中的选针片沿其上升，从而通过其上的中间片推动织针上升。其中选针三角 12 只能使被选中的织针上升到集圈高度，而选针三角 13 可使织针上升到退圈高度，使针踵在三角 6、7 之间运行。

该机在每一成圈系统装有 8 个导纱器（又称纱嘴），数字①~⑧表示每个成圈系统 1~8 号导纱器的位置。每个导纱器可以根据需要由计算机程序控制进入或退出工作。一般第 1、第 2 号导纱器穿地纱（常用锦纶/氨纶包芯纱），第 3 号导纱器穿橡筋线，第 4~8 号导纱器穿面纱（常用锦纶、涤纶、棉纱等原料）。

（二）主要组织结构及其编织原理

单面无缝内衣机的产品结构以添纱组织为主，包括平纹添纱组织、浮线添纱组织、添纱浮线组织、集圈组织、提花添纱组织和毛圈组织等。下面介绍几种常用组织的编织工艺。

1. 平纹添纱组织　在编织平纹添纱组织时，所有织针在两个选针区都被选上，在 1 号或 2 号纱嘴处织针钩取包芯纱做地纱，在 4 号或 5 号纱嘴处织针钩取其他纱线做面纱。其织物结构如图 5-19 所示，走针轨迹如图 5-20 所示。

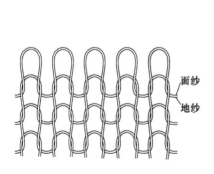

图 5-19　平纹添纱组织

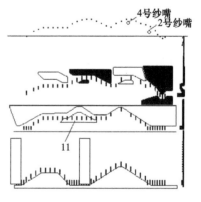

图 5-20　平纹添纱组织走针轨迹

2. 浮线添纱组织　在编织浮线添纱组织时，地纱始终编织，而面纱根据结构和花纹需要，有选择地在某些地方成圈，在不编织的地方以浮线的形式存在，如图 5-21 所示。当地纱较细时可以形成网眼效果，而当地纱和面纱都较粗时，可以形成绣纹效果。在编织时，在第一选针区被选中的织针经收针三角 4 后下降，如果在第二选针区不被选上，就沿三角 7 的下方通过，此时它就不会钩取到 4 号或 5 号纱嘴的纱线，使其以浮线的形式存在于织物反面，只能钩到 1 号或 2 号纱嘴的纱线，故面纱形成浮线，地纱形成单纱线圈；而在第二选针区又被选中的织针，将会沿三角 7 的上方通过，可以钩到 4 号或 5 号纱嘴的纱线，形成面纱，再钩取 1 号或 2 号纱嘴的地纱与面纱一起形成添纱，如图 5-22 所示。

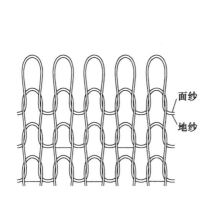

图 5-21 浮线添纱组织

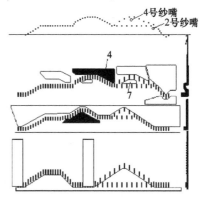

图 5-22 浮线添纱组织走针轨迹

3. 添纱浮线组织（或浮线组织） 添纱浮线组织是通过选针使某些针参加编织形成线圈，而另一些针不参加编织形成浮线。如果参加编织的织针钩取两根纱线形成添纱线圈，就形成了添纱浮线结构，如图 5-23 所示。其三角配置和走针轨迹如图 5-24 所示，此时在两个选针区都选上的织针编织添纱线圈，而在两个选针区都不被选上的织针既不钩取地纱也不钩取面纱，形成浮线。

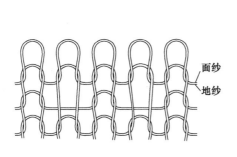

图 5-23 添纱浮线组织

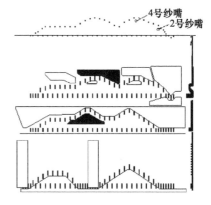

图 5-24 添纱浮线组织走针轨迹

假罗纹织物是无缝内衣产品中使用较多的一种浮线组织。通常使用 1+1、1+2 或 1+3 假罗纹，其中前面的数字表示在一个循环中参加编织的针数，后面的数字表示不编织的针数。在图 5-25 所示意匠图中，在有不编织的线圈纵行形成了拉长线圈，其线圈大而松，且在线圈后面有浮线，使该线圈纵行正面拱起，形成凸条纹；在全部都成圈的线圈纵行处，线圈小而均匀紧密，凹陷在织物后面，形成凹条纹，故这类织物外观很像罗纹的效果，通常称为假罗纹。假罗纹背面浮线较长时（如1+3假罗纹）还可以形成一种假毛圈的效果。此外，图5-25所示意匠图中从上到下8个横列分别对应无缝内衣机的8路成圈系统。

做裤腰假罗纹时通常在第2路和第6路不参加编织，此时这两路务必使用橡筋线，如图5-26所示。

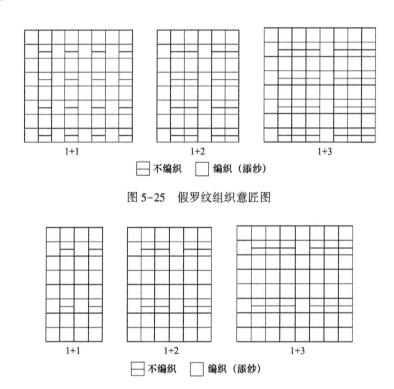

1+1　　　　1+2　　　　1+3

□ 不编织　　□ 编织（添纱）

图5-25　假罗纹组织意匠图

1+1　　　　1+2　　　　1+3

□ 不编织　　□ 编织（添纱）

图5-26　裤腰假罗纹组织意匠图

如果只有一个导纱器进入工作，由一根纱线编织，所形成的就是平针浮线结构。

4. 集圈组织　在编织集圈组织时，三角的配置和走针轨迹如图5-27所示。此时，中间片挺针三角11退出工作，在第一个选针区被选上的织针只能上升到集圈高度，旧线圈不会从针头上退下来，再垫上新纱线时就形成集圈。如果2号和4号纱嘴穿纱，处于集圈高度的织针下降时仅钩取2号纱嘴纱线，就形成平针集圈；如果在6号纱嘴也穿纱，处于集圈高度的织针既可以钩取6号纱嘴的纱线也可以钩取2号纱嘴的纱线，就形成了添纱集圈组织。

5. 提花添纱组织　在编织提花添纱组织时，地纱为一种纱线，面纱一般为两种色纱编织，根据花型需要选择不同的面纱编织，如图5-28所示。

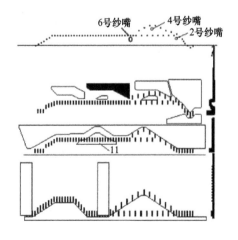

图5-27　集圈组织走针轨迹

通常提花花型为整个织物花型的一部分。图中黑色的字用8号（或7号）纱嘴穿一根色纱做面纱，灰色用4号（或5号）纱嘴穿另一根色纱做面纱来编织，两种颜色都用2号（或1号）纱嘴做地纱。此时三角的走针轨迹如图5-29所示，在第一选针区被选上的织针钩取8号纱嘴的色纱，在第二选针区被选上的织针钩取4号纱嘴的色纱，然后一起钩取2号纱嘴的地纱。

6. 毛圈组织 在编织毛圈组织时，可以采用毛圈沉降片，通过转动沉降片罩，并使用毛圈三角将高踵毛圈沉降片向针筒顺时针方向推进一些，从而使毛圈纱线在高踵毛圈沉降片的片鼻上成圈，形成毛圈。低踵沉降片不受毛圈三角的作用，按正常状态编织。

编织毛圈时，通常选用棉纱作为毛圈纱，可以穿在4号纱嘴，6号纱嘴穿锦纶纱，织毛圈的地方两根纱线都进入工作，棉纱作毛圈，锦纶纱作地组织；不织毛圈的地方只有锦纶纱工作。

图5-28 提花添纱组织

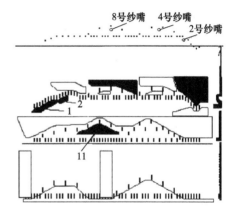

图5-29 提花添纱组织走针轨迹

思考练习题

1. 按袜筒长短可将袜子分成几类？各部段的名称是什么？
2. 袜品的成形一般有哪几种方式？
3. 在单针筒圆袜机上如何编织双层袜口？
4. 袜跟和袜头的结构特点和编织原理是什么？
5. 无缝内衣针织机的编织机构有何特点？
6. 无缝内衣常用的织物组织有哪些？它们是如何进行编织的？

第六章　横机编织及成形原理

1. 掌握普通手摇横机的成圈机件及其配置以及编织原理。
2. 掌握电脑横机的成圈机件及其配置以及选针和编织原理。
3. 掌握横机各种织物组织的结构特点和编织方法。
4. 掌握平面衣片、整件衣片、整体服装的成形原理。
5. 能够识别横机织物产品，根据织物结构设计编织工艺。
6. 能够设计具有不同花型效果的横机产品，能够判断横机成形产品的编织工艺。

第一节　普通横机的编织原理

横机是一种平型舌针纬编机，一般用于编织毛衫、手套、帽子等纬编针织成形产品。横机的种类和型号很多，但构造基本相同，主要机构包括编织机构、给纱机构、牵拉机构、针床横移机构、选针机构、传动机构、控制机构等。以下主要介绍普通手摇横机的编织机构，包括其成圈机件和成圈过程。

一、手摇横机的成圈机件及其配置

手摇横机的针床呈平板状，有单针床、双针床和多针床之分，通常以双针床为主。图6-1是一种最简单的双针床手摇横机。

图6-1　双针床手摇横机

双针床横机的两个针床呈倒"V"字形配置，前后针床之间角度的大小随机种不同而不同，国产横机的角度大多为97°，两针床之间间距的大小影响织物密度与弹性，一般为一个针距大小。图6-2是其结构的截面图。图6-2中1、2分别为前、后针床，它们固装在机座3上。在针床的针槽中，平行排列着前、后针床的织针4、5。6为导纱器9的导轨，导纱器9可沿着导轨6左右运动；7、8分别为前、后三角座10、11的导轨。前、后三角座10、11由桥臂12连接在一起，形成横机的机头，机头像马鞍一样跨在前、后针床上，并可通过导纱变换器13带动导纱器9一起移动进行垫纱。此外，机头上还装有能够开启针舌和防止针舌反拨的扁毛刷 14。当机头横移时，前、后针床上的织针针踵在三角轨道作用下，沿针槽上下移动，完成相应的成圈动作。

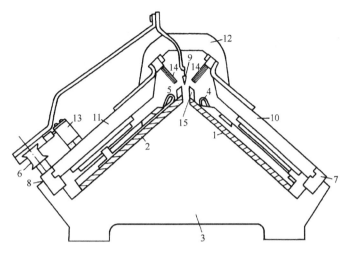

图 6-2　手摇横机编织机构的截面图

（一）针床和织针

针床又叫针板，如图 6-3 所示。它是利用铣床在加工过的碳素钢板上铣出一条条平行的针槽 1，用于放置舌针 2，针槽与针槽之间用针槽壁分开，针槽壁在上端被薄而光滑的栅状齿 3 代替，针床上所有的栅状齿组成了栅状梳栉，它作用于线圈的沉降弧起握持作用。为了防止织针在针槽中运动时受到织物牵拉作用上抬或因自身重量下滑，在针床的上部装有一个横过针床的上塞铁 4，它可以沿横向从针床上抽出来，以便更换织针。在每一枚织针的下面都有一个弹性针托 5，用以控制针踵高度并防止织针下坠，当织针进入工作时，可以用手将其下方的针托推上去，使织针针踵进入三角轨道作用区；当织针需要退出工作时，如减针时，针托就和织针一起被压下来。下塞铁 6 压住针托，防止它们向外翘出，也防止针托和织针下滑。

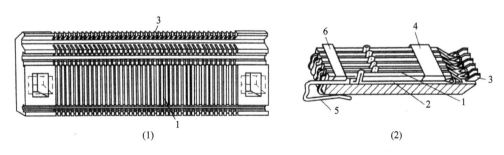

（1）　　　　　　　　　　　　　　　　（2）

图 6-3　手摇横机针床结构

（二）三角座及其三角

三角座又称机头，其主要作用是安放前后三角装置，并带动三角在针床上往复移动，作用于舌针的针踵使之沿针槽上下运动。其上除了三角外还装有导纱变换器、毛刷等。手摇横机的三角座如图 6-4 所示。

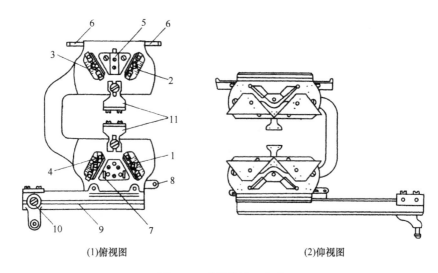

(1)俯视图　　　　　　　　　　　　(2)仰视图

图 6-4　手摇横机三角座

图 6-4（1）所示为一种手摇横机三角座的正面视图，其上装有前、后三角座的压针调节装置 1、2、3、4，用于调节弯纱三角的弯纱深度，以改变线圈大小，从而改变织物密度。导纱变换器 5 用于带动相应的导纱器进行工作；通过起针三角开关 6 和 7 可以使起针三角进入或退出工作，而起针三角半动程开关 8 可使起针三角处于半进位置。在操作时，推动手柄 10，通过拉手 9 使机头沿针床往复运动，完成相应的编织动作。毛刷架 11 用于安装毛刷。图 6-4（2）所示为手动横机三角座的反面视图，在它的底板上可以安装各个三角，以构成三角装置。为了表述针床的位置，习惯上将两块针床在一起按逆时针方向编号，即前针床的右边为 1 号位，后针床的右边为 2 号位，后针床的左边为 3 号位，前针床的左边为 4 号位。

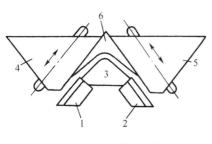

图 6-5　手摇横机三角

横机三角因实现功能的不同，可分为平式三角和花式三角。平式三角是最基本也是最简单的三角结构，如图 6-5 所示。它由起针三角 1 和 2，挺针三角 3，压针三角 4 和 5，导向三角（又称眉毛三角）6 组成。横机的三角结构通常是左右对称的，从而可以使机头往复运动进行编织。其中压针三角 4、5 可以按图 6-5 中箭头方向上下移动进行调节，以改变织物的密度和进行不完全压针的集圈编织。

二、给纱与针床横移

横机的给纱机构除了具有以一定的张力输送纱线到编织区域的一般功能外，还能在机头换向停止编织时挑起多余的纱线，使纱线处于张紧状态和保持一定张力，保证编织的正常进行。此外，给纱机构还能在机头换向时根据需要变换导纱器（换梭），以采用不同原料和花色的纱线进行编织。

在纬编机中，针床横移是横机的一个特点。针床横移机构可控制后针床相对于前针床移动半个针距或整个针距。用于改变前后针床针槽之间的对位关系，以编织不同的组织结构，或改变前后针之间的对位关系，编织波纹等花色组织。

三、成圈过程的特点

横机的成圈过程与圆型纬编机类似，也可以分为退圈、垫纱、闭口、套圈、弯纱、脱圈、成圈和牵拉八个阶段。但横机的成圈过程又有其独特之处，具体如下。

（1）退圈时，前、后针床的织针同时到达退圈最高点。

（2）两针床的织针直接从导纱器得到自己的纱线。

（3）压针时，前、后针床的织针同时到达弯纱最低点，属于无分纱同步成圈方式。

第二节　电脑横机的编织原理

电脑横机所有与编织有关的动作（如机头的往复横移与变速变动程、选针、三角变换、密度调节、导纱器变换、针床横移、牵拉速度调整等）都是由预先编制的程序，通过计算机控制器向各执行元件（伺服电动机、步进电动机、电子选针器、电磁铁等）发出动作信号，驱动有关机构与机件实现的。因此，电脑横机具有自动化程度高、花型变换方便、质量易于控制、工人劳动强度低和用工少等优点。

电脑横机根据选针器的不同，分为单级式选针和多级式选针，下面主要介绍单级电子选针编织机构的工作原理。

一、成圈与选针机件

1. 舌针　与手摇横机一样，电脑横机主要采用舌针作为织针。为了便于在前后针床进行移圈，除了普通舌针的特点之外，电脑横机所采用的舌针还带有一个扩圈片，一个针床上的织针可以插到另一个针床织针的扩圈片中，以便在前后针床进行移圈。

2. 成圈与选针机件配置　图 6-6 所示为某种单级选针电脑横机一个针床的截面图，它反映出舌针与选针机件之间的配置关系。各元件及作用如下。

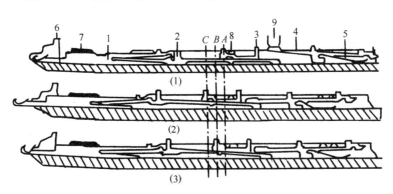

图 6-6　成圈与选针机件的配置

（1）织针。织针 1 由塞铁 7 压住，以免编织时受牵位力作用从针槽中翘出，它由挺针片 2 推动上升或下降。

（2）挺针片。挺针片 2 与织针 1 镶嵌在一起，由于织针上无针踵，所以挺针片片踵起到了针踵的作用。挺针片的片杆有一定的弹性，当挺针片不受压时，片踵伸出针槽，可以沿着机头中的三角轨道运动并推动织针上升或下降；当挺针片受压时，片踵埋入针槽，不能与三角作用，其上的织针也就不能上升或下降。

（3）中间片（又称压片）。中间片 3 位于挺针片 2 之上，其上有两个片踵。下片踵在相应的三角作用下推动中间片处于不同的高度，从而使上片踵可处于 A、C、B 三种不同位置，分别如图 6-6（1）、（2）、（3）所示。当上片踵处于 A 位置时，由于受压片 8 的作用，挺针片 2 的片踵在起针之前就被压入针槽，不与三角作用，织针不参加编织。当上片踵被推到 B 或 C 位置时，挺针片 2 的片踵从针槽中露出可以受到三角作用，织针参加工作，分别进行成圈（或移圈）和集圈（或接圈）。

（4）选针片。选针片 4 直接受电磁选针器 9 作用。当选针器 9 有磁性时，选针片被吸住，选针片不会沿三角上升，其上方的中间片 3 不上升，上片踵处于上述 A 位置，在压条 8 的作用下将挺针片 2 压入针槽，织针保持不工作状态；当选针器 9 无磁性时，和选针片 4 镶嵌在一起的弹簧 5 使选针片 4 的下片踵向外翘出，选针片在相应三角的作用下向上运动，推动中间片 3 向上运动，使其突出部位脱离压条 8 的作用，它下面的挺针片 2 被释压，挺针片片踵向外翘出，可以与三角作用，推动织针工作。

（5）沉降片。图中 6-6 中 6 为沉降片，它配置在两枚织针中间，位于针床齿口部分的沉降片槽中。两个针床上的沉降片相对配置，由机头中的沉降片三角控制沉降片片踵使沉降片前后摆动。沉降片的结构与作用原理如图 6-7 所示。当织针 1 上升退圈时，前后针床中的沉降片 2 闭合，握持住旧线圈的沉降弧，防止旧线圈随针上升，如图 6-7（1）所示。当织针下降弯纱成圈时，前后沉降片打开，以不妨碍织针成圈，如图 6-7（2）所示。与压脚相比，沉降片可以实现对单个线圈的牵拉和握持，且可以作用在整个成圈过程，效果更好，对于在空针上起头、成形产品编织、连续多次集圈和局部编织十分有益。

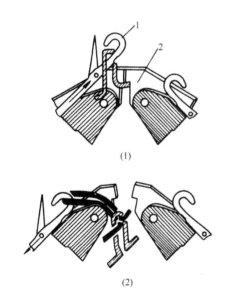

图 6-7　沉降片的结构与作用原理

二、三角系统

电脑横机的机头内可安装 1 至多个编织系统，现在最多可有 8 个系统。机头也可以分开成为两个（如一个 4 系统机头可分为两个 2 系统机头）或合并为一个，当分开时，可同时编织两片独立的衣片。下面介绍与上述选针机件相对应的电脑横机三角系统的结构及其编织与选针原理。

图 6-8 为一个成圈系统的三角结构平面图。根据作用对象（挺针片、中间片、选针片）的不同，该三角系统可以分为以下三部分。

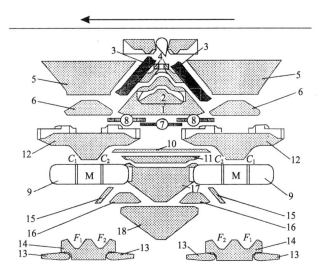

图 6-8　电脑横机三角系统平面结构

1. 作用于挺针片的三角　1 为挺针片起针三角，被选中的挺针片可沿其上升将织针推到集圈高度或退圈高度。接圈三角 2 和起针三角 1 同属一个整体，它可使被选中的挺针片沿其上升将织针推到接圈高度。挺针片压针三角 3 除起到压针作用外，还有移圈三角的功能。当挺针片沿压针三角上平面上升时可将织针推到移圈高度。压针三角 3 可以在程序的控制下通过步进电动机调节其高低以得到合适的弯纱深度。挺针片导向三角 4 起导向和收针作用。上、下护针三角 5、6 起护针作用。移圈时，上护针三角 5 还起压针作用。

2. 作用于中间片的压条及三角　集圈压条 7 和接圈压条 8 是作为一体的活动件，可上、下移动，作用于中间片的上片踵，分别在集圈位置或接圈位置将中间片的上片踵压进针槽，使挺针片和织针在该位置不再继续上升，而是处于集圈或接圈高度。中间片走针三角 10、11 可使中间片下片踵形成三条轨迹。当中间片的下片踵沿三角 10 的上平面运行时，织针可处于成圈或移圈位置；当中间片的下片踵在三角 10 和 11 之间通过时，织针处于集圈或接圈位置；如果中间片的下片踵在三角 11 的下面通过，则织针始终处于不工作位置。12 为中间片复位三角，它作用于中间片的下片踵，使中间片回到起始位置，即图 6-6（1）所示的位置。

3. 作用于选针片的选针器及三角　选针器 9 由永久磁铁 M 和选针点 C_1、C_2 组成，选针点可通过电信号的有无使其有磁和消磁。选针前先由 M 吸住选针片的片头，当选针点移动到选针片片头位置时，如果选针点没有被消磁，选针片头仍然被吸住，织针没有被选中，不工作；如果选针点被消磁，选针片头被释放，相应的织针就被选中，参加工作。

选针片复位三角 13 作用于选针片的尾部，使选针片片头摆出针槽，由选针器 9 吸住，以便进行选针。选针三角 14 有两个起针斜面 F_1 和 F_2，作用于选针片的下片踵，分别把在第一选针点 C_1 和第二选针点 C_2 被选中的选针片推入相应的工作位置。选针片挺针三角 15、16 作用于选针片的上片踵，把由选针三角 14 推入工作位置的选针片继续向上推。其中，三角 15

作用于第一选针点选中的选针片,三角 16 作用于第二选针点选中的选针片,选针片再分别将相应的中间片及挺针片向上推,使其上方的织针至成圈(或移圈)位置和集圈(或接圈)位置。选针片压针三角 17 可作用于选针片的上片踵,把沿三角 15、16 上升的选针片压回到初始位置。该横机三角系统中除挺针片压针三角 3、集圈压条 7 和接圈压条 8 可以上下移动外,其余三角都是固定的,这就使机器工作精度更高,运行噪声和机件损耗更小。

三、选针与编织原理

下文中所涉及的三角与图 6-8 相同。

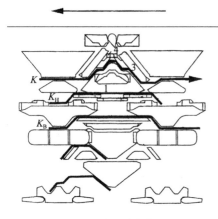

图 6-9 成圈走针轨迹

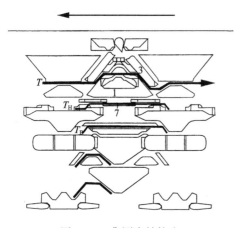

图 6-10 集圈走针轨迹

1. 成圈、集圈和不编织

(1)成圈编织。成圈编织的走针轨迹如图 6-9 所示。选针片在第一选针点 C_1 被选中,选针片的下片踵沿选针三角的 F_1 面上升,上片踵沿三角 15 上升,从而推动它上面的中间片的下片踵上升到三角 10 的上方并沿其上表面通过,中间片的上片踵在压条 8 的上方通过,始终不受压,相应的挺针片片踵一直沿三角 1 的上表面运行,使其上方的织针上升到退圈最高点,垫纱后成圈。图中的 K、K_H、K_B 分别为挺针片片踵、中间片上片踵和中间片下片踵的运动轨迹。

(2)集圈编织。集圈编织的走针轨迹如图 6-10 所示。选针片在第二选针点 C_2 被选中,选针片下片踵沿选针三角的 F_2 面上升,上片踵沿三角 16 上升,从而推动它上面的中间片的下片踵上升到三角 10 和 11 之间并沿其间通过,中间片的上片踵在经过压条 7 时,被压条 7 压进针槽,从而将挺针片片踵压进针槽,使挺针片在上升到集圈高度时就不能再沿三角 1 上升,只能在三角 1 的内表面通过,形成走针轨迹 T,其上方的织针集圈。图 6-10 中 T_H 和 T_B 分别为中间片上片踵和下片踵的运动轨迹。

(3)不编织。在两个选针点都没有被选中的选针片不会沿三角 14 上升,从而也就不会推动中间片离开它的起始位置,中间片上片踵始终被压条 8 压住,这样挺针片片踵也不会翘出针槽,不会沿三角 1 上升,只能在三角的内表面通过,所以其上方的织针就不参加工作。

(4)三功位选针编织。在编织过程中,如果有些选针片在第一选针区被选中,有些选针片在第二选针区被选中,有些选针片在两个选针区都不被选中,则会形成三条走针轨迹,分别为成圈（实线）、集圈（虚线）和不编织（点划线），这就是三功位选针。其走针轨迹如图6-11所示。

2. 移圈和接圈 前后针床织针之间的线圈转移是电脑横机编织中一个非常重要和必不可少的功能。在专业术语中，移圈本来定义的是将一个针上的线圈转移到另一个针上的过程。但是在电脑横机中为了更好地说明，把这个过程进行了分解，将给出线圈的织针称为移圈，而接受线圈的织针称为接圈。

（1）移圈。移圈的走针轨迹如图6-12所示，其中D、D_H、D_B分别为挺针片片踵、中间片上片踵和下片踵的运动轨迹。移圈时的选针

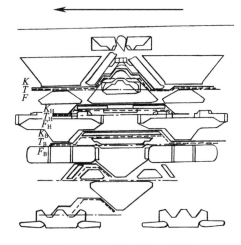

图6-11 三功位选针走针轨迹

与成圈时相似，选针片也是在第一选针点C_1被选中，选针片和中间片都走与成圈时相同的轨迹。所不同的是，此时的挺针片压针三角3向下移动到最下的位置，挡住了挺针片片踵进入三角1的通道，使其只能沿压针三角3的上面通过，从而使其上方的织针上升到移圈高度。如图6-13所示，在移圈时，移圈针1上的线圈3处于扩圈片的位置，以便于对面针床上的接圈针2进入扩圈片，当针1下降时，其上的线圈从针头上脱下，转移到对面针床的针2上。

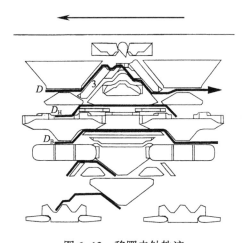

图6-12 移圈走针轨迹

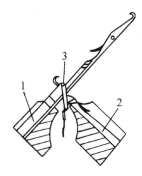

图6-13 移圈与接圈原理

（2）接圈。图6-14是接圈时的走针轨迹。其中，R、R_H、R_B分别为挺针片片踵、中间片上片踵和下片踵的运动轨迹。接圈时，选针片在第二选针点C_2被选中，与集圈选针相同。但此时集圈压条7和接圈压条8下降一级，这样被推上的中间片上片踵在一开始就受左边的接圈压条8的作用，被压入针槽，并将挺针片片踵也压入针槽，使其不能沿下降的压针三角3上升，只能在三角3的内表面通过。当运行到中间位置离开接圈压条8后，中间片和挺针片被释放，挺针片片踵露出针槽，沿接圈三角2的轨道上升，其上的织针上升到接圈高度，使针头正好进入对面针床织针的扩圈片里，当移圈针下降后，就将线圈留在了接圈针的针钩

里。随后，另一块接圈压条 8 重新作用于中间片的上片踵，挺针片的片踵再次沉入针槽，以免与起针三角相撞，并且不受压针三角 3 的影响。走过第二块接圈压条后，挺针片片踵再次露出针槽，从三角 5、6 之间通过，被压到起始位置，完成接圈动作。

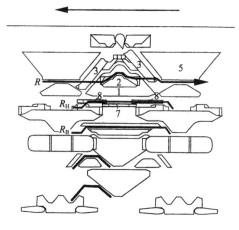

图 6-14　接圈走针轨迹

（3）双向移圈。在机头的一个行程中，在同一成圈系统也可以有选择地使前后针床织针上的线圈相互转移，即有些针上的线圈从后针床向前针床转移，有些针上的线圈从前针床向后针床转移，这样就形成双向移圈。双向移圈的走针轨迹如图 6-15 所示。此时，有些选针片在第一选针点 C_1 被选中，其上的织针进行移圈；有些选针片在第二选针点 C_2 被选中，其上的织针接圈，在两个选针区都没有被选中的选针片，其上面的织针既不移圈也不接圈。

3. 织物密度调节　电脑横机的弯纱（压针）三角由计算机程序控制，通过步进电动机来调节弯纱深度，从而改变织物密度。电脑横机密度调节有三种形式：静态调节、动态调节和两段密度调节。静态调节是在每一横列只有一种弯纱深度，在机头运行到机器的两端时进行变换；动态调节可以使弯纱深度在一个横列中根据程序变化，即在机头运行的过程中变换。它们都是通过步进电动机

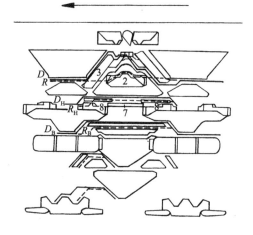

图 6-15　双向移圈走针轨迹

来改变。但是，在机头运行时通过步进电动机改变弯纱深度不能实现相邻两针之间密度的突然变化，而只能是在一定针数范围里的渐变。因此，很多电脑横机就采用不同厚度的三角结构通过机械的方式来实现相邻线圈大小的显著变化，即所谓两段密度调节。如图 6-16 所示，在弯纱阶段，如果某枚针被压进针槽一些，它就够不着外层三角 2，只能沿里层三角 1 运动，形成小线圈；如果不被压进针槽，它就会沿外层压针三角 2 下降，形成大线圈。两层压针三角都可以由程序控制，通过步进电动机改变弯纱深度和它们之间的差值。

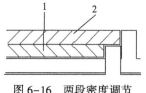

图 6-16　两段密度调节

四、多针床编织技术

为了编织整件服装（"织可穿"产品）和其他一些特殊产品，提高移圈时的生产效率，

四个甚至五个针床的横机已经问世。图6-17是一种四针床横机的针床结构。它是在两个编织针床的上方,又增加了两个辅助针床,但这两个针床只是移圈针床,其上安装的是移圈片3、4,而不是织针,它可以辅助主针床上的织针1、2进行移圈操作,即在需要时从织针上接受线圈或将所握持的线圈返回织针,但不能进行编织。也有一种四个针床都安装织针的真正四针床横机,如图6-18所示。

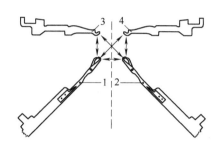

图 6-17　带有两个移圈针床的四针床横机

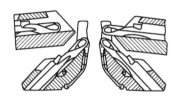

图 6-18　带有四个编织针床的横机

五、针床的横移

电脑横机的针床横移是由程序控制,通过步进电动机来实现的。它可以进行整针距横移、半针距横移和移圈横移。通过整针距横移可以改变前后针床针与针之间的对应关系。半针距横移用以改变两个针床针槽之间的对应关系,可以由针槽相对变为针槽相错。移圈横移使前后针床的针槽位置相错约四分之一针距,这时既可以进行前后针床织针之间的线圈转移,也可以使前后针床织针同时进行编织。一般横移的针床多为后针床,且是在机头换向静止时进行。也有的横机在机头运行时也可以进行横移,还有些横机两个针床都能横移(相对横移),从而提高了横移效率。针床横移的最大距离一般为50.8mm(2英寸),最大的可达101.6mm(4英寸)。

六、给纱与换梭

图6-19是导纱器(俗称梭子)配置的截面结构图。一般电脑横机配备4根与针床长度相适应的导轨(图中A、B、C、D),每根导轨有两条走梭轨道,共有8条走梭轨道。根据编织需要,每条走梭轨道上可安装一把或几把导纱器。

导纱器由安装在机头桥臂上的选梭装置来进行选择,可以随时根据需要通过计算机程序控制使任何一把导纱器进入或退出工作。

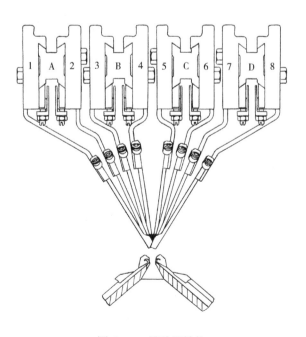

图 6-19　导纱器结构

第三节　横机织物的编织

一、纬平针织物

由于结构简单，用纱量少，纬平针组织是横机毛衫产品使用最多的一种组织，主要用作衣片的大身部位。在双针床横机上，如果在两个针床上轮流编织纬平针组织，就会形成如同圆机所编织的筒状结构，有时称作"空转组织"，常用作衣片的下摆。

二、罗纹织物

罗纹组织也是在电脑横机中采用较多的一种结构。它除了可以用作大身之外，还大量的用作衣片的下摆、袖口、领口和门襟等。

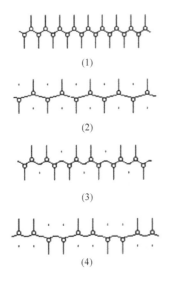

(1)

(2)

(3)

(4)

图6-20　常用罗纹组织编织图

1+1罗纹是用得较多的一种组织。在横机上有两种编织方式，一种是满针编织，另一种是隔针编织。满针编织的1+1罗纹又叫作四平组织，如图6-20（1）所示，在编织时两个针床针槽相错，所有的针都参加编织，编织的织物结构比较紧密，常用作大身、领口、袋边和门襟等。在生产中所称的1+1罗纹一般是指一隔一出针的罗纹，又称单罗纹，如图6-20（2）所示，在编织时，前后针床的针槽是相对的，前后针床织针一隔一交替出针，所编织的织物比满针罗纹松软，延伸性好，主要用作衣片的下摆和袖口。

2+2罗纹在横机衣片的生产中也用得很多，主要用作下摆和袖口。2+2罗纹也有两种不同的编织方法，一种是在编织时两个针床针槽相错，每个针床上的织针二隔一出针编织，如图6-20（3）所示，所编织的织物结构紧密，弹性好。另一种编织方法如图6-20（4）所示，前后针床针槽相对，每个针床二隔二出针编织，所编织的织物松软，延伸性好。

另外，在横机上也可以很容易地编织5+2、6+3等宽罗纹，作为衣片的大身。

三、双反面织物

在电脑横机上由于有特殊的移圈机构，能够很方便地实现前后针床织针上线圈的相互转移，因而可以很容易地编织双反面织物。普通1+1双反面织物组织在横机产品中很少单独使用，但它的一些变化和利用其形成原理所编织的一些花色组织在毛衫中应用较多，如桂花针组织（图6-21）、席纹组织（图6-22）。

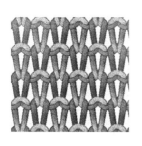

图 6-21 桂花针组织

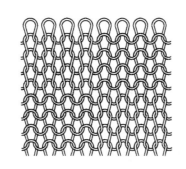

⊠ 正面线圈
□ 反面线圈

图 6-22 席纹组织

四、空气层类织物

空气层类织物是一类复合组织织物。在横编织物中最常见的结构是四平空转织物和三平织物。

四平空转学名为米拉诺罗纹或罗纹空气层组织。它是由一个横列的满针罗纹（四平）和一个横列前后针床轮流编织的平针（空转）组成。该织物厚实、挺括，横向延伸性小，尺寸稳定性好，表面有横向隐条。

三平又称罗纹半空气层，由一个横列的四平和一个横列的平针组成，如图 6-23 所示。该组织织物两面具有不同的密度和外观。

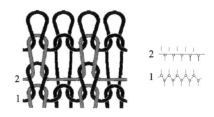

图 6-23 三平织物

三平织物的延伸性比四平空转大，手感柔软，坯布较厚实。

五、集圈类织物

在横机上可以编织单面和双面集圈类织物。

单面集圈织物以形成各种凹凸网眼结构为主，因其结构具有凸起的效果，在羊毛衫中又被称为胖花。单面集圈织物可以在二级花式横机或三级花式横机上通过排列三种不同的织针并结合相应的三角调节来实现，在电脑横机上通过选针进行编织。

在横机上所编织的两种最常见的双面集圈组织是畦编组织和半畦编组织。

在手动横机上编织畦编组织通常采用不完全压针的集圈方法，它并不需要在花式横机上编织。可以通过将四只弯纱三角中的任一对角线上的两只弯纱三角向上抬起，使其不能将织针压到弯纱最深点，织针上的旧线圈不能从针头上脱下来完成脱圈。当织针在下一行程重新上升退圈时，没有脱掉的旧线圈就和新形成的悬弧一起退到针杆上，形成集圈。畦编组织正反面线圈结构相同，大小一致。由于悬弧的存在，织物丰满、厚实、保暖、手感柔软、蓬松，织物宽度增加，保型性差。

在手动横机上编织半畦编组织的方法与编织畦编组织的方法基本相同，只是此时只需将四只弯纱三角中的一只抬起集圈即可。

在电脑横机上，畦编和半畦编都是通过相应针床上的织针不完全退圈集圈来实现，而不采用不完全脱圈的集圈方法。

六、移圈类织物

移圈类织物组织是横机编织中一种较有特色的结构。在手摇横机中一般要通过手工用移圈板来实现，因此只能编织花纹比较简单的织物，否则效率会比较低。在电脑横机上，移圈组织可以通过选针移圈自动完成，不仅效率高，花色变化也多。根据花纹要求，将某些针上的线圈移到相邻针上，使被移处形成网眼效应，被称为空花（挑花）。如果将两组相邻纵行的线圈相互交换位置，就可以形成绞花效应，俗称拧麻花。根据相互移位的线圈纵行数不同，可编织 2×2、3×3 等绞花。

利用移圈的方式使两个相邻纵行上的线圈相互交换位置，在织物中形成凸出于织物表面的倾斜线圈纵行，组成菱形、网格等各种结构花型，被称为阿兰花，如图 6-24 所示。

图 6-24　阿兰花

七、波纹类织物

波纹类组织又称扳花组织，是横机所编织的一种特有的结构。波纹组织可以在四平、三平、畦编或半畦编等常用组织基础上形成四平扳花、三平扳花、畦编扳花或半畦编扳花，也可以通过抽针形成抽条扳花或方格扳花等。

（一）四平扳花

四平扳花是在四平组织的基础上进行扳花。针床移动的频率可以是半转移动一次（半转一扳），也可以一转移动一次（一转一扳）；每次可以向一个方向移动一个针距，也可以连续向一个方向移动两个针距。一般移动一个针距的效果不明显，移位两个针距为好。

（二）畦编扳花

畦编扳花是在畦编组织的基础上通过移针床形成波纹效应。在畦编扳花织物中，没有悬弧的线圈呈倾斜状，倾斜方向同这个针床上针的移动方向一致。因此，要在织物的某一面上得到波纹效果，就要在这一面线圈上没有悬弧的时候横移针床。如果一转一扳，织物仅在一面有倾斜效果，半转一扳时，织物两面都可以产生波纹效果。

（三）四平抽条扳花

在四平组织的编织原则下，将前针床有规律地进行抽针，经移针床后，在反面地组织上由正面线圈纵行形成波纹状的外观效果。在编织时，每编织一横列，针床单向移动一针距，共三次，再换向移动三次，依此循环。

八、嵌花类织物

嵌花类织物是在横机上编织的一类色彩花型织物。它是把不同颜色编织的色块，沿纵行方向相互连接起来形成的一种织物，如图 6-25 所示。每一色块由一根纱线编织，且该纱线只处于该色块中。各色块之间可采用轮回、集圈、添纱和双线圈等编织方式连接。其基本组织可为单面或双面纬编组织，也可以在其中再形成各种结构或色彩花型。单面嵌花织物因反面没有浮线又被称为单面无虚线提花织物，因其花纹清晰，用纱量少，可用作高档的羊毛衫花色织物。该产品可在手动嵌花横机、自动嵌花横机或电脑横机上编织，也可在具有嵌花功能的柯登机上编织。

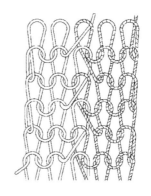

图 6-25　嵌花织物

九、楔形类织物

楔形类织物的编织方式又称局部编织。在编织时，使有些编织针暂时退出编织，但针上的线圈不从针上退下来，当需要时再重新进入编织，以形成特殊的织物结构。如图 6-26 所示，在第一横列，所有织针都进行编织，然后参加编织的针逐渐减少，但线圈并没有从针上脱掉。到第五横列时，只有两枚针编织，在第六横列，前几横列逐渐退出工作的织针又重新进入工作，参加编织。楔形编织可以在休止横机上编织，也可以在电脑横机上编织。

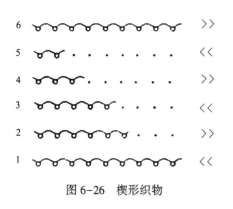

图 6-26　楔形织物

采用楔形编织可以形成楔形色彩花型，也可以形成楔形下摆、楔形收肩和立体编织等效果。

十、凸条类织物

当一个针床握持线圈，另一个针床连续编织若干横列时，就可以形成凸起的横条效应，如图 6-27 所示。在图 6-27（1）中，在第二行编织完一横列四平之后，连续在前针床编织 m 横列的单面，然后再由前后针床同时编织一个横列的四平，此时，由于在后针床只有两个横列的线圈，而前针床的横列数比后针床多 m 横列，在下机后，这 m 横列的线圈就会凸起，形成凸条。

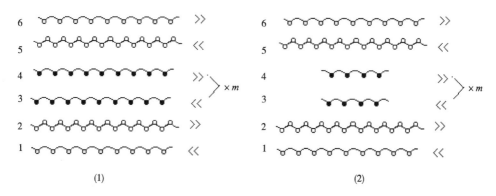

(1)　　　　　　　　　　　　　　　　　(2)

图 6-27　凸条织物

除了可以形成上述整列凸条外，还可以形成局部凸条［图6-27（2）］、斜向凸条和提花凸条等。

第四节　横机成形编织原理

编织成形产品是横机的一个主要特点。横机成形编织的方法主要有以下三种。

（1）通过改变参加编织的针数和编织的横列数来改变织物的尺寸和形状。

（2）通过改变所编织织物的密度来改变织物的尺寸和形状。

（3）通过改变所编织织物的组织结构来改变织物的尺寸和形状。

一、平面衣片成形编织

横机成形编织的最常见方法是平面成形。利用收、放针等方法在横机上编织出具有一定形状的平面衣片，这些衣片经缝合后才能形成最终产品。

如图6-28所示，一件完整的衣服，可以分解为前片、后片、两个袖片及一个领条［图6-28（2）中未标出］，这些衣片经缝合后就能形成一件完整的衣服。

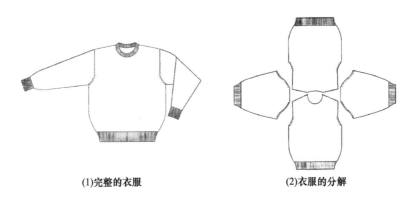

(1)完整的衣服　　　　　　　　　(2)衣服的分解

图6-28　平面衣片的成形编织方法

在编织时，首先编织衣片的下摆部分，一般衣片的下摆多采用罗纹结构，在编织到下摆所需长度后，进行大身部分的编织。如果大身为平针组织，则要在编织完下摆罗纹后，将一个针床上的线圈全部转移到另一个针床上。根据所要编织的形状和尺寸要求，大身部分通常由若干块矩形和梯形组成。在编织矩形时，不需要加针和减针，而在编织梯形部分时，就需要根据衣片的形状进行加减针操作。

（一）收针（减针）

收针是通过各种方式减少参与编织的织针针数，从而达到缩减织物宽度的目的。常用的收针方法有移圈式收针、拷针和握持式收针。

1. 移圈式收针　移圈式收针是指将织物边缘的一枚或多枚织针上的线圈向里转移到相邻织针上，移圈后的空针退出工作，从而达到减少参加工作的针数、缩减织物宽度的目的，如

图 6-29 所示。移圈式收针又可分为明收针和暗收针。

（1）明收针。明收针是指移圈的针数等于要减去的针数，从而在织物边缘形成由退出工作的针 1 上的线圈 2 和相邻针上的线圈重叠的效果，如图 6-29（1）所示。这种重叠的线圈使织物边缘变厚，不利于缝合，也影响缝合处的美观。

（2）暗收针。暗收针是指移圈的针数多于要减去的针数，从而使织物边缘不形成重叠线圈，而是形成与多移的针数相等的若干纵行单线圈，使织物边缘便于缝合，也使得边缘更加美观，如图 6-29（2）所示。此时要减去的针只有针 1，而被移线圈

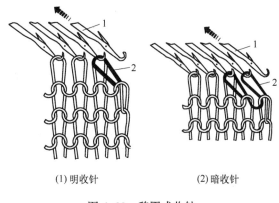

(1) 明收针　　　　　　(2) 暗收针

图 6-29　移圈式收针

有两个，靠近外边的线圈 2 在向里移后并未产生线圈重叠。织物边缘由移圈线圈形成的特殊外观效果，被称为"收针花"或"收针辫子"。

2. 拷针　拷针是指将要减去的织针上的线圈直接从针上退下来，并使其退出工作，而不进行线圈转移。它比收针简单，效率高，但线圈从针上脱下后可能会沿纵行脱散，因此在缝合前要进行锁边。在电脑横机上，人们把锁边式收针也称为拷针。

3. 握持式收针　握持式收针又叫休止收针或持圈式收针。握持式收针指的是织针虽然退出工作，但是线圈仍然保留在针上，待到需要时退出的织针重新进入工作。握持式收针区域平滑，没有收针花。握持式编织方法和织物如图 6-30 所示。

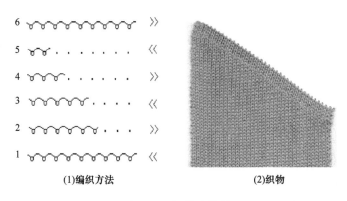

(1) 编织方法　　　　　　　(2) 织物

图 6-30　握持式收针

（二）放针（加针）

放针是通过各种方式增加参加工作的针数，以达到使所编织物加宽的目的。放针可分为明放针、暗放针和握持式放针。

（1）明放针。明放针是直接将需要增加的织针 1 进入工作，从空针上开始编织新线圈 2，以使织物宽度增加，如图 6-31（1）所示。

（2）暗放针。暗放针是在使所增加的针 1 进入工作后，将织物边缘的若干纵行线圈依次

向外移圈，使空针在编织之前就含有线圈 2，形成较为光滑的织物布边。此时中间的一枚针 3 成为空针，如图 6-31（2）所示。

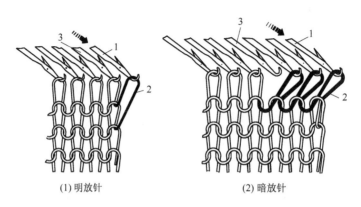

（1）明放针　　　　　　　（2）暗放针

图 6-31　移圈式放针

（3）握持式放针。握持式放针与握持式收针相反，是使前面暂时退出工作但针钩里仍然含有线圈的织针重新进入工作，如图 6-32 所示。

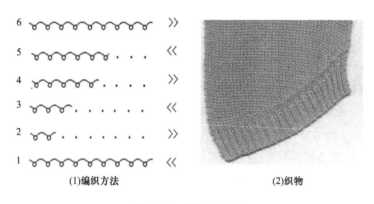

（1）编织方法　　　　　　　（2）织物

图 6-32　握持式放针

二、整件衣片成形编织

整件衣片成形编织是在同一台机器上编织出各块不同衣片连成一体的整件衣片。常用的方法有迈奎法（Macqueen）和帕佛奥蒂法（Pfauti）两种。以前者为例进行介绍。

采用迈奎法编织开衫的编织过程如图 6-33 所示。首先编织左侧前身衣片 1，沿 A—A 线空针起口，所有的织针参加编织到 B—B 线。从 B—B 线开始，沿着 B—C 线逐渐采用握持式收针。编织到 C—C 线时，左侧前身衣片 1 结束编织，沿着 C—C 线的织针进行拷针。

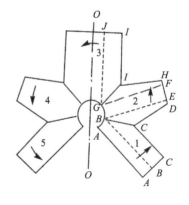

图 6-33　迈奎法编织开衫

接着编织左袖片 2，从腋窝处开始编织短横列，沿 *C—B* 线逐渐采用握持式放针，使编织的横列长度逐渐增加，并沿 *C—D* 线将脱出线圈的空针逐渐加入工作。当编织到 *B—E* 线时已达到衣袖的长度。然后同长度编织，直到 *G—F* 线。然后部分织针沿着 *G—I* 线逐步采用握持式收针，部分织针沿着 *I—H* 线逐渐采用拷针方式进行收针。当编织到终点 *I* 时，左袖片 2 编织结束。

后大身 3 从 *I—I* 线开始编织。*I—I* 段空针起口，握持旧线圈的织针沿 *I—G* 线逐渐采用握持式放针。编织到 *J—G* 线时，已经达到后身长度。*O—O* 线是后身大身的中线，随后的编织过程与上述相反，再编织整件衣片的另一半。先完成右后大身，然后编织右袖片 4 和右前片 5，从而完成全部编织。

衣片下机后还要缝合，先把 *C—C* 线与 *I—I* 线缝合，然后缝合另一侧大身，再把 *C—D* 线与 *I—H* 线缝合成袖子，另一侧也是如此。

最后再装上衣领和拉链，就生产出了一件开衫。

三、整件服装成形编织

采用整件服装成形编织的方法可以在横机上一次就编织出一件完整的衣服，下机后无需缝合或只需进行少许缝合就可穿用，又被称为"织可穿"。图 6-34 所示为在电脑横机上编织的带有罗纹领口的长袖平针套衫。编织时，在针床上的相应部位同时起口编织袖口和大身，此时袖子和大身编织的都是筒状结构，如图 6-35（1）所示。在编织到腋下时，两个袖片和大身

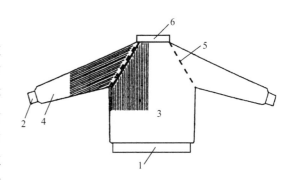

图 6-34　整件服装编织顺序

合在一起进行筒状编织，如图 6-35（2）所示，直至领口部位，最后编织领口。

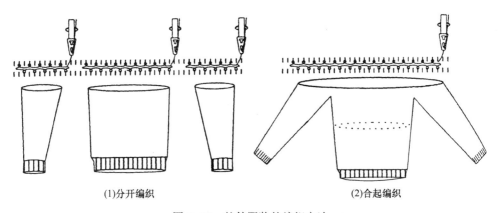

(1)分开编织　　　　　　　　(2)合起编织

图 6-35　整件服装的编织方法

在横机上用两个针床可以很容易地编织筒状平针结构。但是筒状罗纹结构的编织却相对比较复杂。图 6-36 所示为筒状罗纹编织的原理图。织针的配置和排列如图 6-36（1）所示，两个针床针槽相对，每个针床上只有一半针形成线圈，另一半针不形成线圈，只进行接圈和

移圈。在编织时，先在两个针床上利用一半的成圈针编织 1+1 罗纹结构，并在编织后将前针床上的线圈移到后针床不成圈的针上 [图 6-36（2）]，这样相当于编织了筒状罗纹的一面；再利用另一半成圈针编织一个 1+1 罗纹结构，编织后将后针床上的线圈移到前针床不成圈的针上，这样就编织了筒状罗纹的另一半 [图 6-36（3）]。在完成一个横列的筒状罗纹之后，再将存放在后针床不成圈针上的线圈移到前针床的成圈针上进行如图 6-36（2）所示的编织；然后再将存放在前针床不成圈针上的线圈移到后针床，进行图 6-36（3）所示的编织。如此循环，直至达到所需的罗纹长度。领口罗纹的编织也采取这种方法。

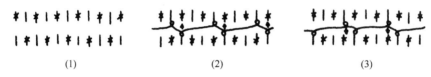

(1)　　　　　　　　(2)　　　　　　　　(3)

图 6-36　筒状罗纹的编织方法

在双针床电脑横机上编织整件服装的罗纹时因为需要隔针编织，且要频繁地进行翻针操作，而且一些花色织物也不易编织，使得编织织物的品种和效率都受到影响，又由于隔针编织也使得轻薄产品的编织受到限制，因此，更新型的整件服装编织设备采用了四个针床的配置（图 6-18）。这种结构的电脑横机在编织筒状罗纹时就不需要隔针编织，可以编织更加轻薄的产品，也使得产品的品种增加，编织效率提高。

整件编织服装在肩袖结合处可以形成特殊的风格，也避免了因缝合而形成凸出的棱，避免了因缝线断裂造成的破损，也不会因缝线的存在形成延伸性的不一致。另外，它还可以节省缝合工序和降低原料损耗。当然也存在着设计复杂、产品结构受到一定限制和生产效率低的问题。一般这种产品只能在特殊的电脑横机上进行编织，机器的机宽要能同时满足编织大身和袖子的需要。

思考练习题

1. 普通手摇横机的平式三角由哪些三角组成，各三角有何功能，其成圈过程有何特点？

2. 单级电子选针电脑横机的成圈与选针机件如何配置？三角系统如何实现成圈、集圈、不编织、移圈和接圈动作？

3. 空转组织的结构有何特点？如何进行编织？

4. 在横机上编织 1+1、2+2 罗纹组织通常有几种方法，织物各有何特点？

5. 波纹类织物和嵌花类织物的结构有何特点？如何进行编织？

6. 楔形织物和凸条织物的结构有何区别？如何进行编织？

7. 横机的收针和放针各有哪些方法？对应的织物结构有何特点？

8. 平面衣片在横机上是怎样成形的？

9. 整体服装在横机上是如何进行编织的？

10. 调研我国电脑横机发展的历程，分析思考创新发展对行业的影响。

第七章 纬编机的其他机构

📖 ／ 教学目标 ／

1. 掌握给纱、牵拉和卷取的工艺要求，掌握各种传动机构和辅助装置作用，熟悉相关工艺机构的组成与工作原理。

2. 能够判断给纱适用条件，选择合适的给纱装置，并可以通过张力控制装置和给纱量调整装置等对相关设备的纱线张力进行调节。

3. 能够根据不同的牵拉与卷取机构，分析牵拉对织物的影响，并能按正确的方式调整牵拉卷取张力。

4. 能够识别各种传动机构及其形式，并能分析圆纬机的针筒转向对织物纬斜的影响。

第一节 给纱

一、给纱的工艺要求与分类

纬编针织机上给纱是指纱线从卷装上退绕，沿着导纱装置、张力装置、喂纱装置进入编织机构的过程，完成这个过程的机构称为给纱机构。给纱机构还起着对纱线进行检测、辅助处理，控制给纱张力和给纱量等作用，它直接影响织物的线圈长度、密度和平方米克重等主要指标。

（一）给纱的工艺要求

（1）纱线必须连续均匀地送入编织区域。

（2）各成圈系统之间的给纱比应保持一致。

（3）送入各成圈区域的纱线张力宜小些，且要均匀一致。

（4）如发现纱疵、断头和缺纱等应迅速停机。

（5）当产品品种改变时，给纱量也应相应改变，且调整要方便。

（6）纱架应能安放足够数量的预备筒子，无须停机换筒，使生产能连续进行。

（7）在满足上述条件的基础上，给纱机构应简单，且便于操作和调节。

（二）给纱方式分类

纬编机的给纱方式分为消极式和积极式两大类。

1. 消极式给纱 消极式给纱是借助于编织时成圈机件对纱线产生的张力，将纱线从纱筒架上退下并引到编织区域的过程。在编织时，根据各个瞬间耗纱量的不同而相应地改变给纱速度，即需要多少输送多少，是不匀速给纱。这种给纱方式适用编织时耗纱量不规则变化的针织机。如横机的机头在针床工作区域移动时，正常编织需要给纱，而机头移到针床两端换向时，停止编织不需要纱线，所以横机上只能采用消极式给纱。又如提花圆机，针筒每一转，各个系统的耗纱量是与被选中参加编织针数的多少有关，变化不规则，则一般采用消极式给纱。

2. 积极式给纱　积极式给纱是主动向编织区输送定长的纱线，也就是不管各瞬间耗纱量多少，在单位时间内给每一编织系统输送一定长度的纱线，即匀速给纱。它适用于在生产过程中，各系统的耗纱速度基本均匀一致的机器，如多针道机、普通毛圈机、罗纹机和棉毛机等。

二、筒子的放置与纱线的行程

（一）筒子架及纱筒安放形式

在纬编针织机上，纱筒放在筒子架上，筒子架有多种形式。对于横机来说，由于使用的纱筒数量少，所以放在针床之后的架子上。在小筒径圆形针织机中，纱筒也是这样放置的。对于大筒径圆形针织机，纱筒可放在机器上方的圆伞形纱架上，或者放在机器旁的落地纱架上。前者占地面积小，后者可放置较多的预备纱筒，换纱筒和运输较为方便。在某些三角座回转的针织机中，纱架必须随三角座同步回转，这样就不能用落地纱架。

纱线从纱筒上退绕时，纱筒的安放形式有两种，一种是纱筒竖放，如图 7-1 （1）所示；另一种是纱筒横放，如图 7-1 （2）所示。

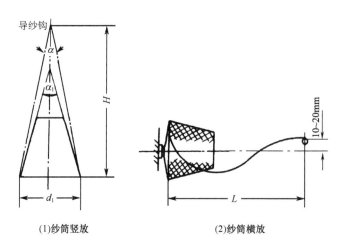

（1）纱筒竖放　　　　　　（2）纱筒横放

图7-1　纱筒竖放和横放时纱线的退绕

（二）纱线的行程

图 7-2 所示为普通圆纬机上纱线的行程。纱线从纱筒上引出，经过纱结检测自停器 1、失张力检测自停器 2、张力装置 3、给纱装置 4 和导纱器 5 进入编织区域。纱结检测自停器的作用是，当检测到有粗纱节和大结头时，里面的触点开关接通，使机器停止转动。失张力检测自停器的作用是，当检测到断纱、缺纱和纱线张力过小时，使机器停止运转。

横机上的纱线行程及其检测与圆纬机差不多，只是多了挑线弹簧。它的作用是当机头在针床两端换向返回时，将松弛的纱线抽紧，以保证随后的编织正常进行。

三、消极式给纱装置

（一）简单消极式给纱给纱装置

图7-3所示为一种简单消极式给纱装置。纱线从放在纱架上的纱筒1引出，经过导纱钩2、2′，上导纱圈3，张力装置4，下导纱圈5和导纱器6进入编织区域。这种给纱装置送入编织区的纱线张力是由下列因素引起的：纱线从纱筒上退绕时的阻力，纱线运动时气圈产生的张力，纱线在行进中的惯性力，纱线经过导纱装置时产生的摩擦力，纱线重力和由张力装置所产生的张力等。

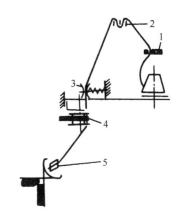

图7-2　普通圆纬机上纱线的行程

（二）储存消极式给纱装置

这种给纱装置安装在纱筒与编织系统之间，其工作原理是：纱线从纱筒上引出后，不是直接喂入编织区域，而是先均匀地卷绕在该装置的圆柱形储纱筒上，在绕上少量具有同一直径的纱圈后，再根据编织时耗纱量的变化，从储纱筒上引出后再送入编织系统。这种装置比简单消极式给纱具有明显的优点。第一，纱线卷绕在过渡性的储纱筒上后有短暂的松弛作用，可以消除由于纱筒容纱量不一、退绕点不同和退绕时张力波动所引起的纱线张力的不均匀性，使纱线在相仿的条件下从储纱筒上退绕。其次，该装置所处位置与编织区域的距离比纱筒离编织区域为近，可以最大限度地减少由纱线行程长造成的附加张力和张力波动。

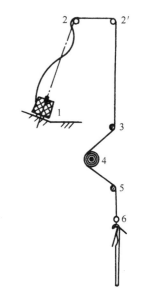

图7-3　简单消极式给纱装置

根据纱线在储纱筒上的卷绕、储存和退绕方式的不同，该装置可分为三种类型。

第一种类型如图7-4（1）所示，储纱筒2回转，纱线1在储纱筒上端切向卷绕，从下端经过张力环3退绕。

第二种类型如图7-4（2）所示，储纱筒3不动，纱线1先自上而下穿过中空轴2，再借助转动圆环4和导纱孔5的作用在储纱筒3下端切向卷绕，然后从上端退绕并经转动圆环4输出。

第三种类型如图7-4（3）所示，储纱筒4不动，纱线2通过转动环1和导纱孔3的作用在储纱筒4上端切向卷绕，从下端退绕。

第一种类型纱线在卷绕时不产生附加捻度，但退绕时被加捻或退捻。第二、三种类型不产生加捻，因为卷绕时的加捻被退绕时反方向的退捻抵消。

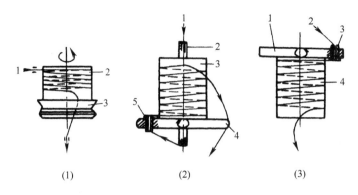

图 7-4 纱线的储存与退绕装置

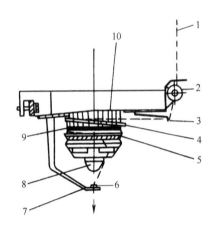

图 7-5 储存消极式给纱装置

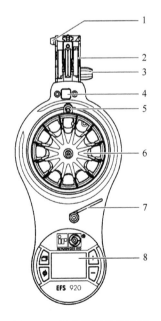

图 7-6 张力控制给纱装置

图 7-5 所示为第一种类型的储存式给纱装置。纱线 1 经过张力装置 2、断纱自停探测杆 3（断纱时指示灯 8 闪亮），切向地卷绕在储纱筒 10 上。储纱筒由内装的微型电动机驱动。根据编织时成圈系统瞬时用纱量的多少，纱线以相应速度从储纱筒下端经过张力环 5 退绕，再经悬臂 7 上的导纱孔 6 输出。

随着纱线的退绕输出，当储纱筒上存储的纱圈量少到一定程度，倾斜配置的圆环 4 控制电动机的微型开关接通，从而电动机驱动储纱筒回转进行卷绕储纱。由于圆环 4 的倾斜，卷绕过程中纱线被推向圆环的最低位置，即纱圈 9 向下移动。随着纱圈 9 数量的增加，圆环 4 逐渐移向水平位置。当储纱筒上的卷绕纱圈数达最大时，圆环 4 使电动机开关断开，储纱筒停止卷绕储纱。

为了调整退绕纱线的张力，可以根据加工纱线的性质，采用具有不同梳片结构的张力环 5。

（三）张力控制给纱装置

某种张力控制给纱装置的结构如图 7-6 所示。1 为按钮，用于穿纱。2 为双层磁性张力器，除了对纱线施加张力外，还能自动清洁纱线上的杂质疵点，以保证给纱张力稳定。3 为张力调整旋钮。4 为纱夹，受电磁驱动，由回纱臂位置控制，回纱时夹持纱线。5 为回纱臂，位于绕纱轮后，最大回纱长度为 600mm；其作用是当纱线松弛时（如横机机头移动到两端停止编织时等），回纱臂将松弛的纱线绕到储纱轮上，从而使纱线抽紧。6为储纱轮，7为导纱钩，8为张力设置与显示部分。

四、积极式给纱装置

采用积极式给纱装置，可以连续、均匀、衡定供纱，使各成圈系统的线圈长度趋于一致，给纱张力较均匀，从而提高了织物的纹路清晰度和强力等外观和内在质量，能有效地控制织物的密度和几何尺寸。

（一）储存积极式给纱装置

储存积极式给纱装置的基本工作原理是，通过穿孔带或齿形带驱动储纱轮回转，一边卷绕储纱一边退绕给纱，使纱线定量输送给编织区。这类装置也有多种形式。图7-7所示为其中的一种。纱线1经过导纱孔2、张力装置3、粗节探测自停器4、断纱自停探杆5、导纱孔6，由卷绕储纱轮9的上端7卷绕，自下端8退绕，再经断纱自停杆10、支架11和支架12，最后输出纱线13。

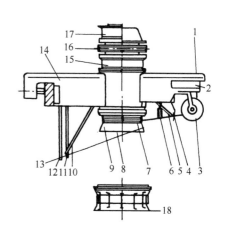

图7-7　储存式积极式给纱装置

卷绕储纱轮9的形状是通过对纱线运动的仔细研究而特别设计的。它不是标准的圆柱体，在纱线退绕区呈圆锥形。轮上具有光滑的接触面，不存在会造成飞花集聚的任何曲面或边缘，即可自动清纱。卷绕储纱轮还可将卷绕上去的纱圈向下推移，即自动推纱。轮子的形状保证了纱圈之间的分离，使纱圈松弛，因此降低了输出纱线的张力。

该装置的上方有两个传动轮15、17，由穿孔条带驱动卷绕储纱轮回转。两根条带的速度可以不同，通过切换选用一种速度。给纱装置的输出线速度应根据织物的线圈长度和总针数等，通过驱动条带的无级变速器来调整。图7-7中14为基座，16为离合器圆盘。

该装置还附有杆笼状卷绕储纱轮18，可对纱线产生摩擦，适用于小提花等织物的编织。

（二）弹性纱给纱装置

弹性纱（如氨纶丝）是高弹性体，延伸率大于600%，稍受外力便会伸长，如给纱张力不一、喂入量不等，便会引起布面不平整。因此，弹性纱的给纱必须采用专门的积极式定长给纱装置。图7-8所示为一种卧式弹性纱给纱装置。其工作原理是：条带驱动传动轮1，使两个传动轴2、3转动，氨纶纱筒卧放在两个传动轴上（可同时放置两个氨纶纱筒），借助氨纶纱筒本身的重量使其始终与传动轴相接触；传动轴2、3依靠摩擦驱动氨纶纱筒以相同的线速度转动，退绕的氨纶丝经过带滑轮的

图7-8　弹性纱给纱装置

断纱自停装置 4 向编织区域输送。这种给纱装置可以尽量减少对氨纶裸丝的拉伸力和摩擦张力，使给纱速度和纱线张力保持一致。给纱量可通过驱动条带的无级变速装置来调整。

（三） 无级变速装置

积极式给纱装置的给纱速度改变由无级变速盘来实现。如图 7-9 所示，无级变速盘由螺旋调节盘 1、槽盘 2 和滑块 3 组成。槽盘 2 和一齿轮固装在同一根轴上，电动机经其他机件传动该轴，使槽盘 2 转动。每一滑块 3 上面有一个凸钉 4，装在螺旋调节盘 1 的螺旋槽中，下面有两个凸钉 5，装在槽盘 2 的直槽内，12 块滑块组成转动圆盘，通过穿孔条带传动积极式给纱装置进行给纱。手动旋动调节盘 1 可调节滑块 3 的径向进出位置，改变圆盘的传动半径 R，达到无级变速的目的，从而调整传动比和给纱装置的给纱速度，最终改变织物的密度。

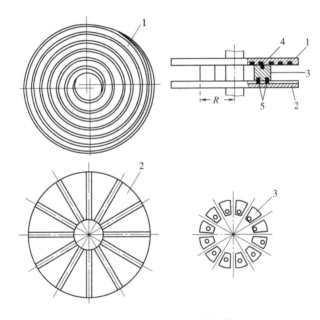

图 7-9　无级变速盘的结构

第二节　牵拉卷取

针织机的牵拉与卷取过程，就是将形成的针织物按照一定的速度从成圈区域中牵引出来，然后卷绕成一定形式和容量的卷装。

一、牵拉与卷取的工艺要求与分类

牵拉与卷取对成圈过程和产品质量影响很大，因此应满足下列基本要求。

（1）由于成圈过程是连续进行的，故要求牵拉与卷取应能连续不断地、及时地进行。

（2）作用在每一线圈纵行的牵拉张力要稳定、均匀、一致。

（3）牵拉卷取的张力、单位时间内的牵拉卷取量应能根据工艺要求调节，最好能够无级调节，在机器运转状态下调整。

根据对织物作用方式的不同，纬编机常用的牵拉方法一般可以分为以下几种。

（1）利用定幅梳板下挂重锤牵拉织物，如图7-10所示。这种方法仅用于普通横机。

（2）通过牵拉辊对织物的夹持以及辊的转动牵拉织物，这种方法用于绝大多数圆纬机和电脑横机等。其具体又可分为将从针筒出来的圆筒形织物压扁成双层，或先剖开展成单层，再进行牵拉与卷取两种方式。前者适用于一般的织物，后者用于一些氨纶弹性织物。因为某些氨纶弹性织物在牵拉卷取时被压扁成双层，两边形成的折痕在后整理过程也难以消除，影响到服装的制作。

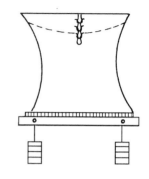

图7-10 梳板重锤式牵拉

（3）利用气流对单件织坯进行牵拉，它主要用于袜机和无缝内衣针织机。

二、牵拉对织物的影响

在平形纬编织机上，针织物在针床口和牵拉梳板（或牵拉辊）处，由于横向受到制约，不能收缩，而在针床口与梳板（或牵拉辊）之间横向收缩较大，如图7-10所示。因而经过这种牵拉后的针织物从针床口至梳板（或牵拉辊）之间各个线圈纵行长度不等，边缘纵行长度要大于中间纵行，造成了作用在边缘纵行上的牵拉力要小于中间纵行。在编织某些织物时，织幅边缘线圈会因牵拉力不够而退圈困难，影响正常的成圈过程。为此，普通横机编织时通常在针床口的边缘线圈上加挂小型的钢丝牵拉重锤。在电脑横机上编织全成形衣片时，当放针达一定数量时，由于主牵拉辊距针床较远，使织幅两边牵拉力不够，因此不少电脑横机在靠近针床处配置了一对辅助牵拉辊，以弥补主牵拉辊的不足。

在采用牵拉辊的圆形纬编机上，由成圈机构编织的圆筒形织物，经过一对牵拉辊压扁成双层，再进行牵拉与卷取，如图7-11所示。这样在针筒与牵拉辊之间的针织物呈一复杂的曲面。由于各线圈纵行长度不等，所受的张力不同，造成针织物在圆周方向上的密度不匀，出现了线圈横列呈弓形的弯曲现象。如果将织物沿折边上的线圈纵行剪开展平，呈弓形的线圈横列就如图7-12所示。图7-12中实线表示横列线，$2W$表示剖幅后的织物全幅宽，b表示横列弯曲程度，a表示由多成圈系统编织而形成的线圈横列倾斜高度。

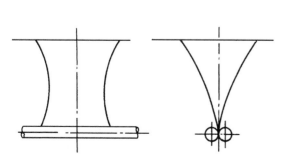

图7-11 针筒至牵拉辊之间织物的形态

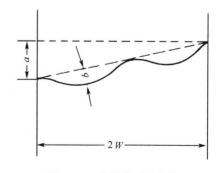

图7-12 线圈横列的弯曲

这种线圈横列的弯曲，造成了针织物的变形，影响产品质量。对于提花织物来说，特别是大花纹时，由于前后衣片缝合处花纹参差不齐，增加了裁剪和缝制的困难，因此必须使横列的弯曲减少到最小值。

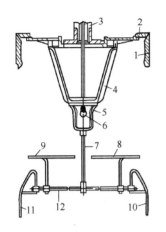

图 7-13　扩布装置的结构与安装位置图

图 7-13 所示为扩布装置的结构及其安装位置。图中 1 和 2 分别表示针筒针盘。可调节的扩布装置（7~12）悬挂在机架 4、5 下方的针盘传动轴 3 之上。灯泡 6 用来检查织物疵点。圆筒形织物先被扩布圈 8、9 扩成椭圆形，然后受扩布羊角 10、11 作用变成扁平形。扩布圈 8、9 及羊角 10、11 可以在杆 12 上水平方向调整，以适应组织结构和机器调整时对织物幅宽的要求。

扩布装置的形状有椭圆形、马鞍形以及方形等。方形扩布装置如图 7-14 所示。图 7-14（1）为内部扩布架，其下部是一个扩幅器；图 7-14（2）为外部压力架。内外两套装置复合起来迫使圆筒形织物沿着一个方形截面下降，到牵拉辊附近成为扁平截面。实质上是使织物逐渐变成宽度增加而厚度减小的矩形筒。这样，织物四周各纵行的长度相等，消除了横列弯曲。实践表明，方形扩布装置比起椭圆形等装置效果要好，尤其适合于采用四色调线机构编织彩横条织物。

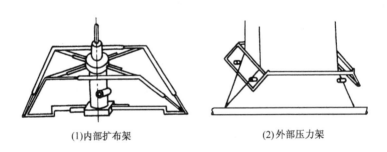

(1)内部扩布架　　　　　　　(2)外部压力架

图 7-14　方形扩布装置

三、牵拉卷取机构及其工作原理分析

圆纬机的牵拉卷取机构有多种形式，根据对牵拉辊驱动方式的不同，一般可以分为三类。第一类为机械连续式牵拉，主轴的动力通过一系列传动机件传至牵拉辊，针筒回转一圈，不管编织下来织物的长度是多少，牵拉辊总是转过一定的转角，即牵拉一定量的织物。这种牵拉方式俗称"硬撑"，齿轮式、偏心拉杆式等属于这一类。第二类为机械间歇式牵拉，主轴的动力通过一系列传动机件传至一根弹簧，只有当弹簧的弹性回复力对牵拉辊产生的转动力矩大于织物对牵拉辊产生的张力矩时，牵拉辊才能转动牵拉织物。这种方式俗称"软撑"，凸轮式、弹簧偏心拉杆式等属于这一类。第三类是由直流力矩电动机驱动牵拉辊而进行连续牵拉，这是一种性能较好，调整方便的牵拉方式。下面介绍几种比较典型的牵拉卷取机构。

1. 齿轮式牵拉卷取机构　图7-15是较多圆纬机上采用的齿轮式牵拉卷取机构的结构图。其中，1为机构的机架，2为固定伞形齿轮底座，3为横轴，4为变速齿轮箱，5为变速粗调旋钮，6为变速细调旋钮，7为牵拉辊，8为皮带，9为从动皮带轮，10为卷取辊。

该机构的传动原理如图7-16所示。电动机1经皮带和皮带轮2、3、4传动小齿轮5，后者驱动固装有针筒的大盘齿轮6。机架7上方与大盘齿轮6固结，下方坐落在固定伞齿轮8上。当大盘齿轮6转动时，带动整个牵拉卷取机构与针筒同步回转。此时，与伞齿轮8啮合的伞齿轮9转动，经变速齿轮箱10变速后，驱动横轴11转动。固结在横轴一侧的链轮12经链条传动链轮13，从而使与链轮13同轴的牵拉辊14转动进行牵拉。固结在横轴另一侧的链轮15经链条传动链轮16，从而使与链轮16同轴的主动皮带轮17转动。皮带轮17经图7-15中的皮带8传动从动皮带轮9，从而驱动与皮带轮9同轴的卷取辊进行卷布。

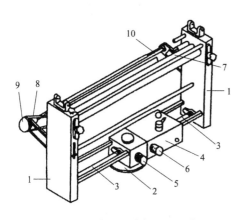

图7-15　齿轮式牵拉卷取机构

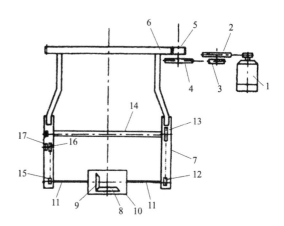

图7-16　机构的传动

可以转动图7-15中的变速粗调旋钮5和变速细调旋钮6来调整齿轮变速箱的传动比，从而改变牵拉速度。两个旋钮不同转角的组合共有一百多档牵拉速度，可以大范围、精确地适应各种织物的牵拉要求。这种牵拉机构属于连续式牵拉。

齿轮式牵拉卷取机构的卷取速度不能调整，当图7-15中的皮带8驱动从动皮带轮9的力矩大于布卷的张力矩时，卷取辊10转动进行卷布。当皮带8驱动从动皮带轮9的力矩小于布卷的张力矩时，皮带与从动皮带轮之间打滑，卷取辊10不转动即不卷布。这种卷取机构属于间歇式卷取。

2. 直流力矩电动机式牵拉卷取机构　直流力矩电动机牵拉卷取机构如图7-17所示。中间牵拉辊2安装在两个轴承架8、9上，并由单独的直流力矩电动

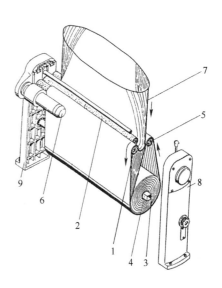

图7-17　直流力矩电动机牵拉卷取机构

机 6 驱动。电动机转动力矩与电枢电流成正比。因此，可通过电子线路控制电枢电流来调节牵拉张力。机上用一电位器来调节电枢电流，从而可很方便地随时设定与改变牵拉张力，并有一个电位器刻度盘显示牵拉张力大小。这种机构可连续进行牵拉，牵拉张力波动很小。

筒形织物 7 先被牵拉辊 2 和压辊 1 向下牵引，接着绕过卷布辊 4，再向上绕过压辊 5，最后绕在卷布辊 4 上。因此，在压辊 1、5 之间的织物被用来摩擦传动布卷 3。由于三根辊的表面速度相同，卷布辊卷绕的织物长度始终等于牵拉辊 2 和压辊 1 牵引的布长，所以卷绕张力非常均匀，不会随布卷直径而变化，织物的密度从卷绕开始到结束保持不变。

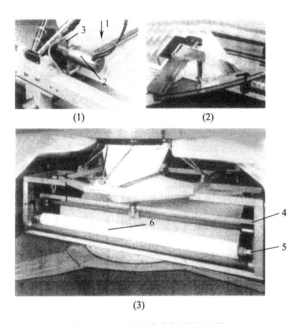

图 7-18　开幅式牵拉卷取机构

3. 开幅式牵拉卷取机构　随着氨纶弹性织物的流行，为了避免将圆筒形织物压扁成双层进行牵拉与卷取两边形成难以消除的折痕，各个针织机械制造厂商都推出了开幅式牵拉卷取机构。图 7-18 所示为某种开幅式牵拉卷取机构。如图 7-18（1）所示，织物 1 从针筒沿着箭头向下引出，首先被一个电动机 2 驱动的转动裁刀 3 剖开；随后被一展开装置展平成单层，如图 7-18（2）所示；接着由牵拉辊 4 进行牵拉，最后由卷布辊 5 将单层织物卷成布卷 6，如图 7-18（3）所示。通过电子装置控制牵拉电动机可以实现连续均匀地牵拉和卷取，以及牵拉速度的精确设定与调整。

第三节　传动机构

传动机构的作用是将电动机的动力传递给针床（或三角座）以及给纱和牵拉卷取等装置机构。传动机构的要求是：传动要平稳，能够在适当范围内调整针织机的速度；启动应慢速并具有慢速运行（又叫寸行）和用手盘动机器的功能；当发生故障时（如断纱、坏针、布脱套等），机器应能自动迅速停止运行。

一、横机的传动机构

根据横机机头（即三角座）往复横移动程是固定还是可变的，传动机构相应地分为机头动程固定和机头动程可变两类。

1. 机头动程固定　机头动程固定式的传动机构也有多种类型，其中以链条传动方式居多。图 7-19 所示为其传动机构示意图。电动机 1 传动过渡轮 2，2 又传动链轮 3，使链条 4 只能朝一个方向运转，但可以在两个方向驱动与之连接的机头。

图7-20所示为传动原理。滑板1与机头相连，在滑板中有一滑块2与链条相连。当链轮顺时针转动时，滑块连在链条上部，并作用于滑板，驱动机头从左向右运动，如图7-20（1）所示。在转弯处，与链条相连的滑块绕链轮转动，使它在滑板中从上向下移动，如图7-20（2）所示。当滑块随链条转到链条下部时，又作用于滑板，驱动机头从右向左运动，如图7-20（3）所示。这种传动机构不管织幅宽窄，机头都要从头至尾往复运动。

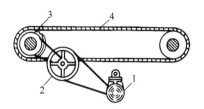

图 7-19　链条式传动机构

2. 机头动程可变　为了提高生产效率，目前电脑横机一般都可以根据织幅的不同而自动调整机头往复的动程。其传动机构由计算机程序控制的伺服电动机通过同步齿形皮带传动机头。电动机的正反转实现了机头的往复运动，对参加工作织针的精确测量与计数，可控制与改变机头的动程。机头运动的速度也可以由程序控制，随着织物结构的简易与复杂程度而变化。

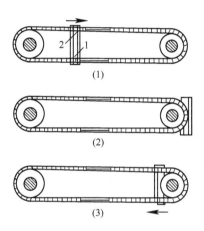

图 7-20　链条双向传动机头原理

二、圆纬机的传动机构

圆纬机的传动形式可分为两种：第一种是针筒和牵拉机构不动，三角座、导纱器和筒子架同步回转；第二种是针筒与牵拉卷取机构同步回转，其余机件不动。前者因筒子架回转使机器惯性振动大，不利于提高机速和增加成圈系统数，启动和制动较困难，操作看管也不方便。它只应用于小口径罗纹机，衬经衬纬针织机和计件衣坯圆机等少数几种机器。大多数圆纬机均采用后一种传动形式，其传动机构也是大同小异。

图7-21为典型的双面圆纬机传动机构简图。动力来自电动机1，现已普遍采用了变频调速技术来无级调节机速和慢启动。电动机1经皮带2、皮带轮3和小齿轮4、5、6传动主轴9。与小齿轮6同轴的小齿轮7传动支撑针筒大齿轮8，使固装在齿轮8上的针筒10转动。针盘14从小齿轮11和针盘大齿轮12获得动力，绕针盘

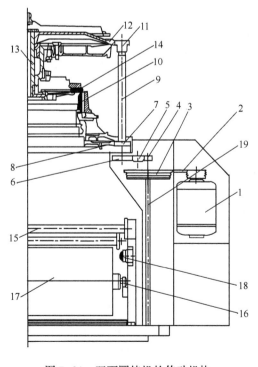

图 7-21　双面圆纬机的传动机构

轴 13 与针筒同步回转。传动轴 19 使牵拉卷取机构（包括牵拉辊 15、卷取辊 16 和布卷 17 等）与针筒针盘同步回转。另一个电动机 18 专用于牵拉卷取。

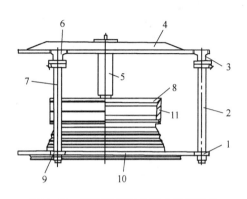

图 7-22 双面圆纬机的传动补偿齿轮

为了保证在机器运转过程中针筒针与针盘针对位准确和间隙不变，通常还配置补偿齿轮。如图 7-22 所示，小齿轮 1 和支撑针筒大齿轮 10 传动针筒 11，小齿轮 3、针盘大齿轮 4 和针盘轴 5 使针盘 8 与针筒同步回转。补偿小齿轮 6、9 以及轴 7 均匀分布在针筒针盘一周，可以提高在针筒和针盘之间的扭曲刚度，减小传动间隙和改进针筒针盘的同步性。

圆纬机的传动方式有针筒顺时针和逆时针转向两种。实践证明，针筒转向对织物的纬斜有一定影响。若采用 S 捻纱线编织，则针筒顺时针转动（或三角座逆时针转动）可使纬斜大为减少。而采用 Z 捻纱线，则针筒逆时针转动可使纬斜降到最低程度。

第四节　辅助装置

一、检测自停装置

为了保证编织的正常进行和织物的质量，减轻操作者的劳动强度，纬编针织机上设计和安装了一些检测自停装置。当编织时检测到漏针、粗纱节、断纱、失去张力等故障时，这些装置向电器控制箱发出停机信号并接通故障信号指示灯，机器迅速停止运转。

1. 漏针与坏针自停装置　这种装置由探针 1 和内部的触点开关等组成，如图 7-23 所示。它安装在针筒或针床口，机器运转时，当探针 1 遇到漏针（针舌关闭）、坏针等障碍物时，会弹缩到虚线位置 2，从而触点开关接通，发出自停信号。重新使用时，必须将探针按回原位。

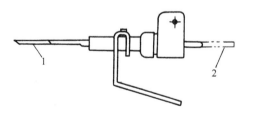

图 7-23　漏针与坏针自停装置

2. 粗纱节自停装置　图 7-24 所示为检测纱线结头与粗节的自停装置。纱线 1 穿过薄板 6 的缝隙，绕过转子 5 并以张力 Q 导向下方。薄板的间隙能使一定细度的纱线通过。当遇到粗节纱、大结头时，张力 Q 增加，改变杠杆 2 的位置，使电路的触点 3、4 接通，发出自停信号。

3. 断纱自停装置　图 7-25 所示为断纱自停装置，它由穿线摆架 1 和触点开关等组成。正常给纱时，纱线 2 穿过穿线摆架孔将该架下压。遇到断纱时，摆架在重力作用下上摆至位置 3，使里面的触点开关接通，发出自停信号。

4. 张力自停装置　图 7-26 所示为张力自停装置。在正常编织过程中，由于弹簧的作用，使导纱摆杆 1 处于工作位置 2。当通过导纱摆杆的张力过大时，它被下拉到位置 3，里面的触点开关接通，发出自停信号。反之，若纱线张力过小（失张）或断纱，则张力控制杆 4 在自重作用下向下摆动，也产生自停效果。

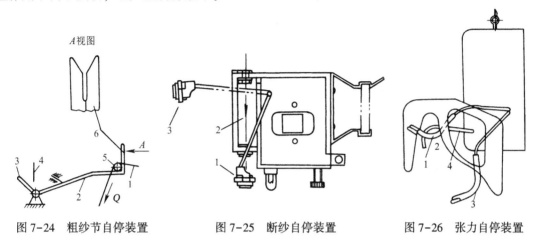

图 7-24　粗纱节自停装置　　　　图 7-25　断纱自停装置　　　　图 7-26　张力自停装置

二、加油与除尘装置

由于圆纬机转速较高，进线路数较多，产生的飞花尘屑也较多。为进一步提高主机的生产效率及工作可靠性，延长其使用寿命，一般还配置了自动加油装置与除尘清洁装置。

1. 自动加油装置　自动加油装置的形式也有多种，通常是以压缩空气为动力，具有喷雾、冲洗、吹气和加油四个功能。

喷雾是把气流雾化后的润滑油输送到织针和三角针道等润滑点。冲洗是利用压力油定期将各润滑点凝结的污垢杂质冲洗干净。吹气是利用压缩空气的高速气流，将各润滑点的飞花杂物吹掉。加油是利用空气压力将润滑油输送到齿轮、轴承等润滑点。

2. 除尘清洁装置　圆纬机上常用的有风扇除尘和压缩空气除尘两种形式。

风扇一般装在机器顶部，机器运转时它也回转，可以吹掉机器上的一些飞花尘屑。

压缩空气吹风除尘装置分别装在机器顶部和中部。顶部的除尘清洁装置可以有 4 条吹风臂环绕机器转动，吹去筒子架等机件上面的飞花，空气由定时控制输出。中部的除尘清洁装置通常与喷雾加油装置联合使用，通过管道在编织区吹风，防止飞花进入编织区，保证织物的编织质量。

思考练习题

1. 纬编给纱的工艺要求是什么？
2. 储存消极式与储存积极式给纱装置的结构和工作原理有何区别？
3. 张力控制给纱装置如何实现给纱张力均匀？
4. 牵拉与卷取有什么工艺要求？
5. 针织机上的辅助装置一般具有哪些功能？

第八章 纬编针织物分析及工艺参数计算

📄 ／**教学目标**／

    1. 掌握纬编针织物样品分析主要内容及方法，通过实践能准确分析及表达常见纬编针织物组织。

    2. 能对常用纬编针织物样品的线圈长度及密度进行测量及计算。

    3. 能对常用纬编针织物样品的单位面积重量、机号、针织坯布幅宽等工艺参数进行估算。

    4. 能依据针织机主要参数计算纬编针织机理论产量和实际产量。

    5. 通过织物分析，多角度提高学生实践能力，培养学生的工匠精神。

第一节 纬编针织物分析

    为了满足生产需要，在实际生产中，必须对针织物样品进行分析，了解针织产品外观、原料、织物性能及工艺参数，并以此制订针织物的生产工艺，使产品能够更好地满足客户需求。纬编针织物分析一般可通过下列方法进行。

一、织物表面分析

    1. 观察织物外观及特征　从外观特征可初步判断织物属于经编针织物还是纬编针织物，是单面织物还是双面织物，从表面外观效应预测组织的类别，确定织物工艺正反面、编织方向及色彩花型等。

    2. 手感判断　通过手感可辨别织物的柔软度、滑爽度、挺括度等。据此预判织物的材料类别和后整理工艺等。

    3. 测量织物密度　可用密度镜等工具测出织物的横密和纵密，以横密估算其生产加工的针织机机号。估算机号的经验公式为：

$$E = \frac{5}{4}N \tag{8-1}$$

式中：E——机号，针/2.54cm；

    N——织物半英寸（1.27cm）内的线圈纵行数。

    例：测得织物半英寸内的线圈纵行数为13，计算后，预估该织物在机号为16针/2.54cm左右的机器上编织。

    4. 测量织物厚度和单位面积重量　可用织物测厚仪测量厚度，并根据相关标准测得单位面积重量（g/m²）。

5. 分析织物组织　在预测织物组织类别的基础上，通过织物表面对其正反面组织进行分析。对于纬编基本组织织物，可运用所学知识直接确定其组织结构，并画出编织图；对于纬编花色组织织物，需确定或预判一个完全组织花高和花宽（包括正面和反面）、编织一个横列及一个完全组织循环的成圈系统数及色纱排列等，并画出意匠图和编织图，后面再通过拆散分析进一步确定和验证分析的准确性。

二、织物拆散分析

1. 拆散分析织物组织　在前期分析的基础上，可以通过拆散的方法进一步分析其组织结构，了解每一枚织针上纱线编织的方法和线圈的配置状态。在拆散前，需要准备分析镜、尺子、意匠纸、挑针、小夹子、标记用笔等工具。拆散操作方法如下。

（1）在样品上确定并标记正反面，沿一个线圈横列画线，准确标出一个或若干个完全组织循环。

（2）通过对样品的横、纵向拉伸，观察其线圈结构和拉伸程度，并通过试拆，确定样品的纵横向及其编织方向。

（3）根据花纹组织从上向下顺序拆散，仔细观察每根纱线在每一枚织针（即每一纵行）上的编织形式（成圈、集圈、浮线），并按照顺序记录在意匠纸上，画出编织图或意匠图。例如，从左到右顺序在 6 枚织针上拆散的线圈如图 8-1 所示，据此画出意匠图，如图 8-2（1）所示（其中，□为成圈，☒为集圈，⊟为浮线）；画出编织图，如图 8-2（2）所示。

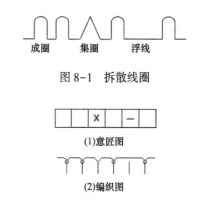

图 8-1　拆散线圈

（1）意匠图

（2）编织图

图 8-2　拆散线圈的意匠图和编织图

拆散针织物样品的纵行数和横列数要在一个循环组织（完全组织）以上。拆散下来的纱线如果属于同一种类，即可以归在一起；如果样品是不同纱线（不同成分纤维、不同色泽）的交织织物时，拆散下来的纱线需要按照拆散顺序分别放置，并做好标记，以防止在设计上机编织工艺时，纱线排列出现差错。

2. 测线圈长度　一般先测出 N 个线圈的纱线在伸直但不伸长时的总长度，然后除以 N 得出线圈长度（mm）。若编织状态不同，如一路纱线成圈，另一路纱线由集圈与成圈一起组成的，则应分别进行测定，得出每路纱线各自的线圈长度。

三、织物原料分析

原料分析主要是分析纱线的组成、纤维的种类、纱线的细度、配色和计算各类纱线的含量（用纱比例）等。以织物表面分析为基础，结合织物拆散分析时拆散下来的纱线，运用纺织材料学的相关知识对织物的原料进行分析，在此不再赘述。

四、机型选择及上机工艺设计

1. 生产机型选定　纬编针织物种类繁多，生产机型一般根据织物的种类及特点进行选择。若针织物一面全是正面线圈，另一面全是反面线圈，则选择在单面纬编机上编织；若为双面针织物，则选用双面纬编机；若一个反面线圈与另一个正面线圈处于相对位置，则织物在双罗纹配置的机器上编织，如果一个反面线圈是处于正面线圈之间，则它是在罗纹机上编织。具有大花型图案的纬编针织物一般用具有选针编织的提花机编织，如花型有螺旋式位移的可选用提花轮提花圆机编织等，小花型可选择在多针道针织机上编织。一些特殊组织织物，如毛圈织物、长毛绒织物等则需要选用具有相应功能的专用纬编针织机编织。

2. 确定上机工艺　在完成以上织物结构分析、原料分析、工艺参数设计、生产机型及机号选定后，确定或设计上机工艺。上机工艺的主要内容包括纱线品种、纱线线密度及色纱的配置，织针及三角的排列，选针机构的排列及配置，计算机程序编制，织物密度、线圈长度、面密度等上机工艺参数的制订以及工艺流程、后处理工艺的确定等。

第二节　纬编工艺参数计算

一、线圈长度

线圈长度是针织工艺计算的一个重要参数，它不仅与所使用的纱线和针织机机号有关，而且影响着织物密度、单位面积重量、强度等性能指标。在实际生产中，以实测和经验为主，也可通过计算得到。

（一）根据纱线线密度计算线圈长度

1. 纬平针组织　在已知纱线直径 d（mm）、织物横密 P_A（纵行/5cm）和纵密 P_B（横列/5cm）［或圈距 A（mm）和圈高 B（mm）］，可以根据下式计算平针组织的线圈长度 L（mm）：

$$L \approx \pi \frac{A}{2} + 2B + \pi d = \frac{78.5}{P_A} + \frac{100}{P_B} + \pi d \qquad (8-2)$$

式（8-2）中的纱线直径 d（mm）与纱线的体积密度有关，可以通过测量或根据下式计算获得：

$$d = 0.0357 \sqrt{\frac{Tt}{\lambda}} \qquad (8-3)$$

式中：Tt——纱线线密度，tex；

λ——纱线体积密度，g/cm^3。

纱线体积密度与纱线的结构和紧密程度有关，每一种纱线都有一取值范围。表 8-1 列出了常用纱线的体积密度的中间值。

表 8-1　常用纱线的体积密度

纱线种类	棉纱	精梳毛纱	涤纶丝	锦纶丝	黏胶丝	涤纶变形丝
体积密度 λ（g/cm^3）	0.8	0.78	0.625	0.6	0.75	0.05

2. 罗纹组织　根据下式计算罗纹组织的线圈长度 L（mm）：

$$L \approx \frac{78.5}{P_{An}} + \frac{100}{P_B} + \pi d \tag{8-4}$$

式中：P_{An}——罗纹组织的换算密度（正反面线圈），纵行/5cm。

3. 双罗纹组织　计算双罗纹组织线圈长度的经验算式如下：

$$L = \delta d' \tag{8-5}$$

式中：δ——未充满系数，一般取值为 19～21；

d'——纱线在张紧状态下的直径，mm。

由 $d' = 0.93d$ 和式（8-3）可得：

$$d = 0.0332 \frac{\sqrt{Tt}}{\lambda} \tag{8-6}$$

式中：Tt——纱线线密度，tex；

λ——纱线体积密度，g/cm^3。

4. 添纱衬垫组织　衬垫纱的平均线圈长度可按下列经验算式近似计算：

$$L = \frac{nT + 2d_N}{n} \tag{8-7}$$

式中：L——衬垫纱的线圈长度，mm；

n——衬垫比循环数；

T——针距，mm；

d_N——针杆直径，mm。

（二）根据织物单位面积重量计算线圈长度

织物单位面积重量是重要的经济和质量指标之一，也是进行工艺设计（如织物组织、原料粗细、机号的选用、染整工艺特别是定型工艺）的依据。

1. 针织物单位面积重量

$$Q = \frac{4 \times 10^{-4} P_A P_B \sum_{i=1}^{M} L_i Tt_i}{1 + W} \tag{8-8}$$

式中：Q——织物单位面积重量，g/m^2；

P_A——织物横密，纵行/5cm；

P_B——织物纵密，横列/5cm；

L_i——第 i 根纱线的线圈长度，mm；

Tt——第 i 根纱线的线密度，tex；

M——纱线的根数；

W——纱线的公定回潮率。

2. 平针和双罗纹组织线圈长度的计算　在已知织物单位面积重量、横密、纵密和纱线线密度的基础上，可以根据下式计算平针或双罗纹组织的线圈长度：

$$L = 2.5 \times 10^3 \times \frac{kQ(1 + W)}{P_A P_B Tt} \tag{8-9}$$

式中：L——线圈长度，mm；

　　　k——系数，平针组织取 1，双罗纹组织取 0.5；

　　　Q——织物单位面积重量，g/m²；

　　P_A——织物横密，纵行/5cm；

　　P_B——织物纵密，横列/5cm；

　　　Tt——纱线线密度，tex；

　　　W——纱线的公定回潮率。

（三）根据生产实践估算线圈长度

估算所使用的算式如下：

$$L = \frac{\beta \sqrt{Tt}}{31.62} \tag{8-10}$$

式中：L——线圈长度，mm；

　　　Tt——纱线线密度，tex；

　　　β——线圈模数值，通过生产实践积累而得。

表 8-2 给出了常用针织物组织的线圈模数值。

表 8-2　常用针织物组织的线圈模数值 β

组织结构	纱线种类	β
纬平针	棉/羊毛	21/20
1+1 罗纹	棉/羊毛	21/21
双罗纹	棉/羊毛	23/24
双反面	羊毛作外衣/作头巾	25/27

根据纱线线密度，选择适当的线圈模数值，即可估算出常用针织物组织的线圈长度。

（四）使用实验法测得线圈长度

实验法有两种：一是在织物下机后，量取同一横列上一定数量线圈的纱长；二是在编织时，量取一定长度纱线所能编织的线圈数量。

$$L = \frac{L_n}{n} \tag{8-11}$$

式中：L——线圈长度，mm；

　　L_n——编织 n 个线圈的纱长，mm；

　　　n——线圈个数。

二、织物密度

在实际生产中，常用横密和纵密反映织物的稀密程度。由于针织物在生产加工中受到拉伸极易变形，织物处于不稳定状态，因此，下机后的密度和成品密度往往不一致。针织物的密度与织物组织结构线圈长度、纱线直径和纱线品种有关。一般情况下，已知纱线品种、细度以及线圈长度，可以根据经验算式来计算下列组织在平衡状态下的密度。

（一）棉纱平针组织

棉纱平针组织横密和纵密的计算式如下：

$$P_A = \frac{50}{0.20L + 0.022\sqrt{Tt}} \qquad P_B = \frac{50}{0.27L - 0.047\sqrt{Tt}} \tag{8-12}$$

式中：P_A——织物横密，纵行/5cm；

P_B——织物纵密，横列/5cm；

L——线圈长度，mm；

Tt——纱线线密度，tex。

（二）棉纱1+1罗纹组织

棉纱1+1罗纹组织横密和纵密的计算式如下：

$$P_A = \frac{50}{0.30L + 0.0032\sqrt{Tt}} \qquad P_B = \frac{50}{0.28L - 0.041\sqrt{Tt}} \tag{8-13}$$

（三）棉纱双罗纹组织

棉纱双罗纹组织横密和纵密的计算式如下：

$$P_A = \frac{50}{0.13L + 0.11\sqrt{Tt}} \qquad P_B = \frac{50}{0.35L - 0.095\sqrt{Tt}} \tag{8-14}$$

（四）衬垫组织

确定衬垫组织密度的经验式如下：

$$A_L = 2(d_P + d_L) \qquad A_P = 4d_P \tag{8-15}$$

式中：A_L——垫入衬垫纱（即悬弧对应）的地组织线圈圈距，mm；

A_P——未垫入衬垫纱（即浮线对应）的地组织线圈圈距，mm；

d_L——衬垫纱直径，mm；

d_P——地组织纱线直径（添纱地组织应为两根纱线的直径），mm。

$$P_A = \frac{50(K_1 + K_2)}{K_1 A_1 + K_2 A_2} \qquad P_B = \frac{P_A}{C} \tag{8-16}$$

式中：K_1——一个衬垫比循环内垫入衬垫纱的线圈个数；

K_2——一个衬垫比循环内未垫入衬垫纱的线圈个数；

P_A——织物横密，纵行/5cm；

P_B——织物纵密，横列/5cm；

C——密度对比系数（0.77~0.89）。

三、织物单位面积重量

针织物单位面积重量既是反映针织物织造成本的一个重要指标，也是影响织物性能和品质的重要指标。它与线圈长度、纱线密度和织物密度有关，在公定回潮率下，织物单位面积重量可以表示为：

$$Q = 4 \times 10^{-4} LP_A P_B Tt \tag{8-17}$$

$$Q' = \frac{Q}{1+W} \tag{8-18}$$

式中：Q——单位面积公定重量，g/m^2；

P_A——织物横密，纵行/5cm；

P_B——织物纵密，横列/5cm；

L——线圈长度，mm；

Q'——单位面积干燥重量，g/m^2；

W——公定回潮率。

若已知针织物的线圈长度、横密、纵密和纱线线密度，可以直接计算织物的单位面积重量；若仅知道织物的纱线线密度，则可按照下列方法来估算织物的单位面积重量。

例：设计18tex棉纱的纬平针组织的单位面积重量。

根据式（8-10）和表8-2，可得线圈长度为：

$$L = \frac{21\sqrt{18}}{31.62} = 2.81(\text{mm})$$

根据式（8-12），可得织物的横密和纵密为：

$$P_A = \frac{50}{0.20 \times 2.81 + 0.022\sqrt{18}} = 76.2(\text{纵行}/5\text{cm})$$

$$P_B = \frac{50}{0.27 \times 2.81 - 0.047\sqrt{18}} = 89.8(\text{横列}/5\text{cm})$$

最后，根据式（8-18）可得织物的单位面积重量为：

$$Q = \frac{0.0004 \times 2.81 \times 18 \times 76.2 \times 89.8}{1 + 0.08} = 128.2(\text{g}/m^2)$$

四、坯布幅宽

针织机加工坯布的门幅宽度关系到衣片的排料与裁剪，其与针筒直径、机号和横密等因素有关。

（一）幅宽与针筒针数和横密的关系

由于针织机针筒或针床中每一枚织针编织一个线圈纵行，所以圆纬机针筒的总针数等于圆筒形针织坯布的总线圈纵行数。因此可得：

$$W = \frac{5N}{P_A} \tag{8-19}$$

式中：W——剖幅后净坯布幅宽，cm；

N——针筒总针数；

P_A——净坯布横密，纵行/5cm。

（二）幅宽与针筒直径、机号和横密的关系

针筒直径、总针数和机号有如下关系：

$$N = \pi DE \tag{8-20}$$

式中：D——针筒直径，cm；

N——针筒总针数；

E——机号，针/2.54cm。

将式（8-20）代入式（8-19）可得：

$$W = \frac{5\pi DE}{P_A} \tag{8-21}$$

实际应用时，可以测得织物的密度和纱线密度，通过经验或估算确定针织机的机号，再根据选定的针筒直径由式（8-21）计算出坯布幅宽，或者根据所需的坯布幅宽计算出针筒直径。

以上介绍的是圆纬机坯布幅宽的估算方法。对于横机等平形纬编机，只需将针筒总针数换成针床工作针数，针筒直径换成针床宽度，就可以参照上述方法估算出编织的坯布幅宽。

五、针织机产量

（一）理论产量

圆形纬编针织机的理论产量与线圈长度、纱线细度以及机器的针数、成圈系统数和转速等因素有关。其计算式为：

$$A_T = 6 \times 10^8 MNn \sum_{i=1}^{m} L_i \mathrm{Tt}_i \tag{8-22}$$

式中：A_T——按纱线线密度计算的理论产量，kg/（台·h）；

M——成圈系统数；

N——编织针数；

n——机器转速，r/min；

L_i——第 i 根纱线的线圈长度，mm；

Tt_i——第 i 根纱线的线密度，tex；

m——所使用的纱线根数。

$$A_D = 6.67 \times 10^9 MNn \sum_{i=1}^{m} L_i N_{Di} \tag{8-23}$$

式中：A_D——按纱线旦尼尔数计算的理论产量，kg/（台·h）；

N_{Di}——第 i 根纱线的旦尼尔数。

上面的参数与坯布品种、机器型号有关。设计时，先确定织物品种，各工艺参数，再选用合适的机型及其参数。对于横机等平形纬编机，可以参照上述方法计算出理论产量。

（二）实际产量

在实际生产中，由于换纱、下布、接头、加油和换针等操作都会造成停机，使得实际运转时间小于理论运转时间。不同的针织机，时间效率也不同。

1. 机器时间效率　机器时间效率是指在一定生产时间内，机器的实际运转时间与理论运转时间的比值。

$$k_{\mathrm{T}} = \frac{T_{\mathrm{S}}}{T} \times 100\% \qquad\qquad (8-24)$$

式中：k_{T}——机器时间效率；

T_{S}——每班机器的实际运转时间，min；

T——每班机器的理论运转时间，min。

2. 实际产量　针织机的实际产量可由下式确定：

$$A_{\mathrm{S}} = A \times k_{\mathrm{T}} \qquad\qquad (8-25)$$

式中：A_{S}——实际产量，kg/（台·h）；

A——理论产量，kg/（台·h）；

k_{T}——机器时间效率。

思考练习题

1. 常用纬编针织物线圈长度的计算方法有哪几种？与哪些参数有关？

2. 常用纬编针织物密度的计算与哪些参数有关？

3. 针织物单位面积干燥重量的估算与哪些参数有关？

4. 机号与针织物横密度以及纱线细度有何关系？如何估算机号？

5. 针织坯布的幅宽与哪些因素有关？如何估算？

6. 纬编针织机的理论产量和实际产量与哪些因素有关？如何估算？

第九章 经编概述

1. 掌握经编针织物的结构特点、分类和形成方法。
2. 掌握经编针织物结构的表示方法。
3. 掌握经编机的一般构造和主要技术规格参数，以及特利柯脱型经编机与拉舍尔型经编机的主要特征和区别。
4. 了解经编生产工艺流程。
5. 了解我国经编行业科技创新、数字化发展的现状和取得的成果。

第一节 经编针织物的形成

一、经编针织物的结构

与纬编针织物一样，经编针织物的基本结构单元也是线圈。图9-1为典型的经编针织物线圈结构图。线圈由圈柱（图中1—2与图中4—5）、针编弧（图中2—3—4）和延展线（图中5—6）组成，与线圈相连的两根延展线在线圈的基部交叉和重叠的称为闭口线圈（图中B），没有交叉和重叠的称为开口线圈（图中A）。纬编针织物有关线圈横列和纵行的定义也适用于经编针织物。

经编针织物与纬编针织物线圈结构的主要差别在于：一般纬编针织物中每一根纱线形成的线圈沿着纬向（横向）分布，而经编针织物中每一根纱线形成的线圈沿着经向（纵向）分布；纬编针织物的每一个线圈横列是由一根或几根纱线的线圈组成，而经编针织物的每一个线圈横列是由一组（一排）或几组（几排）纱线的线圈组成。

经编针织物线圈排列的稀密程度用该织物上一定面积内的线圈数量表示，称为线圈密度。为方便起见，在实际生产中，通常采用线圈横向密度（简称横密）和线圈纵向密度（简称纵密）来分别表示横向和纵向一

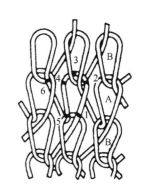

图9-1 经编针织物线圈结构图

定长度（如1英寸）内的线圈数量。在数值上，线圈密度与相应面积内的横密和纵密的乘积相等。此外，还有其他参数与性能指标，如线圈长度、延伸性、弹性等，其定义与表示方法与纬编针织物一样，这里不再赘述。

二、经编针织物的分类

与纬编针织物一样，经编针织物也用组织来命名与分类。一般分为基本组织、变化组织和花色组织三类，并有单面和双面之分。

经编基本组织是一切经编组织的基础，它包括单面的编链组织、经平组织、经缎组织、重经组织，双面的罗纹经平组织等。

经编变化组织是由两个或两个以上基本经编组织的纵行相间配置而成，即在一个经编基本组织的相邻线圈纵行之间，配置着另一个或者另几个经编基本组织，以改变原来组织的结构与性能。经编变化组织有单面的变化经平组织（如经绒组织、经斜组织等）、变化经缎组织、变化重经组织，以及双面的双罗纹经平组织等。

经编花色组织是在经编基本组织或变化组织的基础上，利用线圈结构的改变、复合，或者另外附加一些纱线或其他纺织原料，以形成具有特定花色效应和性能的花色经编针织物。经编花色组织包括少梳栉经编组织、缺垫经编组织、衬纬经编组织、缺压经编组织、压纱经编组织、毛圈经编组织、贾卡经编组织、多梳栉经编组织、双针床经编组织、轴向经编组织等。

三、经编针织物的形成

经编成圈过程的基本原理与纬编编结法成圈相似，也分为退圈、垫纱、闭口、套圈、弯纱、脱圈、成圈和牵拉几个阶段。图9-2所示为经编针织物的形成方法。在经编机上，平行排列的经纱从经轴引出后穿过导纱针1，由梳栉（由一排导纱针构成）带动在织针间作前后摆动和针前与针后横移，将经纱分别垫绕到织针2上，成圈后形成了线圈横列。由于一个横列的线圈均与上一横列的相应线圈串套从而使横列与横列相互纵向连接。当某一针上线圈形成后，梳栉可带着纱线按工艺要求移到其他针上垫纱成圈，构成线圈纵行间的横向联系。图中虚线表示各个线圈横列和线圈纵行的分界。

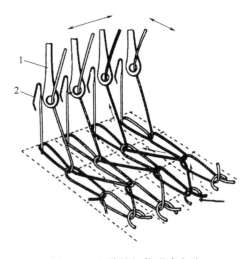

图9-2　经编针织物形成方法

经编与纬编针织物形成方法的主要差别在于：纬编是在一个成圈系统由一根或几根纱线沿着纬向（横向）垫入各枚织针，顺序成圈；而经编是由一组或几组平行排列的纱线沿着经向（纵向）垫入一排织针，同步成圈。

对于经编生产来讲，整经工序是准备工序，是将若干个纱筒上的纱线平行卷绕在经轴上，为上机编织做准备。织造工序是在经编机上，将经轴上的纱线编织成经编织物。染整和成品制作工序是按照最终产品的性能和形式要求分别进行加工处理。经编最终产品包括服用、装饰用和产业用三类。服用类产品有泳装、内衣、运动休闲服装等。装饰用产品有窗帘、台布、毯子等。产业用产品有土工格栅、灯箱布、棚盖布、风力发电机叶片等。总体来说，在经编产品中，服用类产品所占的比重相对较小，而装饰用和产业用产品所占的比重较大。

四、经编针织物的一般特点

与纬编针织物相比，经编针织物一般具有以下特点。

（1）经编针织物的生产效率高。

（2）经编针织物一般延伸性比较小。

（3）经编针织物防脱散性好。

（4）经编针织物能形成不同形式的网眼组织，花纹变换简单，几乎所有的织物组织都能编织出来。

（5）可利用地梳编织网眼底布，花梳在底布上形成各种花型，生成各类网眼提花织物。

（6）可利用双针床生产立体成形产品。

第二节　经编针织物结构的表示方法

经编针织物组织结构的表示方法有线圈图、意匠图、垫纱运动图、垫纱数码、穿纱对纱图等。根据国际标准和相应的国家标准，具体表示方法见表9-1。

一、线圈图

线圈图又称线圈结构图。与纬编织物一样，经编针织物的线圈图也是用二维线条描绘出织物结构中的纱线路径。线圈图可以具体、形象地表示线圈的形态、相互穿套关系、纱线走纱路径和织物外观。但绘制难度较大、耗时较长，不适于表示较为复杂的线圈结构和多组纱线的织物结构。

二、意匠图

经编意匠图有两种表示形式，一种是图案意匠图，是在规则的方格上用颜色或符号标记表示经编织物的花型图案，多用于表示提花织物的花型。另一种是垫纱意匠图，是在意匠格上表示纱线的垫纱运动。如在设计多梳织物时，常在六角网格意匠纸上由下向上地绘制花梳纱线的垫纱运动。

三、垫纱运动图

垫纱运动图是在点纸上根据导纱针的垫纱运动规律自下而上、逐个横列画出其垫纱运动轨迹。点纸上每个小点代表一枚织针的针头，小点上方表示针前，小点下方表示针后。横向一排点表示经编针织物的一个线圈横列，纵向一列点表示经编针织物的一个线圈纵行。用垫纱运动图表示经编针织物组织比较直观、方便，而且导纱针的运动与实际情况完全一致。对于很多单针床织物，这种表示法能清楚地反映织物工艺反面纱线的运动轨迹。对于双针床织物，一般用两个相邻横列的小点表示两个针床的垫纱情况，并在垫纱图侧面用文字或符号标注，以区分两个针床。为便于记录垫纱情况，通常在垫纱图下面的间隙（相当于针间）用数字进行编号，编号的方向由梳栉横移机构的位置决定，对于梳栉横移机构在机器左侧的经编机，针间数字应从左向右标注；而对于梳栉横移机构在机器右侧的经编机，针间数字应从右向左标注。

四、垫纱数码

垫纱数码也称为垫纱数字记录或组织记录，它是用针间数字记录导纱针在各横列针前和针背的横移情况。针间数字采用自然数标注，如 0、1、2、3、…。各横列之间用单斜线分开，一个组织循环以双斜线结束。每横列用一组数字表示导纱针在针前横移运动的起始位置和终止位置（与垫纱运动图中点阵间隙编号对应），以此表示针前横移的方向和距离，数字之间用短横线连接。在相邻的两横列中，前一横列的最后一个数字与后一横列的起始数字一起表示该梳栉在针背的横移运动情况。下面以单面经平组织 1-0/1-2// 为例进行说明：第一横列的垫纱数码为 1-0，表示这把梳栉在该横列进行从 1 位置到 0 位置的针前垫纱；第二横列的垫纱数码为 1-2，表示这把梳栉在该横列进行从 1 位置到 2 位置的针前垫纱。第一横列的针背横移从第一横列的 0 位置开始，到第二横列的 1 位置结束，用 0/1 表示；而第二横列的针背横移是从第二横列的 2 位置开始，到第一横列的 1 位置结束，用 2/1 表示。

五、穿纱对纱图

穿纱对纱图表示每把梳栉导纱针的穿纱情况。在实际生产中，每枚导纱针可以穿纱，也可以不穿纱（空穿），即使穿纱，也有品种、规格、颜色等多种变化形式。一般以圆点表示穿纱，短竖线表示空穿，使用这样的图形符号组合表示该把梳栉的穿纱情况，如 · · | | 表示该把梳栉穿纱规律为两空两穿。对于穿纱情况较为复杂的情形，还常使用数字和字符的组合来表示，如 2A2B 表示该把梳栉穿纱规律为 2 根 A 纱 2 根 B 纱（A 纱和 B 纱需要提前定义）。

将两把或多把梳栉的穿纱图对应排列就构成了对纱图。它与垫纱运动图结合起来可以比较准确地反映织物中纱线的排列和走纱情况。

在实际使用中，应根据织物结构和加工方法选择能够清晰表示织物组织结构的方式。上述几种表示方法可单独使用，也可同时使用。表 9-1 列出了常用的经编针织物的表示方法。

表 9-1　经编针织物表示方法

表示方法	示例
线圈结构图	例：单面经绒（2+1）—经平（1+1）

续表

表示方法	示例
图案意匠图	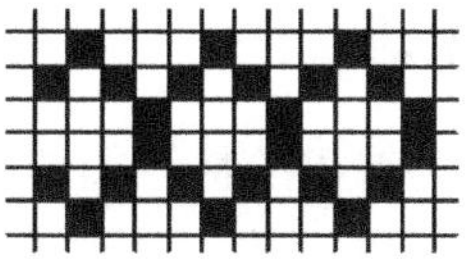
垫纱意匠图	例1：四角网眼的垫纱意匠图 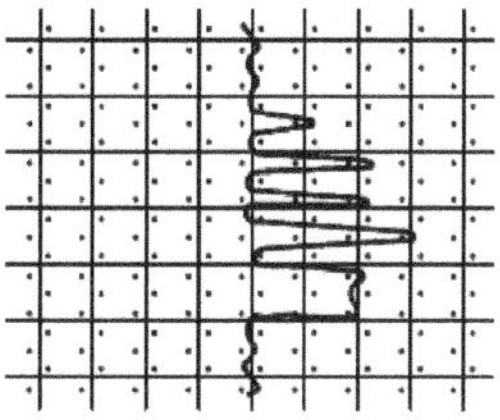 例2：六角网眼的垫纱意匠图 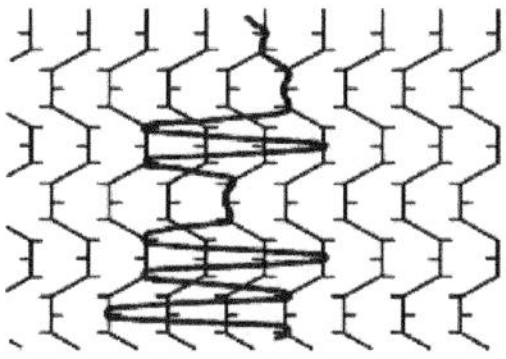
垫纱运动图	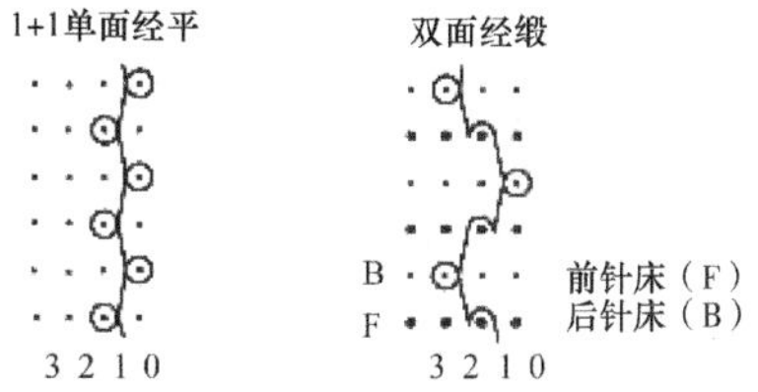 1+1单面经平　　双面经缎 B 前针床（F） F 后针床（B） 3 2 1 0　　3 2 1 0
垫纱数码	单面经平：1-2/1-0// 双面经缎：1-2, 2-3/2-1, 1-0//
穿纱对纱图	例1：满穿和空穿的穿纱图 GB1：满穿　　｜｜｜｜｜｜｜｜ GB2：3空/3穿/1空/1穿//　｜·｜｜｜··· 图中"｜"表示穿纱，"·"表示不穿纱 例2：使用三种不同纱线A、B、C的穿纱表示：GB1：10A/28B/18C//

第三节　经编针织机

经编针织机种类繁多，一般根据其结构特点、用途和附加装置进行分类。目前，经编机主要分为特利柯脱型和拉舍尔型两大类，除此之外还有一些特殊类型经编机，如钩编机、缝编机、管编机等。就织针类型而言，槽针（复合针）是当前的主流，现代经编机大多配置了槽针；舌针仍有较多应用，特别多见于双针床经编机和一些专门用途的经编机；钩针在现代经编机上已经基本被槽针取代，很少使用。尽管可以制造圆形针床的经编机，但目前实际使用的基本都是平形针床经编机。

一、特利柯脱型经编机

特利柯脱型（Tricot）经编机的特征如图9-3所示。该型经编机以前使用钩针，现基本被槽针替代。由图9-3（1）可以看出，其坯布牵拉方向1与织针运动方向2之间的夹角β在90°~115°范围内。一般说来，特利柯脱型经编机梳栉数较少（一般少于9把，常用2~4把），机号较高（常用$E24 \sim E32$，最高可达$E44$以上），机速也较高（最高可达4000r/min），针床宽度通常在3300~6600mm（130~260英寸）之间。

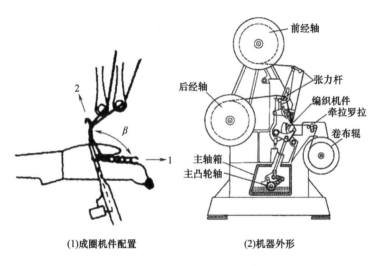

(1)成圈机件配置　　　　(2)机器外形

图9-3　特利柯脱型经编机特征

另外，如图9-3（2）所示，从侧面看，特利柯脱型经编机的外形明显不对称，经轴位于机器的顶部和后部。目前，特利柯脱型经编机为单针床，产品以轻薄的弹性、小网眼、毛圈织物为主。

二、拉舍尔型经编机

拉舍尔型（Raschel）经编机的特征如图9-4所示。该型经编机多采用复合针和舌针。由图9-4（1）可以看出，其坯布牵拉方向1与织针运动方向2之间的夹角β在130°~170°范围内。与特利柯脱型经编机相比，一般其梳栉数较多，机号和机速相对较低。针床宽度通常在1000~6600mm（40~260英寸）之间。

另外，如图9-4（2）所示，从侧面看，拉舍尔型经编机的外形较为对称，经轴位于机器的顶部和前后两侧。拉舍尔型经编机分单针床和双针床两类。单针床拉舍尔型经编机包括少梳高速型（4~5把梳栉）、多梳型、贾卡提花型、双轴向型和多轴向型等。而双针床拉舍尔型经编机有普通型、短绒型、长绒型、间隔织物型、毛圈型、圆筒织物型、无缝内衣型等。

不同经编机上的梳栉数量差别很大，少则配置两把梳栉，多则有几十把梳栉，甚至上百把。为便于工艺设计，梳栉需要按一定的顺序进行编号。以前，若是采用两把梳栉，常用F和B分

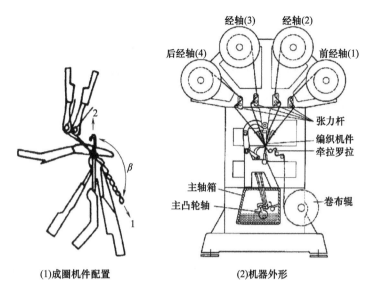

图 9-4　拉舍尔型经编机特征

别表示前梳栉和后梳栉；如果采用三把梳栉，则可以用 F、M、B 分别表示前梳栉、中梳栉和后梳栉；对于多于三把梳栉的情况，特利柯脱型经编机的梳栉由机后到机前依次编号为 L_1、L_2、L_3、…，拉舍尔型经编机的梳栉由机前到机后依次编号为 L_1、L_2、L_3、…。现在根据标准规定：所有类型经编机的梳栉统一为由机前向机后编号，依次为 GB1、GB2、GB3、…。

三、经编机的机构组成

尽管经编机的种类繁多、外形不同，但它们的基本构造与组成是相似的。图 9-5 所示为一种经编机的外形。卷绕有经纱的经轴 1 配置在机器的上方和后方，一般经轴的数量与梳栉的数量对应。送经机构 2 将经纱按照工艺要求输送至编织机构 3。编织机构包括针床、沉降片、梳栉等机件。梳栉横移机构 4 位于机器的一侧。编织机构编织的坯布经过牵拉机构 5 的牵引，最后绕成布卷 6。图 9-5 中 7 是控制箱，其上装有操纵面板。另外，整机还包括传动机构、机架、辅助装置等部分。

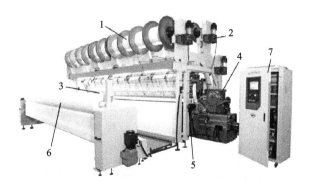

图 9-5　普通经编机的外形

四、经编机的主要技术规格参数

经编机的主要技术规格参数有以下几个方面。

（1）机型。包括特利柯脱型、拉舍尔型，或钩编机、管编机、缝编机等。

（2）针床数。包括单针床、双针床。

（3）针型。包括槽针、舌针等。

（4）机号。表示织针排列的稀密程度，机号越高表示织针排列得越密。

（5）梳栉数。梳栉数量越多，可以编织的花型与结构越复杂。

（6）针床宽度。表示可供使用的针床工作宽度，也表示坯布在机上最大宽度。

（7）机速。用每分钟主轴转数（r/min）表示，一般每转编织一个线圈横列。

（8）送经系统形式。包括机械式、电子式等，可用具体的类型及型号表示。

（9）梳栉横移机构形式。包括机械式、电子式等，可用具体的类型及型号表示。

（10）牵拉卷取机构形式。包括机械式、电子式等，可用具体的类型及型号表示。

（11）传动方式。包括主轴和各机件的传动形式。

（12）机器功率。包括主电动机和各伺服电动机的功率。

（13）机器外形尺寸。用机器占用最大空间的长、宽、高表示。

（14）其他。包括断纱检测、坯布检测等。

第四节　经编生产工艺流程

一、经编产品生产工艺流程

经编产品的一般生产工艺流程为：

整经→织造→染整→成品制作

二、经编产品织造工序的生产工艺流程

经编生产由原料至毛坯产品的织造工艺流程，一般为：

原料进厂→原料检验→堆置→整经→上轴穿纱→编织→称重打戳→坯布检验→装袋→毛坯入库

原料检验：在原料进厂后，要根据要求对其物理、力学性能等进行检验，以保证符合要求。另外还要考虑原料的卷装形式是否符合整经要求，如不符合则要在检验合格后对其卷装形式进行变换。

堆置：纱线进入整经车间后要存放一定时间（一般24~48h），使原料的温度、回潮率与车间的温湿度环境相一致。

整经：将经纱按所需根数和长度平行地卷绕成圆柱形卷装的经轴，以供经编机使用。为使纱线具有良好的编织性能，可在整经时对纱线进行上油、消除静电等辅助处理，以改善经纱的表面性能。

上轴穿纱：将整经工序制成的分段经轴串套成一根经轴，并将其安装到经编机上，然后按照编织工艺要求将经纱沿纱路穿纱。

编织：由经编机将经纱按织物工艺要求编织成坯布（毛坯布）。在设计时要根据面料特点和规格参数选用合适的机器类型、机号和工作幅宽，并根据织物风格、外观和性能要求设计合适的组织结构和参数。

下机后的经编毛坯布经过称重打戳、坯布检验、装袋后进入毛坯仓库。

思考练习题

1. 经编针织物的结构有何特点？与纬编针织物相比有何不同？
2. 经编针织物是如何形成的？与纬编有何区别？
3. 经编针织物分为哪几类？表示经编针织物结构的方法有几种？各有何特点？
4. 经编机的主要技术规格参数有哪些？
5. 经编机一般由哪几部分组成？特利柯脱型与拉舍尔型经编机有哪些区别？
6. 调研经编行业，了解我国经编行业科技创新、数字化发展的现状和取得的成果。

第十章　整经

1. 掌握经编整经的目的与工艺要求。
2. 能够表达和识别三种经编整经方法。
3. 掌握分段整经机的基本构造，能够表达和识别主要机构的作用及其工作原理。
4. 了解弹性纱线整经机的工作原理及其特点。

第一节　整经工艺要求及整经方法

整经是经编织造的准备工序，整经质量好坏对经编生产过程和织物质量有着显著影响。除了个别使用纱架直接供纱的经编机外，绝大多数经编机都使用整经加工的经轴供纱。

一、整经的目的与工艺要求

整经的目的是将筒子纱按照经编织造工艺需要的经纱根数与长度，在相同的张力下，平行、等速、整齐地卷绕到经轴上，以供经编机使用。

整经工艺要求包括以下几个方面。

（1）经轴上的经纱根数和长度要符合工艺要求。

（2）整经张力要大小适中，且均匀一致。每根经纱在整经过程中保持张力一致；每个经轴上的经纱间保持张力一致。

（3）经轴成形良好，表面平整，呈规则的圆柱形，没有上、下纱层间的经纱嵌入情况。

（4）改善经纱性能。如通过加油改善经纱的手感和抗静电性；通过毛丝检测，去除毛丝、结头等纱疵。

（5）在整经过程中要求同一经轴上使用同一批次原料，同一经轴使用相同的整经参数。

二、整经的方法

经编常用的整经方法有三种：分段整经、轴经整经和分条整经。

1. 分段整经　因为在实际生产中经编机上每一把梳栉需要的经纱根数很多，所以常常将一把梳栉对应的纱线分成几份，分别卷绕到经轴上的几个分段经轴（即盘头）上。这样在整经时先由整经机将各份经纱卷绕到各个分段经轴上，然后再将分段经轴组装成经编机上使用的一个经轴。这种将经纱卷绕成狭幅分段经轴的方法就称为分段整经。

分段整经比较经济，生产效率高，运输和操作方便，能适应多种原料要求，是目前使用最广泛的经编整经方法。

2. 轴经整经　轴经整经是将经编机一把梳栉所用的经纱，同时并全部卷绕到一个经轴上。目前多用于经纱总根数不多的花色纱线（如衬纬纱线）的整经。以前也有对编织地组织的经轴使用轴经整经，但因为经纱根数较多，纱架容量及占地面积较大，且整经过程中容易产生成形不良，造成经编生产困难和织物残疵，所以现在很少使用。

3. 分条整经　分条整经是将经编机一把梳栉上所需的全部经纱根数分成若干份，一份一份分别卷绕到大滚筒上，然后倒绕到经轴上的整经方法。这种整经方法生产效率低，操作麻烦，已很少使用。

三、整经环境要求

整经车间的温度、湿度和空气清洁度对操作工的健康和整经质量都有较大影响。一般来讲，整经车间温度夏季不宜超过 30℃，冬季不宜低于 20℃，春秋两季可保持在 24 ~ 25℃；对锦纶、涤纶、氨纶等整经时，一般相对湿度控制在 65%±5%；要保持整经车间空气清洁，尽量采用封闭式车间，利用空调系统排风和更新空气，并经常清洁地面，消除尘土。另外，整经车间的采光应保持光线均匀、柔和，尽量避免光线直射。

第二节　整经机的机构组成及工作原理

一般来说，整经机由纱架、纱线处理机构和纱线卷绕机构三部分组成。纱架部分是承载纱线并使纱线按照规定的张力和速度送出的机构，它的核心是其中的纱线张力控制装置。整经机的中间部分主要是对纱线进行张力控制、纱疵检测、性能处理及对整经过程中出现断纱时进行处置的装置。纱线卷绕部分是整经机的核心，它承担纱线卷绕工作，整经过程的管理、操控、显示等都集中在此部分。工作时，先将需要整经的纱线以筒纱的形式安放在纱架上，然后从其上引出，经纱疵检测、性能处理后，卷绕到经轴上。

一、分段整经机

分段整经机的种类很多，但工作原理大致相同。目前常用的分段整经机的结构如图 10-1 所示。纱线（包括长丝和短纤纱）由纱架 1 上的纱筒引出，经过集丝板 2 集中，通过分经筘 3、张力罗拉 4、静电消除器 5、加油器 6、储纱装置 7、伸缩筘 8 以及导纱罗拉 9 均匀地卷绕

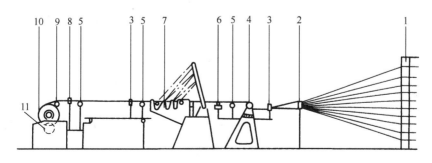

图 10-1　分段整经机结构简图

到经轴 10 上。在有些整经机上经轴表面由包毡压辊 11 紧压。另外，在纱架 1 上常装有张力控制、断纱自停、信号报警等附属装置。

下面以常用的分段整经机为例介绍整经机上主要装置的结构与工作原理。

（一）张力装置

1. 圆盘式张力器　圆盘式张力装置安装在筒纱的前方，由气圈挡板 1、磁孔 2、上张力盘 3、下张力盘 4、立柱 5、立柱 6、立柱 7、滑槽 8 组成，如图 10-2 所示。工作时，经纱从纱筒引出，经气圈挡板并自磁孔穿入后，通过上张力盘与下张力盘之间，绕过立柱（5、6、7三个立柱，可根据需要确定使用的数量和绕纱路径）后引出。每个立柱上各安装一套张力盘（上、下张力盘各一个），可通过在滑槽内滑移立柱及其上张力盘的位置来改变绕纱包围角，从而达到改变经纱张力的目的。

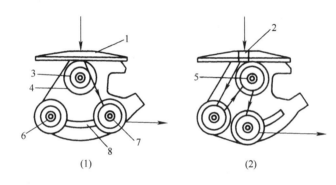

图 10-2　圆盘式张力器

经纱张力的大小取决于以下几个因素。

（1）经纱绕过张力盘的个数。绕过张力盘的个数越多，经纱张力越大。

（2）经纱对张力盘立柱的绕线方式。经纱对立柱的包围角越大，经纱张力也越大。

（3）上张力盘的重量。上张力盘越重，经纱张力越大。

2. 液态阻尼式张力器　液态阻尼式张力器又称为 KFD 张力器，如图 10-3 所示，由气圈盘 1、直棒 2、张力杆 3、油罐 4、调节轴 5 组成。

工作时，可以通过转动气圈盘，改变纱线与直棒的包围角来调节纱线张力；还可以通过改变纱线在张力杆间的包围角来调节纱线张力。前者是一个相对的固定值，可以作为纱线的预加张力；而后者可在整经过程中发生变化，实现动态调节。

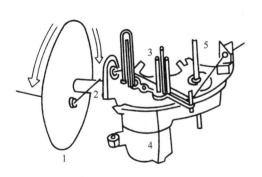

图 10-3　液态阻尼式张力器

另外，由拉簧控制的张力杆位于可活动的小平台上，经纱绕过张力杆后获得张力的大小由拉簧的拉力决定。拉簧的拉力则由纱架同一纵列的一根集体调节轴控制，可以通过改变拉簧的拉力来调节经纱的张力。

液压阻尼机构还包括平台下面的油罐。该油罐内的黏性油里浸有阻尼叶片和拉簧，分别控制小平台和张力杆的运动。

工作时，经纱由气圈盘上的小孔引入，绕过直棒后，在张力杆之间绕行。当经纱张力增大（大于预定张力值）时，若干张力杆在拉簧的作用下位置开始变化，使纱线与杆的包围角减小，致使张力减小，直至回复到预定值，如图10-4（1）所示。

当经纱张力减小（小于预定张力值）时，若干张力杆再次变更位置，使纱线与张力杆之间的包围角增加，使经纱张力增大，直至回复到预定值，如图10-4（2）所示。

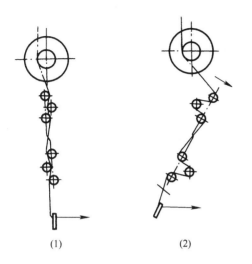

图10-4　纱线绕过张力杆的不同状态

由于该张力装置能够有效地控制经纱的初张力，又能吸收张力峰值，减少张力波动范围，因而能同时均衡一个纱筒自身（从满管到空管）的张力差异，及纱筒之间的张力不匀。

该装置还可用作自停装置。当纱线断头或纱筒纱线用完时，发生无张力的情况，杆与平台转到极端位置，触发开关，机器停止工作。例如，在纱架上安装一系列相互制约的开关电路。当某根经纱断头后，该排指示灯点亮，同时送出负电平，将其他指示灯的触发电路封锁，避免其因张力松弛而发亮，因而可提高挡车工的工作效率。

KDF装置有不同的型号，以满足不同经纱的整经要求。如KFD-K型适于合成纤维与精纺纱线，张力调节范围在4~24cN。KFD-T型适用于粗纱线，如地毯等厚重织物的纱线整经，它的张力调节范围在30~70cN。

（二）储纱装置

在整经机高速运转的过程中，当发生断纱时，即使立即启动自停装置，由于惯性的作用，机器仍将运转一段时间，使断了的纱头被卷入到经轴上的经纱中，接头时需要将经轴倒转，直到露出断头，在这个过程中要求其余的经纱仍保持张力恒定，处于张紧、平直的状态。

储纱装置的作用是在发生纱断时，既便于接头，又能保持纱线张力。图10-5所示为一种处于工作状态的上摆式储纱装置。其主要由一组固定储纱辊1、摆动储纱辊2、夹纱板3及摆臂4

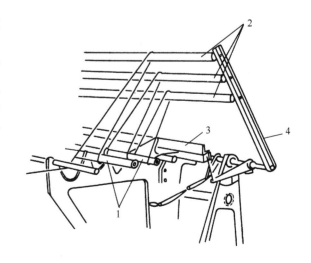

图10-5　上摆式储纱装置

等组成。

储纱装置工作时,首先踩下机头下面脚踏开关的反开关,启动储纱退绕。此时,夹纱板夹紧经纱片,将整经过程中的纱线隔断为两部分,此处至纱架部分的经纱仍保持原来的状态,随着电动机驱动摆臂由最低位置向上(向后)摆动,摆臂把此处至机头经轴部分的经纱从经轴上拉出,未断的经纱在固定储纱辊和摆动储纱辊之间呈"之"形围绕,经轴继续反转退绕,直到找到断头为止。断头处理完成后,踩下机头下面脚踏开关的正开关,经轴正转慢速卷绕,经纱将摆臂向下(向前)拉动,此时电动机失电,摆臂在经纱拉动下返回。当摆动储纱辊下降到固定储纱辊附近时,夹纱板打开,同时电动机启动,使摆臂继续下降回复到达最低位置。这段时间内,纱线始终由主电动机以慢速正转卷绕,直到放松脚踏开关。

储纱装置摆臂的最低和最高(最远)极限位置由摆臂轴上的限位开关凸轮来调整。摆臂的摆角不宜随意增加,以免使经纱在拉回摆臂时承受过大的张力。当经纱根数过少而不能承受所需的总张力时,摆臂的摆动幅度不应超过垂直位置。

(三)机头

整经机机头部分主要由机头箱、经轴、主电动机及尾架等组成。

目前,经编机盘头(分段经轴)的边盘直径范围一般为 530~1000mm(21~40 英寸),盘头的长度通常为 530mm(21 英寸)或 1270mm(50 英寸)。为了适应产品变化的要求,在许多整经机上,只需将安装盘头的轴与支承尾架的导柱稍加调整就可实现盘头大小的变换。

通常,装在机头上的盘头由直流电动机直接带动。为了保证在盘头直径变化时经纱卷绕线速度和卷绕张力不变,必须随着盘头卷装直径的逐渐加大,通过逐渐降低直流电动机的转速,使得盘头的转速(角速度)逐渐同步降低。这个调节过程如下:当盘头卷装直径逐渐增大时,经纱线速度也相应增加,并带动导纱罗拉转速加快。在此罗拉上的发电机的测速反馈电压增大,当超过预定标准时,通过继电器,使伺服电动机倒转电枢电压下降,迫使电动机减速,致使盘头转速下降,直到回复到预定的线速度。

经轴两边盘的间距与经轴内宽对应,通过对纱层均匀施压以获得平整紧实的盘头。通常张力装置已能使经纱保持必要的均匀张力,满足盘头表面平整的工艺要求,只有当纱线张力要求特别低或对经纱密度有特殊要求时才使用压辊。

(四)静电消除器

静电消除器的作用是消除纱线原有的及在整经过程中产生的静电。经编原料多为化纤长丝,容易产生静电,而且在整经过程中,高速运动的经纱与金属机件摩擦也会产生静电。为了消除静电,除了在加油器中适当添加消除静电油剂外,还要在集丝板等部位安装电离式静电消除器。电离式静电消除器主要由变压器和电离棒组成,利用高电位作用下的针尖放电,使周围空气电离。当经纱片通过电离区时,所带静电被逸走,从而减少经纱上的静电电荷,保证整经加工过程的顺利进行。

(五)加油装置

整经机加油装置的作用是对经纱表面给油,使其表面顺滑、柔软,并改善抗静电性能。加油装置分为单辊式和双辊式两种。单辊式加油装置由油罐、加油辊、抬纱杆、减速器、电动机和底板组成;双辊式加油装置由电动机、减速器、加油辊、油罐和自动补油装置组成。

（六）张力均匀装置

一般在整经机上还有张力均匀装置，用于在整经过程中对经纱张力进行调节。图 10-6 为一种张力均匀装置。图中 1 为张力感应装置，2 为电磁制动器，3 为张力辊，4 为导纱辊，5 为变速齿轮，6 为脉冲发生器。经纱呈"S"形围绕张力辊和导纱辊，通过张力感应装置感知张力的大小。工作时，如感知经纱张力过大，超出预设范围，则会通过变速齿轮连接脉冲发生器，驱动电动机，调节经纱走纱速度，以实现对纱线张力的补偿。

（七）毛丝检测装置

因为毛丝对经编织造过程有不利影响，所以在整经过程中应尽可能去除。因而在整经机上大多装有毛丝检测装置，以检测纱线中毛丝、粗节并在整经中予以消除。该装置由光源、光敏元件组成，与整经纱片平行安

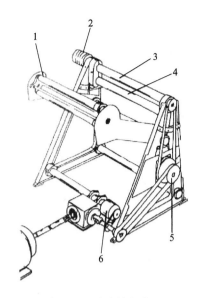

图 10-6　张力均匀装置

装。在整经过程中，当光源的光线受到毛丝遮挡时，照度发生变化，使受光装置的电流改变，经放大使继电器发生作用，从而使整经机停机。

（八）伸缩筘

一般要求整经机能适应多种经轴尺寸。为满足这样的要求，需要使用伸缩筘这一装置对经纱纱片的宽度进行调节，以满足不同经轴宽度的要求。另外伸缩筘还可通过沿经轴轴向作微量的横向移动，使经轴产生轻微的交叉卷绕结构，以利于经纱退绕；随着经轴直径的加大，通过伸缩筘上升，保持其与经轴表面的相对位置不变。

二、花色纱线整经机

通常情况下，多梳经编机花色梳栉使用的经轴上经纱根数较少，此时可以采用轴经整经的方法，直接制成整个经轴。

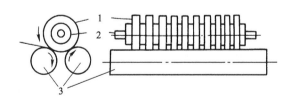

图 10-7　花色纱线整经机

图 10-7 所示为花色纱线整经机的示意图。其表示在一根花色经轴上用几根纱线 1 分别卷绕成几段的情况，经轴 2 被两个回转辊 3 摩擦带动，因而不会因经轴直径增大而影响纱线的卷绕速度。

纱架位于该整经机的正面。其上引出的经纱由导纱筘引导到经轴上，并作横向往复运动，以保证每个纱线的卷绕宽度和纱层之间方向交叉。导纱筘往复运动的动程应小于两个纱段同位点的距离，以便在两个纱段之间留有一定的距离。

三、弹性纱线整经机

氨纶等弹性纱线由于模量低，当受很小的张力时就能产生很大的延伸。而氨纶弹性纱与

导纱机件的摩擦系数较大（0.7~1.3），是其他合成纤维的3~4倍，即使较小的张力波动也会造成纱线伸长发生较大的变化，因而用普通整经方法整经时，经纱张力不稳定，纱线也极易缠结，因此需要使用专门的弹性纱线整经机。

弹性纱线整经机与普通整经机的结构和功能基本相同，区别主要在于：在普通整经机上，纱线从纱筒上退绕是消极式送纱，而在弹性纱线整经机上纱线从纱筒上退绕是积极式送纱，且送纱与卷绕等参数需要根据纱线弹性等相关性能进行设置。

弹性纱线整经机除了具有一般整经机的结构外，还需要有积极送纱、纱线牵伸和纱线张力补偿等装置以适应弹性纱整经时的伸长和回缩。图10-8所示为弹性纱线整经机的工作原理。在纱架7上装有纱筒芯座和垂直送纱辊8。工作时，将弹性纱筒9安装在纱筒芯座上，并由弹簧将其与垂直送纱辊紧压；垂直送纱辊由机身主电动机11传动，利用弹性纱筒与送纱辊间的摩擦，将纱线积极送出；送出的经纱经张力传感装置5、张力辊4、导纱辊2等机构，最后卷取形成经轴1，完成整经过程。在整经过程中，当需要停机时，机器的各部分均同步制动。图10-8中3、6为前后分纱筘，10为无级调速器，12为经轴电动机。

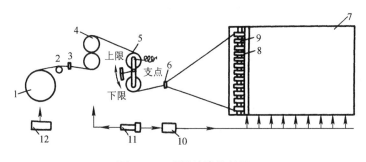

图10-8　弹性纱线整经机

（一）积极式送纱装置

弹性纱线整经机的筒子架由几个独立的纱架组合而成，可以根据整经根数进行增减。纱架向着机头方向呈扇形展开（图10-9），这样安排可尽量减小前后纱架上各纱路间的差异，从而减少经纱间的张力不匀。积极式送纱装置的核心是筒子架上的积极式送纱辊。积极式送纱辊通过自身的回转带动与其接触的弹性纱筒，使弹性纱筒表面的退绕线速度与送纱辊表面

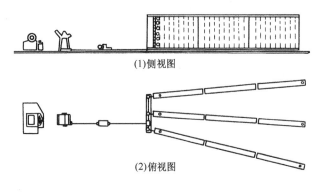

(1)侧视图

(2)俯视图

图10-9　纱架与纱路

的线速度一致；弹簧可使纱筒与送纱辊始终压紧，从而保证在整经过程中，纱筒直径的变化不会影响送纱速度。送纱速度可以通过调节送纱辊的回转速度来改变。

送纱辊按照安装方向分为立式和卧式两种，如图10-10所示。主动回转的送纱辊1带动弹性纱筒2进行退绕送纱，这种传动方式确保了纱筒上的弹性纱线都以同样的线速度退绕。为了使弹性纱张力均匀，要求筒子架上所有的纱筒直径相同。在一些整经机上，送纱辊逆时针回转，这种传动方式可以确保纱筒不打滑，并可消除在满筒时出现的黏丝及其造成的不能顺利退下而断头的现象。

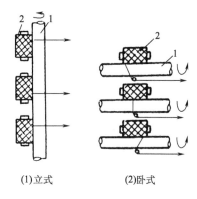

(1)立式　　　　(2)卧式

图10-10　氨纶纱送纱辊

(二) 纱线牵伸装置

纱线牵伸装置是弹性纱整经机特有的一种装置。它是将送纱辊送出的弹性纱线在卷绕到盘头上之前进行适当的拉伸，以保持弹性纱线的平直。预牵伸量是指弹性纱由纱架送纱辊送出到张力辊之间的拉伸量。张力辊速度与纱筒退绕速度的比值称为预牵伸比，它可以在1~3.17范围内调节。从张力辊到盘头之间纱线的拉伸量为后牵伸量。盘头卷取速度与张力辊速度的比值称为后牵伸比。对于弹性纱线，后牵伸比可以是正值，也可以是负值。整经过程中的总牵伸量取决于纱线从纱筒至盘头之间的拉伸量，预牵伸比与后牵伸比的乘积为总牵伸比，其值应尽量保持稳定。各牵伸比的计算如下：

$$D_f = \frac{v_r}{v_y} \tag{10-1}$$

$$D_b = \frac{v_b}{v_r} \tag{10-2}$$

$$D_t = D_f \times D_b = \frac{v_b}{v_y} \tag{10-3}$$

式中：D_f——预牵伸比；

　　　D_b——后牵伸比；

　　　D_t——总牵伸比；

　　　v_r——张力辊转动表面线速度，m/s；

　　　v_y——纱筒退绕线速度，m/s；

　　　v_b——盘头转动表面线速度，m/s。

(三) 纱线张力补偿装置

在整经过程中随着纱线筒子直径的减小，退绕张力也会发生变化，进而影响纱线的伸长量。为了保持张力稳定，在整经过程中使用张力传感装置感知弹性纱线伸长量的差异，自动地改变拉伸，对纱线张力进行补偿，以尽可能减少盘头上弹性纱线的伸长差异。

纱线张力补偿装置主要由张力感应辊、摇臂、感应螺钉、感应开关、拉簧等组成。摇臂上装有一对张力传感辊，纱线绕过张力辊，借助拉簧拉力与经纱张力保持平衡；摇臂轴端安装感应螺钉，这样螺钉可随摇臂一起摆动。当经纱张力增大时，摇臂上原有的受力平衡被打破，发生摆动，当达到摆动下限，其上的感应螺钉压在下限感应开关上时，通过电子放大器使无级调速器加速，增加筒子纱线退绕速度，张力随之减小。反之，当经纱张力过小时，摇臂上的感应螺钉会触压上限感应开关，无级调速器使电动机减速，减小筒子退绕速度，纱线逐渐绷紧，张力增大。

除此之外，为了尽量减少弹性纱线与机器的接触点，所有导纱器件的表面尽量为旋转结构，使纱线受到积极、均匀的传动。

四、具有拷贝功能的整经机

现在，一些整经机在计算机控制下，具有较强的纱线张力控制能力，可生产出高质量的盘头。当需要完成多个相同参数盘头的整经任务时，操作工只需先整好一个符合要求的主盘头，计算机会记录下该盘头的内径、外径和圈数等参数，然后根据记录下的数值为此批其他盘头计算生成一条参考曲线。如果后续盘头与主盘头有一定的偏差，计算机将通过控制张力辊的转动速度对纱线张力进行调节，以对偏差进行补偿。由于这种整经机具有盘头拷贝功能，可以保证同根经轴上盘头的盘头周长一致、卷绕圈数一致、纱线张力一致，有助于提高经编机的运转效率和织物品质。

五、牵伸整经机

牵伸整经机是一种在整经过程中可对经纱进行牵伸的整经机，用于对低取向度的化纤长丝进行整经。牵伸整经机一般由纱架、牵伸机构和机头等组成。牵伸机构是该机器的核心，通常由加热装置、牵伸辊、导引辊等组成。该机器具有生产效率高、经纱质量好、加工成本低等优点。

思考练习题

1. 整经的目的和工艺要求是什么？
2. 整经主要有哪些方法？它们各有什么特点？
3. 分段整经机由哪些主要机构组成？它们的作用和工作原理是什么？
5. 弹性纱线整经机与分段整经机在结构上有何不同？需要采用哪些特殊机构？
6. 弹性纱线整经时会产生一定的牵伸量，牵伸量有哪些？
7. 了解国内整经技术与装备的发展现状。

第十一章　经编机的成圈机件及成圈过程

📝 ／ **教学目标** ／

1. 掌握舌针经编机的成圈机件与成圈过程。
2. 掌握钩针经编机的成圈机件与成圈过程。
3. 掌握槽针经编机的成圈机件与成圈过程。
4. 掌握槽针经编机、舌针经编机和钩针经编机的成圈工艺异同点。

第一节　舌针经编机的成圈机件及成圈过程

舌针经编机是典型的拉舍尔型经编机，目前使用较多。

一、舌针经编机的成圈机件

舌针经编机的成圈机件主要包括舌针、沉降片、导纱针、栅状脱圈板和防针舌自闭钢丝。

1. 舌针　舌针是舌针经编机的主要成圈机件，其结构如图11-1所示，主要由针钩1、针舌2、针舌销3、针杆4以及针踵5组成，如图11-1（1）所示。

针钩用于勾取纱线，一般较短，但对于某些特种经编机（如花边经编机），为满足编织需要，常采用长针钩；针钩截面形状和尺寸会影响新线圈的线圈长度及其形成过程中纱线弯曲的曲率半径。

针舌长度对舌针动程有决定性影响，从而影响经编机的编织速度，如使用短舌针可有效

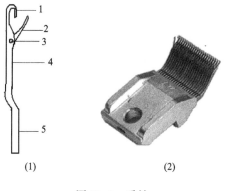

图11-1　舌针

提高经编机的编织速度；另外，由于舌针打开后开口较大，增大了垫纱范围，故舌针经编机较适宜编织花型复杂的经编织物。

针杆及针踵的主要作用是支撑针钩和针舌，并固定织针，形状较为多样。

此外，舌针适用于加工短纤纱。一般将多枚舌针浇铸在合金座片上，再将座片固定在机器的针床上。常用的合金座片宽25.4mm（1英寸）或50.8mm（2英寸），如图11-1（2）所示。

2. 沉降片　沉降片由薄钢片制成，其根部按针距浇铸在合金座片内，如图11-2所示。沉降片安装在栅状脱圈板的上方位置，与织针垂直配置。当针上升退圈时，沉降片向针间伸

出，将旧线圈压住，使其不会随针一起上升，起到辅助退圈的作用。这对于在编织细薄坯布时能保持较高的运转速度具有积极的作用。当低机号机器采用较粗的纱线编织粗厚坯布时（如较粗的绳网），因为坯布的向下牵拉力较大，且坯布与织针的摩擦阻力相对较小，靠牵拉力就可阻止坯布随织针上升，故可不用沉降片。

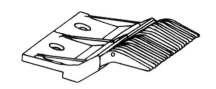

图 11-2　沉降片

3. 导纱针　舌针经编机上导纱针有片状和管状两种形式。片状导纱针最为常见，由薄钢片制成，其头端有孔，用以穿入经纱，如图 11-3（1）所示。在成圈过程中，导纱针引导经纱绕针运动，将经纱垫于织针上。导纱针头端较薄，以利于带引纱线通过针间；针杆根部较厚，以保证具有一定的刚性。为了便于安装，通常将导纱针浇铸在合金座片内，如图 11-3（2）所示。座片宽度一般为 25.4mm 或 50.8mm（1 英寸或 2 英寸）。

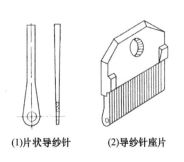

(1)片状导纱针　　(2)导纱针座片

图 11-3　片状导纱针与导纱针座片

在实际生产中，将沿针床全幅宽平行排列的一排导纱针组成一把梳栉，同一把梳栉上导纱针携带的纱线围绕织针作相同的垫纱过程。

管状导纱针是另一种导纱针，其头端为圆管状，中间孔眼用于穿经纱。其作用和工作方式与片状导纱针相似，主要用于编织较粗的纱线或有结纱线，多在编织渔网等产品时使用。

4. 栅状脱圈板　栅状脱圈板是一块沿经编机针床全幅宽配置的金属板条，其上端按机号要求铣有筘齿状的沟槽，舌针就在其沟槽内作上下升降运动，与其他部件协同完成成圈运动过程。编织过程中，当织针下降，针钩顶端低于栅状脱圈板的上边缘时，旧线圈被其挡住，从针头上脱下，随后，完成穿套的新线圈随着织针继续下降，受到持续牵伸。针钩内表面与栅状脱圈板上边缘的距离称为弯纱深度，它是影响线圈长度的决定性因素。在生产实践中可通过上下调节栅状脱圈板来改变弯纱深度，从而修正线圈长度。另外，对于双针床经编机，两个栅状脱圈板之间的距离是一个重要的技术参数，它会影响部分与织物厚度（如间隔织物的厚度、毛绒织物的绒毛高度等）相关的织物规格参数。

在高机号经编机上，通常采用薄钢片铸成座片形式，如图 11-4 所示，再将座片固定在金属板条上，并在后面装以钢质板条，以形成脱圈边缘并支持编织好的坯布，薄钢片损坏时，可以将座片更换。

5. 防针舌自闭钢丝　防针舌自闭钢丝是舌针经编机上特有的一个编织机件，它沿针床全幅宽横贯固定在机架上，位于针舌前方离针床一定距离处，或装在沉降片支架上与沉降片座一起运动。当织针上升针舌打开后，由它挡住开启的针舌，防止针舌自动关闭而造成漏针现象。

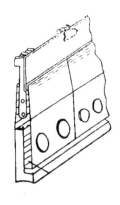

图 11-4　栅状脱圈板

二、舌针经编机的成圈过程

舌针经编机成圈过程如图 11-5 所示。

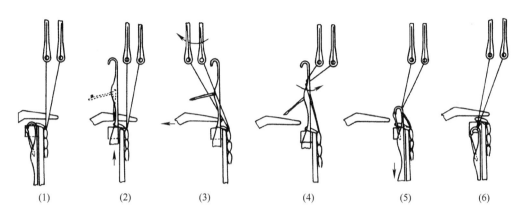

图 11-5 舌针经编机成圈过程

经编编织过程是循环连续的，为便于分析成圈过程，将上一成圈过程结束，舌针处于最低位置时作为起点，开始新的成圈过程，如图 11-5（6）所示。成圈过程开始时，舌针上升进行退圈，沉降片向针钩方向运动，压住坯布，使其不随织针一起上升；此时导纱针处于针背位置，继续进行针背横移，如图 11-5（1）所示。

针上升到最高位置，旧线圈滑落到针杆上。由于安装在沉降片上方的防针舌自闭钢丝的作用，针舌不会自动关闭，如图 11-5（2）所示。

梳栉带动导纱针向针前摆动，将经纱从针间带过，直到最后位置，如图 11-5（3）所示，此时，导纱针在针前进行横移运动（一般移过一个针距），沉降片向后退出，然后梳栉摆回针背，导纱针将经纱垫绕在对应的织针上，完成针前垫纱，如图 11-5（4）所示。需要注意的是：在编织衬纬组织或缺垫组织时，衬纬梳栉或缺垫梳栉不作针前横移。

在完成针前垫纱后，舌针开始下降，如图 11-5（5）所示。新垫上的纱线位于针钩内。沉降片退到最后位置后又开始向前移动。

舌针继续向下运动，将针钩内的新纱线从旧线圈中拉过。此时因旧线圈为栅状脱圈板所支持，所以旧线圈脱落到新纱线上。在针头下降到低于栅状脱圈板的上边缘后，沉降片前移到栅状脱圈板上方，将经纱分开，如图 11-5（6）所示，此时导纱针作针背横移。

当舌针下降到最低位置时，新线圈通过旧线圈后形成一定的形状和大小，完成成圈过程。与此同时，坯布受牵拉机构的作用将新线圈拉向针背。

三、舌针经编机成圈机件的运动配合

舌针经编机成圈位移曲线随机型的不同而有所区别。普通双梳舌针经编机的成圈机件位移曲线如图 11-6 所示，横坐标为主轴转角，纵坐标为主要编织机件的位移。其中曲线 1 表示舌针的升降运动，向上表示织针上升，向下表示织针下降；曲线 2 表示梳栉的前后运动，向上表示梳栉由机前向机后摆动，向下表示梳栉由机后向机前摆动；曲线 3 表示沉降片的前后运动，

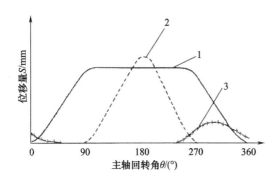

图11-6 舌针经编机成圈机件位移曲线

向上表示退至机后，向下表示挺进机前。

1. 舌针的运动及其与导纱针的配合
从图11-6中曲线1可以看出，舌针从0°开始上升，至90°上升到最高位置，在从90°运转到270°期间，舌针在最高位置静止不动，此期间供梳栉进行针前垫纱。然后，织针自270°开始下降，直至360°下降到最低位置，完成套圈、脱圈和成圈。

梳栉（导纱针）从90°开始向机后摆动，摆动到180°到达舌针的最前位置，然后，由180°开始向机前摆动，到270°时摆到舌针的最后位置。

从位移曲线1和曲线2中可以看出，导纱针的前后摆动是在针床停顿在最高位置时进行的，即导纱针不能过早摆动，应等织针上升到达最高位置时再开始向针前摆动，织针也不能过早下降，应等导纱针摆回到针背位置后再开始下降，从而确保完成垫纱动作。舌针的升降和梳栉的前后摆动相互错开，分别占用了主轴转角的180°时间。这种时间配合有利于垫纱过程的顺利完成，但缺点是二者的静止时间较长，用于运动的时间较短，不利于机速的提高。

2. 沉降片的运动及其与舌针的配合 图11-6中，沉降片曲线3从主轴转角0°到20°期间向针背方向运动，并在20°到达最前位置（针背最远位置）。然后，从20°到220°期间处于静止状态，在机前握持织物。从220°开始逐渐向针前后退，让出位置，以便织针下降钩取纱线时，不妨碍新纱线的运动。当后退到310°时，到达最后位置（针前最远位置），接着再次向织针方向运动，为下一个成圈过程压住坯布做准备。

舌针曲线1与沉降片曲线3的配合较为简单。织针上升退圈时，沉降片向针背方向移动，沉降片下平面压住旧线圈不使其随织针一起上升；导纱针向针背回摆时，沉降片向针前退去；针头下降到低于栅状脱圈板上边缘平面时，沉降片移到栅状脱圈板上方。

四、舌针经编机的成圈特点

（1）舌针独特的结构，使得针舌打开后，针口开口较大，可实现多梳栉垫纱，有利于编织花色织物。但因依靠旧线圈上下运动开闭针舌，使纱线产生较大的张力，特别是闭口时，必须扩大线圈，使其套过针的较宽部位。

（2）需要配备防针舌自闭钢丝，以防在运转过程中针舌反弹关闭，但需考虑该钢丝的安装位置，以免因安装不当，损坏针舌，造成漏针等情况的发生。

（3）舌针结构紧密，制造比较复杂，成本较高。

（4）舌针的成圈运动简单，织针只需上升到垫纱高度停顿一段时间，梳栉完成针前垫纱，然后即下降，完成一个编织循环。

（5）舌针经编机起头比较困难，因在针舌关闭时，纱线不能再次垫入针钩，易造成已垫上的纱线滑脱，因此起头时一定要确保针舌打开。

（6）虽然舌针经编机机器振动较小，运行较为平稳，但因其成圈运动所需动程较大，易导致机速相对较慢。

第二节 钩针经编机的成圈机件及成圈过程

钩针经编机是典型的特利柯脱型经编机，目前较少使用。

一、钩针经编机的成圈机件

钩针经编机的成圈机件主要包括钩针、沉降片、压板和导纱针。

1. 钩针 经编钩针的形状如图 11-7 所示，由针头 1、针钩 2、针杆 3、针尖槽 4 和针踵 5 组成。钩针的形状和尺寸直接影响机器的运转速度，钩针长度决定了织针的动程，从而决定了机器的运转速度。在安装时，针杆 3 嵌在针槽板的槽内，而针踵 5 则插在针槽板的孔内，进行定位。为了形成针尖槽 4，钩针针尖槽处的宽度比针头处稍宽。因此，在针的不同部段，针间的间隙有所不同，当导纱针带着经纱通过针间间隙时，要确保能顺利通过最窄处。针杆常做成矩形截面，以增大其刚度，从而减小针杆的弯曲变形，针踵的截面为圆形，针槽板上的针槽和孔的尺寸必须与针杆和针踵的截面尺寸相适应。

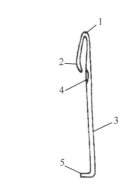

图 11-7 钩针结构

2. 沉降片 沉降片由薄钢片制成，由片鼻 1、片腹 2 和片喉 3 组成，用来握持和移动旧线圈，配合钩针完成成圈过程，其形状如图 11-8 所示。片腹 2 用来抬升旧线圈，使旧线圈套到被压的针钩外侧。片喉 3 到片腹最高点的水平距离对沉降片的动程有决定性影响。为便

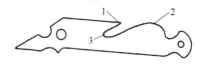

图 11-8 沉降片

于安装和更换，一般按机号规定的间距，将沉降片根部用合金浇铸成一定宽度（如 25.4mm 或 30mm）的座片。现在，也有用轻质高强塑料材料制作座片，以减轻重量，获得相应的力学性能。

3. 压板 压板是一种用来帮助针钩关闭的装置，如图 11-9 所示。图 11-9（1）所示为普通压板（也称平压板）；图 11-9（2）所示为花压板。工作时，压板向针钩运动，工作面将针尖压入针尖槽内，使针口闭合，以便隔开旧线圈和新纱线。

普通压板工作时，对所有织针同时压针。花压板的工作面除了平直的工作面外，还有按工艺要求布置的凹口，这样在工作时，因凹口处不能将针钩完全关闭，不会将新纱线与旧线圈隔开，从而此处与其他针钩关闭处的线圈状态不同，形成需要的花型。在实际生产中，如只使用花压板，压板除了进退压针运动外，还要有横向移动，通过轮流交替不闭口，形成需要的花型，同时还可以避免始终在一枚或数枚织针上不脱圈，造成编织困难；如果将花压板和平压板上下配合，同时使用，可以通过两者的相互配合形成需要的花型。在机器上，为了使压板在压针时与针钩密切接触，压板前面的倾角通常为 52°~55°。

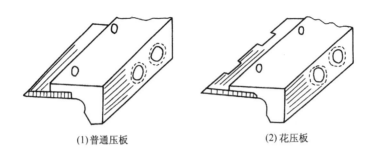

(1)普通压板　　　　　　　　(2)花压板

图 11-9　压板

4. 导纱针　在结构上，钩针经编机上采用的导纱针与舌针经编机的基本相同。

二、钩针经编机的成圈过程

图 11-10 所示为钩针经编机的成圈过程示意图，用来说明成圈过程中各编织机件之间及其与纱线、线圈之间的配合关系。

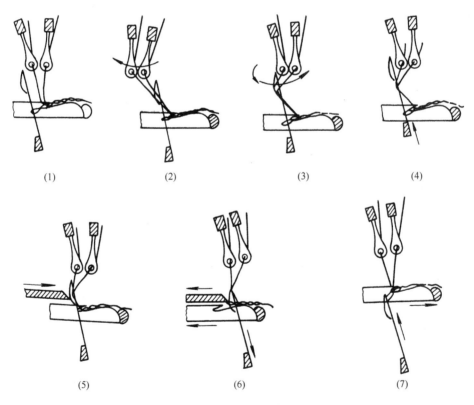

(1)　　　　　　(2)　　　　　　(3)　　　　　　(4)

(5)　　　　　　　(6)　　　　　　　(7)

图 11-10　钩针经编机成圈过程

图 11-11 所示为钩针经编机成圈机件位移曲线。虽然不同的钩针经编机成圈机件的位移曲线可能有差别，但可以其为例说明钩针经编机成圈过程中各编织机件之间及其与机器主轴转角之间的关系。图中曲线 1 为钩针位移曲线，向上表示织针上升，向下表示织针下降；曲

线 2 为梳栉位移曲线，向上表示梳栉由机前向机后摆动，向下表示梳栉由机后向机前摆动；曲线 3 为沉降片位移曲线，向上表示退至机后，向下表示移至机前；曲线 4 为压板位移曲线，向上表示压板向机后运动，向下表示压板向机前运动。

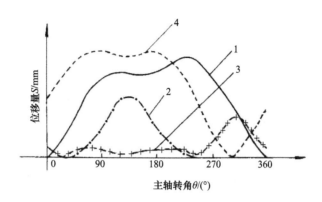

图 11-11　钩针经编机成圈机件位移曲线

经编编织过程是循环连续的，为便于分析成圈过程，将上一成圈过程结束，钩针处于最低位置时作为新成圈过程的起点。综合图 11-10 和图 11-11，钩针经编机的成圈过程分析如下：

首先主轴从 0° 开始转动，钩针上升至第一高度，针头与导纱针孔上边平齐，沉降片的片鼻压住旧线圈，如图 11-10（1）所示。导纱针开始向针前运动，准备给织针垫纱，压板继续后退，远离织针，以便为织针垫纱留出位置，如图 11-10（2）所示。在垫纱阶段，当主轴转动到 100°~180° 之间时，钩针首先停在第一高度，导纱针摆到针前，130° 时完成针前横移（将纱线垫在针钩外侧）；沉降片静止不动；压板在 80° 时退到最后位置，然后停止运动，如图 11-10（3）所示。接着，在主轴转动到 180°~225° 之间时，钩针继续上升到第二高度，原垫放在针钩外侧的新纱线滑落到针杆上（位于已在针杆上的旧线圈的上方）；沉降片在 210°~240° 之间稍向前运动，压板在 80°~180° 之间停止运动，180° 起向针背运动，导纱针停留在针背，如图 11-10（4）所示。在压针阶段，即压板闭合针口阶段，钩针下降，在 235° 时新纱线进入针钩；压板继续向针钩运动，织针先停顿后缓慢下降，导纱针停止不动，沉降片停止不动，如图 11-10（5）所示。在套圈脱圈阶段，沉降片在主轴转动到 240°~360° 之间时针前退出，把旧线圈托起。压板也后退，为脱圈创造条件，织针在 310° 时下降。导纱针一直停在针背，如图 11-10（6）所示。在成圈及牵拉阶段，织针继续下降至最低点，沉降片向针背运动，导纱针在针背完成针背横移（垫纱）。压板继续后退。同时沉降片用片喉握持织物，牵拉机构利用弯纱深度调节线圈大小及织物密度，同时避免织针在下一个横列退圈时重新套入织物。

三、钩针经编机成圈机件的运动配合

从图 11-11 可以看出，钩针与导纱针、压板、沉降片之间的配合关系较为复杂，具体分析如下。

1. 钩针与导纱针的配合　从钩针经编机成圈机件的位移曲线可以看出，钩针上升到第一

高度后有一段时间的停顿，以供梳栉进行针前垫纱（垫放在针钩外侧）；然后织针再次上升至第二高度，使新垫上的纱线滑落到针杆上。这样的钩针二次上升不仅增加了织针运动的时间，加大了机器惯性力，不利于提高机速，而且也使传动机构更为复杂。然而，钩针的二次上升又是十分必要的，这是因为织针和导纱针头端部位比较细，而杆部较粗，故织针在第一高度位置时导纱针插针位置浅，容纱间隙较大，利于导纱针在针间摆动，避免针头挂住由导纱针孔穿入的纱线，以保证垫纱的正确和质量。

在现代高速经编机上，为提高机速，应尽量缩短针床在第一高度的停顿时间。为此，一方面在针床尚未升到第一高度时，梳栉就开始向针前摆动，这样当最后面的梳栉摆到针平面时，钩针已上升到第一高度，以使经纱在规定的针间完成垫纱。但是梳栉向针前摆动亦不能开始得太早，否则织针尚未升到第一高度，导纱针就已摆过针平面，上升的织针将穿过后梳，甚至穿过前梳所带经纱片，造成经纱擦伤或使经纱不能按垫纱要求处于规定的针隙中。另一方面，梳栉向针背的摆动也要与织针的第二次上升密切配合，如在梳栉尚未完全回到机前时，织针就开始第二次上升，易使垫上的经纱滑到针杆上。而如果织针的第二次上升开始过早，在导纱针未摆到针背时就上升，会使导纱针插入针间间隙的深度增大，容易造成经纱的擦伤。

2. 钩针与压板的配合　压针对钩针经编机的成圈质量和机器的正常运转影响很大。压针不足，易造成花针疵点；压针过度，会使机器运转负荷加重，并增加织针和压板的磨损。压针最足时，压针的作用点应在针鼻处，过高或过低都会影响成圈质量和机器正常运转。压板离开钩针的时间必须和套圈很好地配合，当旧线圈上移到接近压板压针作用点时，压板才可释压。

当压板前移到针钩处并使针口完全关闭时，钩针需放慢下降速度，以减小压板与针钩间的摩擦力，减少机件磨损。此时沉降片正在向后移动，凸起的片腹将旧线圈抬起，帮助旧线圈套到被压住的针钩上，旧线圈的抬起高度需兼顾旧线圈能正确地套上针钩，又不致触及压板而造成损伤。

3. 钩针与沉降片的配合　钩针开始上升退圈时，沉降片运动至最前位置，由片喉将旧线圈推离织针运动线，并由片鼻控制旧线圈不随针上升。然后沉降片后退稍放松线圈，以便针上旧线圈通过较粗的针尖槽部位，减少线圈受到的张力和摩擦力，之后沉降片基本保持停止状态。当织针开始下降时，沉降片迅速后退，由片腹将旧线圈抬起，帮助套圈。此后沉降片向前运动，对旧线圈进行牵拉。

四、钩针经编机的成圈特点

（1）钩针为一个整体，结构简单、制造容易，加工成本低，可加工制得极细的织针，适于编织特别细密、轻薄的织物。

（2）钩针需要使用压板配合实现闭口，靠针钩本身的弹性进行开口，因此在高速运动时，容易因针钩不能迅速弹开而产生疵点。压板和针钩的相互磨损也容易造成坏针和漏针。

（3）利用压板控制针口的闭合，不仅可设计花压板，编织出特殊效应的织物（通过改变压板的压针规律，可生成不同的花纹效果），而且能利用压板闭口使得旧线圈不能重新进入针钩内，而使织物起头比较容易。

（4）钩针在成圈过程中要上升两次，在下降时为满足压针需要，又要求有两种速度，这就造成在运动中产生较大的速度变化，影响机器运转的平稳性。

第三节　槽针经编机的成圈机件及成圈过程

槽针经编机是目前使用最多的经编机，分为特利柯脱型和拉舍尔型两种。两种在成圈机件和成圈过程方面有所差别。

一、槽针经编机的成圈机件

槽针经编机的成圈机件主要包括槽针、沉降片和导纱针。

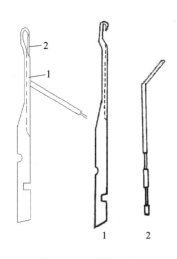

图 11-12　槽针结构

1. 槽针　槽针是一种复合针，由针身 1 和针芯 2 两部分组成，经编使用的槽针如图 11-12 所示。针身（有时在工厂也称为槽针）是一种上部有弯钩，中部针杆上带沟槽的部件；针芯是一个细杆，由头部和杆部组成，两者间弯曲成一定的角度，头部可在针身沟槽内作相对滑动，与针身配合进行成圈。槽针由于针身和针芯的相对运动，大幅缩短了织针成圈动程，提高了机速，使其在经编机上广泛使用。

槽针的针身要求具有一定的刚度，并且表面平直光滑，槽口处无毛刺和棱角。槽针的针钩尺寸很小，可以大大简化垫纱运动，针钩处比针杆薄，以保证导纱针摆过时有足够的容纱间隙。针杆处因要铣槽，厚度较大，以保证具有足够的刚度。针芯因呈细杆状，易损坏，又因头部嵌入针身的槽内，作相对滑动，要求针芯选用材料和制造精度较高，以使其具有足够的刚度和较高的加工精度。

在槽针经编机上，针身可单根插放在针床槽板上，也可数枚铸成座片，再将座片安装在针床上。针芯一般按要求数枚一组浇铸在合金座片上，针芯应相互平行，其间距要与针身的间距精确一致。

2. 沉降片　槽针经编机上的沉降片随机型差别而形状不同，若以沉降片片腹形状区分，主要有凸腹和平腹两种类型。图 11-13 所示为某特利柯脱型经编机上采用的沉降片，它主要由片鼻 1、片腹 2 和片喉 3 三部分组成。此沉降片特点是片腹不鼓起而呈平直状。片鼻用来分开经纱并与片喉一起握持旧线圈的延展线，使在退圈时旧线圈不随织针一起上升；片喉还起到对织物进行牵拉的作用。片腹用来托放旧线圈，配合织针完成套圈和脱圈动作。另外，与同机号的钩针经编机相比，因为槽针针杆比钩针针杆厚，所以沉降片的厚度要稍薄些。沉降片的片鼻、片腹、片喉处应光滑，具有一定的光洁度和硬度。其片头和片尾均按要求的间距

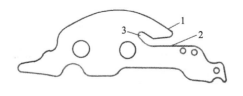

图 11-13　沉降片结构

浇铸在合金座片上。

3. 导纱针 槽针经编机使用的导纱针在结构上与舌针经编机上使用的相似。

二、槽针经编机的成圈过程

和其他两种针型的经编机一样，槽针经编机的编织过程也是循环连续的，为便于分析成圈过程，将上一成圈过程结束时，针身处于最低位置作为新成圈过程的起点。特利柯脱型槽针经编机的成圈过程如图11-14所示。

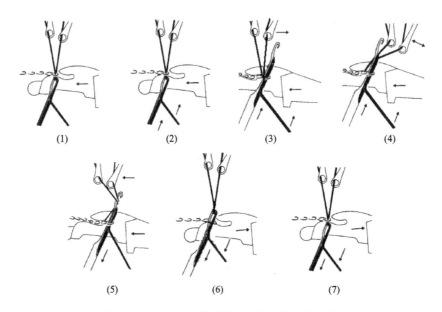

图 11-14 特利柯脱型槽针经编机的成圈过程

在结束上一横列编织后（即开始新横列编织前），槽针（包括针身和针芯）处于最低的起始位置，沉降片继续向前运动将旧线圈推离针的运动线，如图11-14（1）所示。然后，针身开始上升，如图11-14（2）所示，待针身上升一小段时间后，针芯亦上升，但速度较针身慢，所以针口开始打开。当针芯头端没入针槽内时，针口完全开启，此后二者继续同步上升到最高位置，此时旧线圈退到针杆上，如图11-14（3）所示。这时，沉降片用片喉握持旧线圈，导纱针已开始向针前摆动，但在针到达最高位置之前，导纱针不宜越过针平面。

此后，针在最高位置停顿一段时间，导纱针摆到针前，进行横移，如图11-14（4）所示。接着导纱针回摆到针背位置，将经纱绕垫在开启的针口内，完成针前垫纱。此后，针身先下降，如图11-14（5）所示，接着针芯也下降，但下降速度较针身慢，使得针芯头端接触到针钩尖，关闭针口，完成闭口和套圈，此时关闭的针口将旧线圈和新纱线隔开，如图11-14（6）所示。在此过程中，沉降片快速后退，以免片鼻干扰纱线。然后，针身和针芯以相同速度继续向下运动，当针头低于沉降片片腹时，旧线圈由针头脱下，如图11-14（7）所示。在此过程中，沉降片位于最后位置，导纱针在针背位置保持不动。然后沉降片向前运动握持刚脱下的旧线圈，并将其向前推离针的运动线，进行牵拉，完成成圈，如图11-14（1）所示。在此过程中，导纱针在机前作针背横移，为下一横列垫纱做准备。

其他特利柯脱型槽针经编机成圈过程基本相似，但主要成圈机件在每个时刻的相对位置可能略有不同，应根据工艺要求和机件尺寸合理确定。

三、槽针经编机成圈机件的运动配合

如前所述，不同机型各成圈机件的运动配合略有不同。槽针经编机主轴一转，各成圈机件进行一次成圈运动，形成一个线圈横列。由于所有成圈机件均是由主轴通过曲柄（或偏心）连杆机构进行传动，所以每一瞬间成圈机件的位置均取决于主轴的转动位置。为了表示出成圈机件的位置与主轴转角之间的关系，取针在最低位置时的主轴转动位置为 0°（即起始位置），将各成圈机件位移与主轴转角之间的关系绘制成位移曲线图，图 11-15 为与图 11-14 匹配的成圈机件位移曲线。

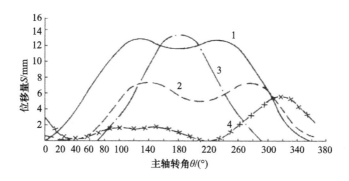

图 11-15　特利柯脱型槽针经编机成圈机件位移曲线

图中横坐标为机器的主轴转角，纵坐标为成圈机件的位移量。其中曲线 1、曲线 2 分别为针身和针芯的位移曲线，向上表示针身与针芯上升，向下表示两者下降；曲线 3 为梳栉的位移曲线，向上表示梳栉由针背向针前摆动，向下表示梳栉由针前向针背摆动；曲线 4 为沉降片位移曲线，向上表示沉降片退至针前，向下表示沉降片向针背运动。

1. 针身和针芯的运动及相互配合　针身和针芯的运动配合较为简单，只需保证在成圈过程中及时开启和关闭针口。

针身在主轴转角 0° 开始上升，随后针芯在 50° 左右开始上升。为保证针芯不妨碍退圈，针芯头端在上升到与旧线圈（沉降片片喉）平齐前，需要全部没入针槽。故在针身位移曲线确定后，应控制针芯的位移曲线，保证在针身上升到最高位置的区间内，确保针口完全打开。

接着，针身与针芯在最高位置作一段时间的停顿，在某些采用连杆传动机构的机器上，可能会发生针芯的位移曲线在停顿阶段先略下降后再上升的波动情况，但这并不影响成圈机件之间的配合。

在针身和针芯下降过程中，要注意关闭针口的时间以保证套圈的顺利进行。完成垫纱后，针身先开始下降，针芯随后下降，针身下降速度较针芯快，以便闭合针口。为保证套圈可靠，防止旧线圈重新进入针口内，在工艺上要求：当针头部位下降到沉降片片腹平面时，完成针口闭合。此后针芯和针身同步下降，位移曲线基本相同。

针身的位移曲线基本是对称的。至于停顿阶段时间的分配要考虑织针和梳栉的运动情况。

仅对于织针而言，尽量减小在最高位置的停顿时间，可以增加针身的上升和下降时间，提高运动的平稳性。而对于梳栉较多的机器，由于梳栉摆动动程的增加，需要尽可能增加针身在最高位置的停顿时间，以确保梳栉具有足够的摆动时间，从而降低梳栉的摆动速度。随着梳栉数量的增加，这一停顿时段应适当增加。

2. 梳栉的运动及其与槽针的配合 为确保垫纱的顺利进行，当针上升到最高位置后应停顿一段时间，以便梳栉进行垫纱。梳栉一般在主轴转角50°左右开始向针前摆动，在180°左右摆到最后位置（针前最大位置），进行针前横移；再在310°左右摆回到最前位置（针背最大位置），完成垫纱运动。梳栉摆到此位置后基本保持不动，处于停止状态。

由于现代经编机上梳栉摆动动程较大，梳栉的摆动一部分是在针身停顿阶段进行，另一部分是与针身的运动同时进行，但应保证后梳向针前摆到针平面时，针身必须已升到最高位置；后梳向针背回摆过针平面后，针身才开始下降。梳栉的最后位置相应于针身在最高位置停顿期间的中央，这是因为梳栉摆动曲线一般对称于其最后位置，以保证摆动平稳和留有足够的针前横移时间。

3. 沉降片的运动及其与槽针的配合 在槽针经编机上，沉降片主要起到牵拉和握持旧线圈的作用，其位移曲线必须与槽针位移曲线相配合。当针身由最高位置开始下降时，沉降片开始后退，以使片鼻逐步退离针的运动线，避免干扰新纱线成圈。为此在针头下降到沉降片片鼻上平面前，沉降片已退到最后位置。具体时间与沉降片的尺寸有关。接着沉降片再次向前运动，此时要注意在针头低于沉降片片腹之前，片鼻尖不能越过针的运动线。为使沉降片运动动程不致过大，沉降片在最后位置时，其片鼻尖一般离针运动线1.8mm左右，所以在针头下降到低于沉降片片腹时（一般为主轴转角345°~350°），沉降片前移量不应超过1.8mm。另外，为保证退圈时旧线圈受到握持，在针头由最低位置上升至与片腹平齐时（对应主轴转角40°~50°区间），沉降片片鼻尖应越过针运动线，伸入到针间，并迅速到达最前位置。沉降片在最前位置基本停顿不动时，允许略微向后移动，稍放松针运动时的旧线圈张力。

对于拉舍尔型槽针经编机，其编织机件要与机器结构相适应。编织机件包括：针身、针芯、沉降片、导纱针、栅状脱圈板。对其编织过程的分析可以参照舌针经编机的编织过程，只不过用槽针（包括针身和针芯）替换了舌针，且没有防针舌自闭钢丝。槽针的针口打开和闭合的工作原理同特利柯脱型槽针经编机。

图11-16为拉舍尔型槽针经编机编织过程中某一时刻编织机件的配合情况。图中1为针身，2为针芯，3为沉降片，4为导纱针，5为栅状脱圈板。

四、槽针经编机的成圈特点

（1）槽针由针身和针芯两部分组成，相互配合使用；机器振动小，噪声低。

（2）针身尺寸较大，使用寿命相对较长；而针芯相对细小，当发生损坏时，可以进行更换。

（3）槽针针芯在运动过程中能清除针身槽中的

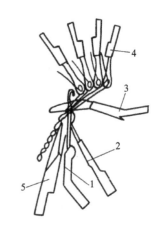

图11-16 拉舍尔型槽针经编机的
成圈机件配置

杂质，有利于采用短纤纱、混纺纱和弹性纱等进行编织。

（4）槽针针口的打开和闭合由针身和针芯两部分配合完成，两者运动分别控制，传动机构比较简单。

（5）槽针因针身和针芯两部分配合运动，故可通过减小每部分的动程，实现高机速；并且因动程短，使得纱线与织针的摩擦较小，织针的使用寿命得到延长。

（6）使用槽针，有利于在高速状态下编织较为细密、轻薄的织物，并且因槽针刚性较大，高速时不易产生漏针或错误垫纱，从而获得较好的产品品质。

思考练习题

1. 舌针经编机中防针舌自闭钢丝的作用是什么？
2. 如何理解钩针经编机成圈过程中织针的二次上升？
3. 从织针结构方面分析复合针（槽针）与舌针和钩针相比有什么优势？
4. 比较拉舍尔型和特利柯脱型槽针经编机上沉降片形状，说明其作用。

第十二章　导纱梳栉的运动

1. 掌握梳栉横移机构的主要工艺要求。
2. 掌握机械式梳栉横移机构的几种形式与工作原理。
3. 掌握链块的种类、规格和排列方法。
3. 了解电子式梳栉横移机构的几种形式，掌握 SU 型和 EL 型梳栉横移的工作原理。

第一节　梳栉的摆动与横移

经编编织过程的一个重要环节是导纱梳栉围绕织针进行的垫纱运动。垫纱运动由梳栉在织针之间的摆动和针前或针背的横移组合而成。一次典型的梳栉垫纱运动过程包括从针背到针前的摆动，针前横移，从针前到针背的摆动，以及针背横移。

同一台经编机上同一把梳栉上的导纱针作相同的垫纱运动。

一、梳栉的摆动

梳栉的针间摆动是指其上一枚导纱针在两枚相邻的织针之间从针背到针前，或针前到针背的摆动。摆动的时刻和摆动过程的时长由位移曲线决定；摆动动作的幅度由机器主轴驱动的曲柄或连杆等机构决定，在工艺上要求与织针的运动相配合，不能干扰织针的升降运动，并能确保垫纱位置正确。

一般来讲，同一台经编机上的各把梳栉作相同的摆动。

二、梳栉的横移

导纱梳栉横移机构是形成经编织物组织及花纹的核心机构。如前所述，在成圈过程中，导纱梳栉为了完成垫纱，除了在针间前后摆动外，还要在针前和针背进行平行于针床的横移（垫纱）运动。梳栉横移运动的方向和距离决定着梳栉所带经纱形成的线圈形态及在织物中的分布规律，从而形成不同的组织结构与花型，因此导纱梳栉横移机构又称花型机构。

梳栉横移机构的功能是使梳栉进行横向移动，根据不同的花型要求，它能对一把或数把梳栉起作用，并与梳栉摆动相配合进行垫纱。

梳栉的横移必须满足下列工艺要求。

（1）横移量应是针距的整数倍。根据经编机成圈原理，导纱梳栉需要在针前和针背按工艺要求进行横移，因此在主轴一转中，梳栉横移机构控制梳栉进行一定针距的横移。横移的距离必须是针距的整数倍，以保证横移后导纱针同样位于两针之间，不影响梳栉的针间摆动。导纱梳栉针前横移一般为 1 针距，也可为 2 针距（重经组织），或为 0 针距（缺垫组织和衬纬组织）。而针背横移可以是 0 针距、1 针距、2 针距或者多针距。

（2）横移必须与摆动相配合。由于梳栉根据成圈过程进行摆动与横移，所以梳栉的横移必须与摆动密切配合。当导纱针摆动至针平面时，梳栉不能进行横移，否则会与织针发生碰撞。

（3）梳栉横移运动须平稳可靠。在实际编织过程中，梳栉移动时间极为短促，故应尽量保证梳栉横移运动平稳，速度无急剧变化，加速度小，冲击小。随着经编机速度的提高，对梳栉横移机构的要求越来越高，已由直线链块变成曲线链块和花盘凸轮，现在很多经编机采用电子式梳栉横移机构。

（4）梳栉横移机构必须与经编机的用途相适应。为了使经编机能达到最高的编织速度和编织出最好的花型效果，一些制造商根据经编机的不同用途设计出专用的梳栉横移机构。例如，特利柯脱型经编机采用 N 型横移机构，多梳经编机采用 EH 型横移机构，贾卡经编机采用 NE 型横移机构等。

第二节　机械式梳栉横移机构的工作原理

梳栉横移机构可分为机械式和电子式两类。机械式梳栉横移机构有直接式和间接式两种，直接式即两块花纹链块的差值等于梳栉的横移距离，间接式通过横移杠杆（摆臂）进行间接控制，两块花纹链块的差值等于 1/2 或 1/4 的梳栉横移距离。另外，根据花纹滚筒的数目可分为单滚筒和双滚筒。

一、单滚筒链块式梳栉横移机构

1. 机构组成　图 12-1 所示为某种单滚筒 N 型链块式梳栉横移机构。工作时，主轴通过一对传动轮传动蜗杆和蜗轮，再由蜗轮轴传动花纹滚筒 5，花纹滚筒上有链条轨道 4，当装上链条的花纹滚筒回转时，不同高度的链块使紧贴其表面的滑块 3 获得一定的水平运动，并通过推杆 2 控制梳栉 1 进行针前横移或针背横移。A 和 B 是变换齿轮，改变其齿数比，就能改变主轴与花纹滚筒的传动比。

图 12-2 所示为花纹滚筒上呈连接状态的花纹链条，图中 1 为链块，2 为销子。工作时，根据花型需要选择链块，并由销子将其首尾相连形成包覆在花纹滚筒轨道上的花纹链条，在花纹滚筒外层形成一条由链块表面构成的工作曲线。每一条花纹链条可以独立控制一把梳栉的横移运动，由于链块是按照花型组织需要选择排列的，且可重复排列和使用，因此该机构改换产品品种比较方便，并可生产完全组织较大的织物。

2. 花纹链块　形成链条的普通花纹链块的形状如图 12-3 所示，每一链块形状呈品字形，双头一侧为链块的前端，单头一侧为链块的后端。一般按其斜面的数量及位置分成以下四种形式：

平节链块：无斜面，又称 a 型链块 [图 12-3（1）]；

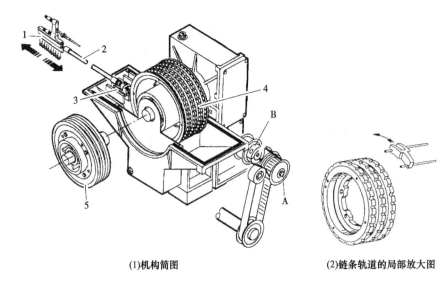

| (1)机构简图 | (2)链条轨道的局部放大图 |

图 12-1　单滚筒 N 型横移机构

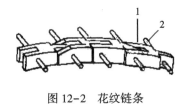

图 12-2　花纹链条

上升链块：前端为斜面，又称 B、b 或 Bb 型链块 [图 12-3（2）]；

下降链块：后端为斜面，又称 C、c 或 Cc 型链块 [图 12-3（3）]；

上升下降链块：前后端都为斜面，又称 D、d 或 Dd 型链块 [图 12-3（4）]。

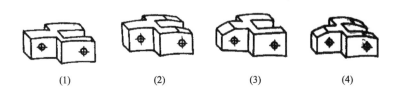

| (1) | (2) | (3) | (4) |

图 12-3　普通链块形状

　　链块具有一定的高度，每种链块因其高度不同依次编号为 0、1、2、3…，0 号链块最低，均为 a 型链块，其高度为基本高度，通常为 10mm，每升高 1 号，链块高度增加值为该经编机的一个针距。以机号 E28 为例，0 号链块高度为 10mm，每个针距为 0.907mm，则 1 号链块高度为（10+0.907）mm，2 号链块高度为（10+2×0.907）mm，依次类推，链块号数越大，其高度越高，同号链块高度一致。当相邻号数的两块链块连接时，可使梳栉发生一针距的横移量。这类链块称为 N 型链块或普通链块。若要产生更大的横移量，则可用相应编号的 a 型链块改磨，加工后链块倒角边长一般会增加，所以相应横移时间也会增加，横移起止点会相应改变。因此，在磨链块时应根据经编机的类型及链条排列规律确定改磨的斜面。

　　为了适应不同机型的要求，还有其他形式的链块，如 E 型链块，或称加长链块。这种链块编号为 0、2、4、6…，相邻号数的两个链块间可以发生两针距的横移，链条轨道一周有 16

块链块，通常用于低机号经编机或多梳经编机。由于普通链块的斜面呈直线且比较短，所以难以满足高速运转或编织针背横移大的花型的要求。对于这种情况，一些经编机上采用曲线链块，这种链块的工作面为曲面，综合了凸轮平滑廓线与链条灵活易变的优点，使导纱梳栉能在高速运转的环境下实现平稳且无振动的横移，因此能适应高速和较大横移量花型的编织。在磨铣曲线链块时需要根据织物组织结构的需要，将编织每一横列通常所需的三块链块编成一组，成组磨铣，这样能确保三块链块表面曲线连续不中断。在排链块时，曲线链块只能成组使用（三块为一组），同一组三块链块依次按顺序 1、2、3 标记，将每组链块放置在一起，即可确保梳栉横移运动平稳。曲线链块不能由用户自己磨制，链块只能分段替换。

3. 链块的排列　按照花型组织要求，选取具有不同高度、不同形式的链块连接成链条。生产时，先将前一链块的单头插入后一链块的双头内，并通过销子连接成花纹链条，再嵌入滚筒的链块轨道，完成花纹滚筒的装配。

链条排列时，要先顺着链条的回转方向检查链块的编号、形式和顺序，无误后再用销钉将它们连接起来。另外，高度不同的相邻链块一定要选择带有斜面的链块相接，链条中不能有两个斜面交叉连接或直角连接端情形，以使梳栉平稳横移，避免过度的冲击，图 12-4（1）为正确的连接方式，图 12-4（2）为错误的连接方式。

图 12-4　链块排列

排列链条时一般遵循以下原则。

（1）每一块链块应双头在前，单头在后（保证运动平稳无冲击）。

（2）两相邻链块号数不同时，高号数链块采用带有斜面的形式，且将斜面与低号数链块的平面相连。具体排列方式为：前一块低号数，后一块同号数或高号数时，中间用 b（B 或 Bb）型上升链块；前一块高号数，后一块同号数或低号数时，中间用 c（C 或 Cc）型下降链块；前后均为同号数或高号数，中间用平节链块（a 型链）；前后均为低号数，中间用 d（D 或 Dd）型上升下降链块。

4. 行程数　行程数是指主轴每转一转，梳栉横移机构所走过的链块数。采用两块链块完成一个循环，称为两行程式（简称两行程，或两程式），大多数舌针经编机（多梳经编机）采用两行程式。显然在两行程式经编机中，如果采用的链块规格一致，则针前与针背横移时间是相等的，但针前横移一般为一针距，而针背横移的针距数往往较多，较大的针背横移需要更快的移动速度，引起梳栉的剧烈振动，并加大经纱张力波动，影响垫纱的准确性，不利提高机器转速。

对于高速经编机，除了针前横移由一块链块完成外，通常将针背横移由两块链块完成，即将针背横移分为两次，以降低梳栉针背横移的速度。这种编织一个横列采用三块链块的方式称为三行程式（简称三行程，或三程式）。高速特利柯脱型和拉舍尔型经编机常用三行程式。此外，还有些经编机采用四行程式，即针背横移由三块链块来完成。

在实际生产中，要求花纹链条的总块数是行程数的整数倍。例如，一个花纹滚筒上可以覆盖的每根链条块数为48，如采用两行程式，则花纹滚筒一转对应机器主轴24转；如采用三行程式，则花纹滚筒一转对应机器主轴16转，这个数值称为 M 数。

5. 三行程式链条排列方法 在三行程式中，针背横移量要分两次完成，此时应尽量使两次针背横移量平均，以保证横移的稳定和准确。下面举例说明。

例：在某槽针经编机上编织经编组织 1-0/2-3//，按照三行程式排列链条。

（1）首先将垫纱数码变换为三行程式，即将 1-0/2-3// 变换为 1-0-1/2-3-2//，这里从 0 到 2 的针背横移被分成了先从 0 到 1（0-1），再从 1 到 2（1/2）；从 3 到 1 的针背横移也被分成了先从 3 到 2（3-2），再从 2 到 1（2//1）。

（2）根据上述三行程式垫纱数码确定链块号数为：1，0，1，2，3，2。

（3）根据前后链块号数确定链块型号为：1c，0，1b，2b，3d，2c。

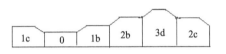

图 12-5　三行程链式条排列图

（4）画出链条排列图，并进行标注，如图 12-5 所示。

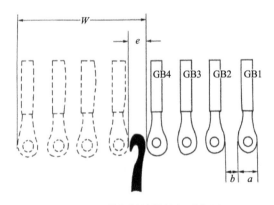

图 12-6　针与导纱针的相对位置

6. 梳栉横移的工艺分析

（1）梳栉横移区域分析。如前所述，横移机构的横移动作应与摆动密切配合，横移时导纱针应位于织针的侧向区域，即不能在针平面内进行横移。经编机通常有两把以上的梳栉进行工作。以四把梳栉为例（图 12-6），分析其横移区域。图中所示 W 为梳栉的摆动范围，即开始于梳栉 GB4 左边缘摆动至织针针背时，直至 GB1 右边缘摆离针钩为止。这一区域内梳栉不允许有横移运动。

区域宽 W 可用下式确定：

$$W = na + (n-1)b + e$$

式中：a——导纱针下端最大宽度，mm；

　　　b——相邻两把梳栉间的最小间距，mm；

　　　e——针钩头端宽度，mm；

　　　n——梳栉数，图中为 4 把梳栉，即 n=4。

梳栉摆过上述区域 W 所需的时间依经编机类型有所不同，主要取决于梳栉的摆动规律。根据图 12-7 所示可知，梳栉从针背最后位置摆到针前最前位置时，导纱针摆幅 D 为：

$$D = W + \Delta_1 + \Delta_2 = na + (n-1)b + e + \Delta_1 + \Delta_2$$

式中：Δ_1——GB4 左边缘离针背距离；

　　　Δ_2——GB1 右边缘离针钩前端距离。

梳栉在针背最后位置向针前摆动距离 Δ_1，进入上述织针侧向区域，继续向前摆过区域 W，此范围不允许有横移动作，当继续向前摆动 Δ_2 距离后，到达针前最前位置。以梳栉在针背最后位置时，GB4 左边缘平行于针背线为横坐标，作梳栉摆动曲线图，如图 12-7 所示。由横轴向上量取 Δ_1 可以得到平行直线 C_1C_2，从梳栉在针前最前点向下量取 Δ_2 作平行于横轴的直线 C_3C_4，两条水平直线与梳栉摆动曲线构成的阴影部分即为梳栉不允许横移的区域，对应的主轴转角分别为 98°~160° 及 204°~266°。而 160°~204° 为允许梳栉进行针前横移区域，对应的主轴转角范围为 44°；转角范围 266°~360°、0°~98° 则为允许针背横移区域。由该图可知，梳栉可以进行针背横移的时间比针前横移时间要多。

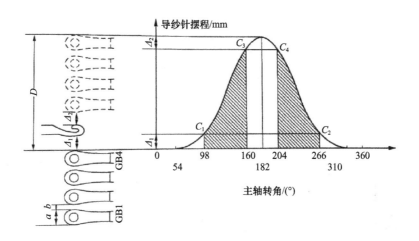

图 12-7　梳栉横移与摆动曲线关系图

（2）链块工作斜面分析。如图 12-8 所示，对于普通三行程式链块横移机构，花纹滚筒上围绕的每根链条由 48 块链块连接而成，则每块链块对应的花纹滚筒圆心角 $\theta = 360°/48 = 7.5°$，相应的主轴转角为 $7.5° \times 16 = 120°$，即花纹滚筒转过三块链块，主轴回转 360°，这时完成一个成圈过程。由该图可知链块斜面 AB 中，只有 AC 段使导纱梳栉产生横移。斜面的长度可通过梳栉允许横移时间等参数进行计算：

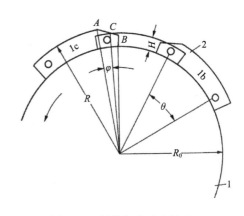

图 12-8　链块与花纹滚筒配置

$$S_{\mathrm{m}} = 2\pi R \cdot \frac{\phi_{\mathrm{m}}}{360} = 2\pi (R_0 + H + nT) \cdot \frac{\phi_{\mathrm{m}}}{360}$$

式中：S_{m}——允许斜面工作长度，mm；

　　　R——花板工作表面半径，mm；

　　　R_0——花纹滚筒半径，147.5mm；

　　　H——0 号链块高度，10 mm；

　　　n——链块号数；

　　　T——针距，对于 28 机号，T 为 0.908 mm；

ϕ_m——允许斜面长度所对中心角。

由上述分析可知，梳栉允许的横移时间相应于主轴转角范围为44°，相应花纹滚筒允许转角 $\phi_m = 44°/16 = 2.75°$，代入上式可得 $S_m = 7.6mm$。按此要求设计一针距横移链块斜面时，只需在 a 型链块右（或左）上角 O 点（图12-9）向下取 B 点，使 OB 长度等于1针距；向水平方向量取 A 点，使 $OA = S_m = 7.6mm$，连接 AB，并按照此线磨铣即可得所需的链块。但考虑到实际上相邻两块链块在连接时并非在 B 点，而是在平行于 AB 的 $A'B'$ 上的 C 点处（过 B 点作与 OA 平行线并交于 $A'B'$ 得 C 点），那么 $A'C$ 也能满足当链块运行7.6mm（对应于主轴转角范围为44°）时，梳栉横移一个针距的工艺要求。上述方法是链块工作斜面的确定方法。需要注意的是：$A'B'$ 处于不同位置时，横移起止点也会随着变化，那么花纹滚筒也需做出相应调整。

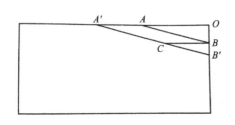

图12-9　链块工作斜面

为了确保横移安全可靠，在设计链块斜面时，其实际工作长度往往小于计算的长度。例如，根据实测，机号为 $E28$ 的槽针经编机，链块斜面长度为 9mm，高度差为 1.25mm，因此链块的实际工作斜面长度 a 应为：

$$a = 9 \times 0.907/1.25 = 6.5(mm)$$

对应花纹滚筒转角为：

$$\phi = 360° \times a / 2\pi R = 2.35°$$

此时的主轴转角为：

$$\theta = 2.35° \times 16 = 38°，小于44°。$$

这说明实际上梳栉的横移是安全可靠的。

当主轴转速为2000r/min 时，梳栉横移时间 $t = 60 \times \theta/n \times 360 = 0.003$（s）。可见梳栉横移时间十分短促。故当针背横移的针距数较大时，合理分配两次横移针距数，有利于减少速度急剧变化而引起的运动冲击。

（3）针背横移时间的分配。根据图12-7梳栉摆动曲线可知，梳栉在主轴转角为182°时摆至针前最前位置，此时针前横移正好进行到一半。在三行程式横移机构中，三次横移的中心位置相应于主轴转角依次是182°、302°、62°。理论上导纱针针前允许横移角度范围为44°，而实际横移时间为38°。如果针背两次横移均为一个针距，则三次横移时间分别为163°~201°、283°~321°、43°~81°。根据槽针经编机的成圈过程可知，两次横移均产生于导纱针处于针背停顿或织针开始上升阶段，但在编织针背横移量较大的花型组织时，针背两次横移量必须根据两次横移的特点加以确定，不能随意分配。

当编织针背横移量较大的花型组织时，如1-2/8-9//，控制针背横移的相邻两块链块高度相差很大，图12-10（1）所示为链块由低号数向高号数排列时的情况，此时如按一般原则磨铣链块斜面，则其斜面 AB 倾角较大，机器高速运转所产生的冲击很大。为了使针背横移运动平稳，一般将倒角减小为 AB_1，实际横移工作线由 BC 变为 B_1C_1，横移时间向后推迟，开始点由 C 推迟至 C_1，结束点由 B 推迟至 B_1，且 $BC < B_1C_1$，即横移时间有所增加。根据梳栉横移的分析可知，两次针背横移中，第一次针背横移（在283°~321°区域内）结束后仍有较大孔隙，允许横移结束点有较多的推迟；第二次针背横移（43°~81°区域内）结束后离横

移禁区较近，则不宜过多推迟。因此，当链块由低号数向高号数排列时，第一次针背横移应大于第二次针背横移；反之，当链块由高号数向低号数排列时，如图 12-10（2）所示，斜面工作线由 BC 变为 B_1C_1，横移时间提前，则较大的横移量放在第二次更为合适。这样才能既保证横移安全又能充分利用可作针背横移的时间。

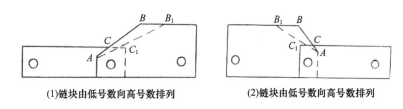

(1)链块由低号数向高号数排列　　　(2)链块由低号数向高号数排列

图 12-10　链块上升及下降斜面工作图

在钩针经编机上，由于第一次针背横移正处于带纱阶段，沉降片正在向机前推出，如果这时针背横移量较大，则导纱针上横向引出的经纱与水平线夹角较小，很容易与正在向机前运动的沉降片片鼻擦碰，使经纱起毛或断头。因此，在钩针经编机上两次针背横移量的分配规律一般是：织开口线圈时第一次针背横移不能超过一个针距，织闭口线圈时不能超过两个针距，而较多的横移针距放在第二次针背横移中，这时经纱已处在沉降片上方，较为安全。

二、单滚筒凸轮式梳栉横移机构

经编机上的梳栉横移，除了采用花纹链条外，也可用花盘凸轮来实现，这在现代高速经编机上已经得到广泛的应用。如果花盘上的线圈横列数是花纹循环的整数倍，就可以使用花盘凸轮。如图 12-11（1）所示，花盘凸轮像曲线链块一样，表面为平滑曲线，这使得横移运动平稳、精确。图 12-11（2）为花盘凸轮正面形状及标记信息，其中箭头标注方向为运转方向；$E28$ 为适用机器的机号；$1-0-0/4-5-5//$ 为所编织织物的三行程组织；$M16$ 代表花盘凸轮一转，主轴转 16 转，即 M 数。

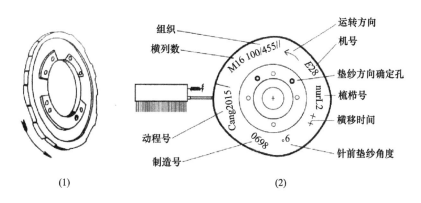

(1)　　　　　　　　　　　　　　(2)

图 12-11　花盘凸轮

采用花盘凸轮可使梳栉横移非常精确，机器运行平稳，且实现高机速。它不会出现如链块装错或杂质在槽道内阻塞链块而影响机器正常运转等问题。采用花盘凸轮可以很方便地进行行程数变换，并能设计出 10、12、14、16、18、20、22 和 24 横列完全组织的花纹。二行程式花盘凸轮只用于拉舍尔经编机。花纹循环的变换只要换一下齿轮 A、齿轮 B 和齿形带长就可以了，通过这种方法改变主轴与花纹滚筒之间的传动比。这种机构主要应用于特利柯脱型经编机和高速拉舍尔型经编机。

三、双滚筒型梳栉横移机构

双滚筒型梳栉横移机构如图 12-12 所示，它称为 NE 型梳栉横移机构。其中 N 型花纹滚筒 3 用于成圈梳栉，E 型花纹滚筒 4 用于衬纬梳栉，N 型和 E 型滚筒的轴处于同一位置。花纹滚筒上的链块高低变化推动滑块 2 及梳栉推杆 1，从而使梳栉进行横移。图中 8 为机器主轴，通过图中 7（齿轮 A）与 6（齿轮 B）以及 5（蜗轮）来调节主轴与花纹滚筒的传动比。图中 9 为机器挡板。

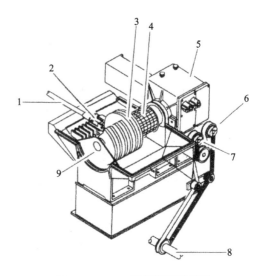

图 12-12　NE 型梳栉横移机构

NE 型梳栉横移机构的 N 型花纹滚筒采用 8 行程式或 12 行程式（即编织一个横列梳栉需横移 8 次或 12 次），这样花盘凸轮（凸轮廓线相当于 48 块链块）转一转，可编织 6 个或 4 个横列。E 型花纹滚筒采用 2 行程式或 4 行程式，用普通或曲线链块控制。该机构主要用于贾卡经编机。

第三节　电子式梳栉横移机构的工作原理

由于机械式梳栉横移机构在花型设计和变换品种等方面有很大的局限性，因此在现代经编机上普遍采用由计算机控制的电子式梳栉横移机构。电子式梳栉横移机构的花型设计范围广，花型变换时间短，生产灵活性强，操作简便。电子式梳栉横移机构主要由两部分组成，即花型准备系统和机器控制系统。花型准备系统是在计算机上完成花型设计，并将其转化成为数据文件，以机器可读的格式存储于外存储设备，待编织时将外存储器插入经编机的驱动器即可调用其中的花型文件，也可通过电缆直接将数据文件传给机器上的控制系统，还可通过网络（有线网或无线网）将数据文件传给控制系统。机器控制系统能将这些数据文件转换成控制各梳栉横移运动的动作，是电子式梳栉横移机构的关键部分，其执行方式多样。下面介绍几种典型的电子式梳栉横移机构及其工作原理。

一、SU 型电子梳栉横移机构

SU 型电子梳栉横移机构由计算机控制器、电磁执行元件和机械转换装置组成。其中机械转换装置如图 12-13 所示，由一系列偏心 1 和斜面滑块 2 组成。通常含有 6~7 个偏心，对于 6 个偏心组成的横移机构，具有七段斜面滑块。每段滑块的上下两个端面（最上和最下滑块只有一个端面）呈斜面，相邻的两滑块之间被偏心套的头端转子 3 隔开，形成了不等距的间隙。当计算机控制器未收到梳栉横移信息时，在电磁执行元件的作用下，偏心转向右端，偏心套转子随之右移，被转子隔开的滑块在弹簧作用下合拢。反之，当计算机控制器收到梳栉横移信息时，在电磁执行元件的作用下，偏心转向左端，偏心套转子左移，将与转子接触的两个相邻滑块向外撑开。滑块上方与一水平摆杆 4 相连，并通过直杆 5 作用于梳栉推杆 6。由图 12-13 可知，滑块间隙扩开使梳栉 7 右移，反之滑块在弹簧 8 作用下合拢使梳栉 7 左移。

在每个转子接触的上、下两个滑块端面的坡度是不同的，因而转子左移产生的两滑块之间的间隙大小也不同，但它们都是针距的整倍数。各个偏心所对应的间隙（梳栉横移针距数）见表 12-1。

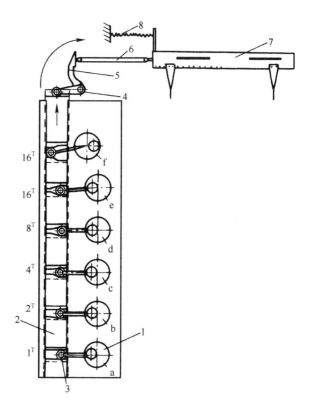

图 12-13 SU 型电子梳栉横移机构

表 12-1 SU 型横移机构偏心与横移针距对应关系

对应的偏心编号	a	b	c	d	e	f
间隙相差针距数	1	2	4	8	16	16

根据花型准备系统的梳栉横移信息，在计算机控制器和电磁执行元件作用下，可使偏心按一定顺序组合向左运动，将它们产生的移距累加得到各种针距数的横移。由于滑块斜面均按简谐运动曲线设计，使转子运动平稳可靠，每一转子造成的梳栉横移针距数最大可达 16 个针距，比花板传动更为优越。上述 6 个转子产生的不同移距可以累计产生达 47 个针距的梳横移栉量。

SU 型电子梳栉横移机构不仅具有变换花型迅速、停台时间短、机器效率高等优点，而且还免除链块加工、装配、拆卸以及拣选、清洁等工作，更能节约链块制作、存储费用，降低固定资本投入，能较经济地生产小批量、多品种的产品。与花型准备系统结合，有利于快速、准确地从花型设计阶段进入到产品生产阶段，一般多用于多梳栉拉舍尔经编机。但机速不高、尺寸较大、横移距离有限，以及运行噪声较大等方面的不足，制约了 SU 型电子梳栉横移机构的进一步应用。

二、EL 型电子梳栉横移机构

EL 型电子梳栉横移机构如图 12-14 所示，其工作原理与线性电动机相似。它不是通过主轴进行驱动，而是应用伺服电动机驱动器直接驱动，通过将数字化的数据文件转换成电动机驱动信号，实现对梳栉推杆的运动控制。生产实践证明，直线电动机的控制效果很好，尤其适于持续快速的花型转换。该机构主要包括一个主轴，其内部为铁质内核，外面环绕线圈。通电时，线圈会产生磁场，使铁质内核进行线性运动，从而把横移运动直接传输到导纱梳栉。横

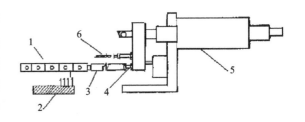

图 12-14　EL 型电子梳栉横移机构
1—梳栉　2—针床　3—推杆　4—球形螺杆
5—直线电动机　6—导纱梳弹簧

移运动以梳栉的运动曲线为基础，由计算机计算出横移距离，指示直线电动机内核进行移动。在经编机主轴上有一个接近开关，可看作主轴角度编码器，采集主轴当前所处的角度位置，传给主控计算机，计算机根据此信息确定横移的时间，实现横移机构与经编机主轴的同步，保证主轴、成圈机件和横移机构协调工作。

与 SU 型相比，EL 型电子梳栉移动机构适应机器的运行速度大大提高，且具有更大的横移针距数。例如，某一机号为 $E28$ 的 EL 型电子梳栉横移经编机，累计最大横移距离为 50mm，且运行稳定、可靠。EL 型电子梳栉横移机构多用于 4 梳和 5 梳的特利柯脱型经编机，也可用于拉舍尔型经编机。

三、ELS 型电子梳栉横移机构

ELS 型电子梳栉横移机构采用的是液压传动元件，如图 12-15 所示。电液伺服控制系统由指令元件、检测元件、比较元件、伺服放大器、电液伺服阀、液压执行元件等组成。设计花型通过计算机及键盘 1 输入终端工控机 2，每把导纱梳栉的传动轴都装有步进电动机和液压阀 3，该电动机根据接收到的控制信号分别开启和关闭相应的液压控制阀，阀门通过测量装置 4 控制进入液压油缸 5 的油流量，从而使液压元件驱动导纱梳栉 6 进行精确地横移。工作过程如下：作为指令元件的工控机按花型工艺要求发出指令，通过伺服放大器的信号放大，驱动直线电动机控制电液伺服阀。直线电动机根据控制信号分别开启、关闭相应的电液伺服阀。电液伺服阀控制进入液压油缸（即液压执行元件）的油流量，从而使液压油缸的活塞杆运动，再通过连杆驱动梳栉横向移动。图中 4 为测量系统，用于对梳栉位置进行连续测量，然后将结果反馈给工控机，工控机将接收到的反馈信号与横移工艺要求进行比较，如存在偏差则继续驱动，直到执行元件达到指令要求。这样构成了一个闭环控制系统，保证了梳栉横移的精确性和可靠性。液压油缸具有双重工作效应，即梳栉的往复运动由相应的油压控制，不使用回复弹簧作为调节元件，机器结构更为紧凑。

由于 ELS 型电子梳栉横移机构使得花型设计和开发变得容易，其花型存储容量较大，使其花型扩展空间大大增加。

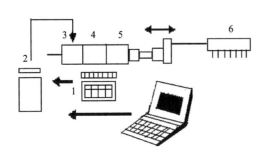

图 12-15　ELS 型电子梳栉横移机构

四、钢丝花梳横移机构

钢丝花梳是另外一种电子式梳栉横移机构，主要应用于多梳栉经编机。钢丝花梳横移机构简图如图 12-16（1）所示。钢丝花梳 3 通过金属丝 6 以及电子驱动单元 5 与伺服电动机 1 相连，每台伺服电动机可单独控制一把钢丝花梳。钢丝花梳另一端与反向平衡装置 4 连接，在靠近伺服驱动单元处使用夹持装置 2 固定，以防止钢丝梳横移路径的偏移。伺服电动机的正反向转动带动钢丝花梳来回横移，电动机顺时针旋转时，钢丝花梳经过夹持装置 2 向左移动，同时反向平衡装置 4 内的气压活塞下移；反之，钢丝梳向右移动，气压活塞上移，反向平衡装置保证钢丝梳在横移过程中张力均匀一致。反向平衡装置是一个气压装置，相当于气压弹簧，与一般的弹簧相比，它对钢丝梳的作用更为平缓，这样既保证梳栉横移平稳、速度无急剧变化，无冲击，又能保证钢丝张力精确、恒定，且不会引起系统内的摩擦。如图中标注钢丝花梳最大横移量可达 180mm。钢丝花梳导纱系统如图 12-16（2）所示，由细金属丝 6 和花梳导纱针 7 组成，导纱针 7 黏附在细钢丝梳上，且可以更换，钢丝花梳的金属丝 6 安装在导纱支架 8 的凹槽内。

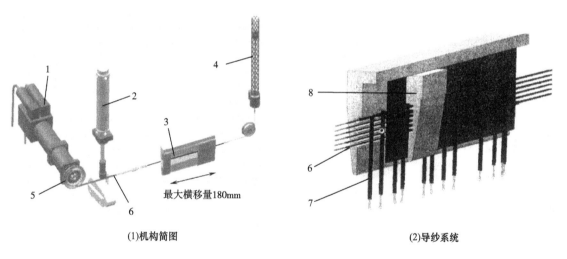

（1）机构简图　　　　　　　　　　　　　　　　（2）导纱系统

图 12-16　钢丝花梳横移机构

钢丝花梳横移机构的特点主要有以下几个方面。

（1）结构紧凑，占用空间少，便于配置更多花梳栉。

（2）梳栉横移动程大，累计横移针距数大，扩大了花型范围。

（3）钢丝导纱梳栉的质量轻，通常为 100~350g，较普通梳栉大大减轻，从而减少了横移运动惯量。

（4）可通过花型准备系统对梳栉横移运动进行程序设计，实现导纱针的精确定位。

（5）机器速度较高。

（6）减少了上机调整时间，易于维护，生产效率高。

由于钢丝花梳横移机构的电子驱动更加灵活便捷，横移距离大大增加，使得机器拥有更高的运转速度和更大的花型范围以及更好的产品质量，广泛应用于多梳栉经编机。

思考练习题

1. 叙述梳栉横移的工艺要求。

2. 比较分析链块式横移机构和凸轮式横移机构的优缺点。

3. 某织物的垫纱数码如下，按照三行程式排列链条。

(1) 1-0/1-2/2-3/2-1//；

(2) 1-0/4-5//。

4. 简述 EL 型电子式横移机构的工作原理。

5. 简述钢丝花梳横移机构的优点。

第十三章 经编送经

／教学目标／

1. 掌握经编送经的基本工艺要求。
2. 了解消极式送经机构的形式，掌握经轴制动式和可控经轴制动式的工作原理。
3. 了解积极式送经机构的形式，掌握线速度感应式送经机构的机构组成和工作原理。
4. 了解电子式送经机构的几种形式，掌握 EBA 和 EBC 式送经机构的工作原理。

第一节 经编送经的工艺要求

经编机在正常运转过程中，经纱从经轴上退绕下来，按照一定的工艺要求送入成圈系统，供成圈机件进行编织的过程称为送经。完成这一过程的机构称为送经机构。

一、送经的基本要求

在织物织造过程中，送经的连续性和稳定性不仅影响经编机的效率，而且与坯布质量密切相关。因此，送经运动必须满足下述基本要求。

（1）送经量应始终保持精确。在经编行业，送经量习惯用"腊克"（rack）表示，即每编织 480 个线圈横列时需要送出的经纱长度（mm）。送经量的稳定对于经编织造非常重要，如果送经量发生波动，轻则会造成织物稀密不匀而形成横条痕，重则会使坯布单位面积重量发生变化。即使送经量有微量的差异，也会产生一个经轴的经纱比其余经轴先用完的情况，从而造成纱线的浪费。

（2）送经量应满足坯布组织结构需要，送经机构应能瞬时改变送经量。这里要考虑两种情况：一种是编织素色织物或花色织物的地组织时，每个横列的线圈长度基本相同或差别很小；另一种是编织花纹复杂的经编组织时，它们的完全组织占有的横列数很多，而且针背垫纱长度不固定，有时仅为 0 针，有时为 1 针，有时甚至高达 7 针，再加上编织方式又有成圈和衬纬之分，这就要求送经机构能瞬时改变送经量，甚至在一些情况下，如编织褶裥织物时，进行负送经量送经。

（3）在保证正常成圈的条件下，降低经纱的平均张力及张力峰值。过高的经纱平均张力及张力峰值不仅影响经编编织过程的顺利进行，也有碍织物外观，严重时还会使经纱过度拉伸，造成染色横条等潜在织疵。但不恰当地降低平均张力，会因最小张力过低造成经纱松弛，使经纱不能紧贴成圈机件完成精确的成圈运动。

二、经纱张力变化分析

图 13-1 所示为钩针经编机成圈过程中经纱走纱路线（简称纱路）示意图。图中经纱自经轴退绕点 K 引出，经张力杆接触点 C、导纱针孔眼中心 A 而垫到织针上，最后在成圈机件的配合下织入织物。经纱在针钩上的垫纱点（即经纱与织针的折弯点）为 B，O 点为经纱织入点（即经纱与织物的结合点）。由成圈过程可知，在一个成圈周期中各成圈机件相对位置瞬时变化，尤其是导纱针相对于织针位置的变化，使经纱自退绕点 K 至织入点 O 之间的纱路不断变化，造成 K 点与 O 点之间纱段的总长度瞬息变化，另外，编织机件相对位置的变化还会引起经纱与编织机件接触包围角的变化，这些是引起经编机上经纱张力波动的主要原因。

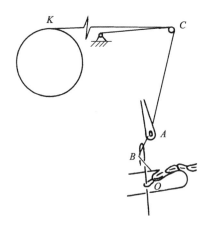

图 13-1　成圈过程中的经纱纱路

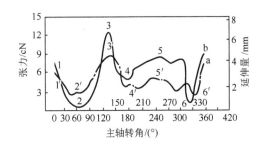

图 13-2　经纱延伸量与经纱张力变化曲线

图 13-2 所示为在一个成圈周期中经纱延伸量与经纱张力变化曲线的变化关系。图中曲线 a、b 分别表示实测经纱延伸量和经纱张力的变化曲线。图中纵坐标表示图 13-1 中纱段 KO 之间经纱延伸量和经纱张力值，横坐标为主轴的转角。由图 13-2 可知，在一个成圈周期中经纱延伸量和经纱张力出现了二次幅度较大的变化，经纱延伸量曲线的峰值为点 $1'$ 和 $3'$，低谷为点 $2'$ 和 $4'$；而张力曲线的峰值为点 1 和 3，低谷为 2 和 4。

通过对比分析两条曲线可以看出，经纱延伸量和经纱张力的变化总趋势是一致的，但经纱张力除了上述两次较明显的波动外，还有若干小幅度波动，这是由于在绘制经纱延伸量曲线时，曾对实际条件进行一定程度的简化，忽略了影响延伸量变化的其他因素。

由两条曲线可以看出，当主轴转角为 0° 时，经纱张力数值处于明显的高位，这是由于成圈阶段织针处于最低位置使经纱延伸量急剧增加的缘故。随后织针上升进行退圈，导纱针由针背极限位置向针前方向摆动，经纱延伸量逐渐减少，张力随之下降，当导纱针孔眼中心 A 摆到张力杆接触点 C 与经纱织入点 O 之间连线上时（在成圈、退圈阶段，纱线不在织针上折弯），经纱延伸量达到极小值（相应于点 $2'$），因而经纱张力也出现极小值（相应于点 2）。

在垫纱阶段，导纱针继续向针前方向摆动，延伸量随之增加，当导纱针到达织针最前位置并作横移时，经纱延伸量达到极大值（相应于点 $3'$），其时经纱张力也出现极大值（相应于点 3）。此后导纱针从针前位置开始向针背方向摆动，使导纱针孔眼中心 A 与经纱织入点 O 逐步接近，当导纱针孔眼中心 A 再次到达 CO 连线上时，延伸量又一次达到低谷（相应于点 $4'$）。从主轴转角 240° 开始，导纱针摆到织针的最后位置并一直停留在那里，在这一阶段延伸量变化甚微。

在主轴转角 300°前后（即压针阶段），钩针因受压板压迫产生后仰，加上沉降片向针钩方向移动将织物握持平面上抬，缩短了 AO 之间的距离，致使延伸量及张力有所下降。成圈阶段随着织针下降，经纱受到牵拉，延伸量不断增加，在织针到达最低位置时，延伸量及经纱张力再次达到峰值。

从上述分析可知，在每个成圈周期中经纱一般出现两次张力峰值。最大的张力峰值发生在垫纱阶段，这时纱线的延伸量最大；另一峰值产生在成圈阶段。需要注意的是，成圈过程中经纱延伸量和经纱张力变化规律不是一成不变的，它与成圈机件相对配置及其运动规律有关。

总之，应在保证编织过程顺利进行的前提下尽量给予经纱最小且恒定的张力。

第二节 机械式送经机构的工作原理

在经编生产中，送经机构的种类很多，大致可分为机械式和电子式两大类。根据经轴传动方式，机械式送经机构又可以分为消极式和积极式两种。下面分别说明其结构及工作原理。

一、消极式送经机构

由经纱张力直接拉动经轴进行送经的机构称为消极式送经机构。消极式送经机构结构简单，调节方便，适用于编织送经量多变的复杂花型组织。由于经轴转动惯性大，易造成经纱张力较大波动，所以这种送经方式只能适应较低的运转速度（通常不高于 600r/min），且一般用于拉舍尔经编机。该类送经机构根据控制方式的不同又可分为经轴制动和可控经轴制动两种形式。

（一）经轴制动式消极送经机构

该机构是一种利用条带制动的送经结构，如图 13-3 所示。这种机构的经轴 1 轴端边盘 2 上配置一根制动条带 3，条带用小重锤 4 张紧，重锤重量可调（一般为 5~40cN）。开始工作时，选取合适的重锤重量，以使由其产生的制动力矩与由经纱张力产生的送经力矩平衡，随着生产的进行，经轴上经纱表面层的直径减小，导致送经力矩减小，这时需要减轻重锤重量，减小制动力矩，以使两个力矩间重新达到平衡，再次送出经纱。这种机构一般用于多梳栉经编机上花经轴的控制。衬纬花纹纱的张力控制是极严格的，张力过小，纱线在织物中衬得松，经轴有转过头的倾向；张力过大，花纹纱变得过分张紧，使地组织变形。对这些花纹纱的控制，

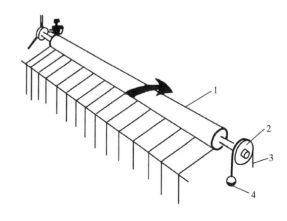

图 13-3 经轴制动式消极送经装置

是目前限制车速提高的因素之一。

(二) 可控经轴制动式消极送经机构

该机构如图 13-4 所示。它可以被看作是对经轴
制动式消极送经机构的改进。一根装在 V 形制动带
轮 5 上的 V 形制动带 6 由两根弹簧 4 拉紧，使制动
带 6 紧压在 V 形带轮 5 的槽中。当经纱张力增加时，
张力杆 1 被压下，使其发生转动，令升降块 2 顶起
升降杆 3，放松弹簧 4，从而减小了皮带的制动力，
这时与制动带轮 5 同轴的经轴被拉转，送出经纱。
当经纱张力下降时，张力杆 1 在回复弹簧作用下上
抬，转回原位，不再支撑升降块和升降杆的升起，
这样弹簧 4 拉紧，从而增加了制动带对带轮的制动
力，降低了经轴转速。

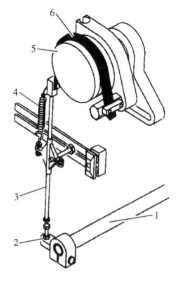

图 13-4　可控经轴制动式消极送经机构

二、积极式送经机构

由经编机主轴通过传动装置驱动经轴进行送经的机构称为积极式送经机构。

工作时，随着编织工作进行，经轴直径逐渐变小，因此主轴与经轴之间的传动装置必须
相应增加传动比，以保持经轴送经线速度恒定，否则送经量将逐渐减少。在现代高速特利柯
脱经编机和拉舍尔经编机上，最常用的是线速感应式的积极式送经机构，还有一些较为特殊
的送经机构。

(一) 线速度感应式积极送经机构

这种送经机构由主轴驱动，根据实测的送经速度作为反馈控制信息，用以调整经轴的转
速，使经轴的送经线速度保持恒定。

线速度感应式送经机构有多种类型，但其主要组成部分及工作原理是相同的，图 13-5 所
示为该机构的工作原理框图。由图中可知，线速度感应式送经机构主要包括定长变速装置、
送经无级变速装置、线速感应装置和比较调整装置四个部分。主轴传出的动力经定长变速装
置和送经无级变速装置，以一定的传动比驱动经轴退绕经纱，供成圈机件连续编织成圈。为
保持经轴送经线速度的恒定，该机构还包含线速感应装置和比较调整装置。线速度感应装
置用来获取经轴经纱的退绕线速度。比较调整装置有两个输入端和一个输出端，图中比较调

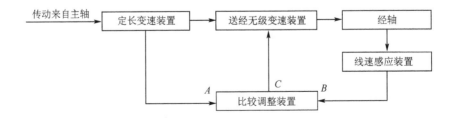

图 13-5　线速度感应式积极送经机构工作原理框图

整装置左端 A 与定长变速装置相连，由此输入定长变速装置确定的定长速度；右端 B 与线速感应装置相连，由此输入实测的送经线速度。当两端输入的速度相等时，其输出端 C 无运动输出，受其控制的送经无级变速装置的传动比保持不变；当两者不同时，输出端便有运动输出，致使送经无级变速装置的传动比发生相应变化，使实际送经速度保持恒定。

线速度感应式积极送经机构类型颇多，各以其独特的比较调整装置等为特征，现将常用的各部分具体结构分别加以介绍。

1. 定长变速装置 根据织物组织的结构和规格确定编织该织物的送经量，并通过调整定长变速装置的传动比来实现。定长变速装置的传动比在上机时先行确定后，在后面的编织过程中将不再变动。定长变速装置由无级变速器或变换齿轮变速器组成。有些经编机的各个经轴共用一个无级变速器，再分别传动几个经轴。为使各经轴间的送经比可以调整，常在各经轴的传动系统中采用"送经比"变换齿轮。

2. 送经无级变速装置 在机器上，由主轴通过一系列传动装置驱动送经无级变速装置，再经减速齿轮传动经轴。经轴直径在编织过程中不断减小，为了保持退绕线速度恒定，经轴传动的角速度应该相应地不断增加。因此，送经无级变速装置必须采用无级变速器使主轴至经轴的传动比在运转中能连续地得到调整。常用的送经无级变速器有铁炮式及分离锥体式两种，如图 13-6 所示。

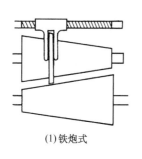 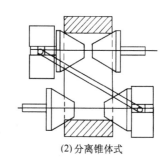

(1)铁炮式　　　　　　　　　(2)分离锥体式

图 13-6　无级变速器

3. 线速度感应装置 该装置用来测量经轴的实际退绕线速度，并将感应得到的送经线速度传递给测速机件。常用的线速度感应装置采用测速压辊，它在扭力弹簧作用下始终与经轴表面贴紧，确保压辊与经轴能以相同的线速度转动，后经一系列齿轮传动，使测速机件采集到实际的送经速度。

4. 比较调整装置 比较调整装置类型较多，结构各异。下面介绍较为常用的差动齿轮式比较调整装置。

图 13-7 所示为一种差动齿轮式比较调整装置，它是由两个中心轮 E、F 和行星轮 G、K 以及转臂 H 所组成的差动齿轮系。中心轮和行星轮均为锥形齿轮，且齿数相等。这种差动轮系的传动特点是，当中

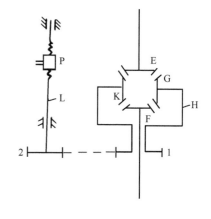

图 13-7　差动齿轮式比较调整装置

心轮 E、F 转速相等且方向相反时，转臂 H 上的齿轮 K、G 只作自转而不作公转；而当两中心轮转速不等时，转臂 H 上的齿轮 K、G 不仅自转而且产生公转，差动轮系这一传动特点用来作为经编送经机构中的比较调整装置。

在实际生产中，定长变速装置的预定送经线速度和实测送经线速度分别从差动轮系的两个中心轮 E、F 输入，当两个输入端速度相等，即实际送经线速度与预定线速度一致时，转臂 H 不作公转，齿轮 1、2 静止不动；而当两个输入端速度不等时，转臂 H 公转，通过齿轮 1、2 驱动丝杆 L 转动，从而使滑叉 P 带动送经无级变速器的传动环向左或向右移动，改变送经变速器的传动比，直至经轴实际线速度与预定送经线速度相等为止。由于编织过程中经轴直径不断减小，使实际送经线速度低于预定线速度，通过差动轮系的公转，使传动环向左移动，从而增大经轴转动速度，以使经轴线速度达到预定线速度。如果实际线速度高于预定线速度，则差动轮系转臂与上述反向转动，使传动环右移，从而降低经轴转速，直至实际退绕线速度与预定线速度相符为止。

5. 相关参数的计算　上述定长变速装置、送经无级变速装置、线速度感应装置以及比较调整装置的不同结合可以形成结构各异的线速度感应式积极送经机构。

如图 13-5 所示，工作时，主轴传动定长变速装置，再由定长变速装置的输出端传动送经无级变速装置以及比较调整装置，最后通过齿轮传动经轴。

主轴一转（即编织一个线圈横列）时，经轴的转数 n_w 可由下式确定：

$$n_w = k_1 i_1 i_2 \tag{13-1}$$

式中：i_1 ——定长变速器的传动比；

　　i_2 ——送经变速器的传动比；

　　k_1 ——由主轴到经轴传动链的传动系数。

如果采用差动齿轮式比较调整机构进行计算，主轴一转，它与定长变速器相联的定长齿轮 E（即图 13-7 中的中心轮 E）的转数 n_E 为：

$$n_E = k_2 i_1 \tag{13-2}$$

式中：k_2 ——由主轴到定长齿轮 E 之间传动链的传动系数。

主轴一转中测速齿轮 F（即图 13-7 中的中心轮 F）的转数 n_F 为：

$$n_F = k_3 n_w D_w \tag{13-3}$$

式中：D_w ——经轴直径；

　　k_3 ——经轴至测速齿轮 F 之间传动链的传动系数。

当实际送经量与预定送经量相等时，有 $n_E = n_F$，即：

$$k_2 i_1 = k_3 n_w D_w = k_3 k_1 i_1 i_2 D_w$$

$$i_2 = \frac{k_2}{k_1 k_3 D_w} = \frac{k_4}{D_w} \tag{13-4}$$

式中：$k_4 = \dfrac{k_2}{k_1 k_3}$。

由此可见，送经变速装置的传动比 i_2 只与经轴直径 D_w 成反比，而与线圈长度 L 无关。当经轴上机编织时，送经变速器 i_2 的大小根据经轴直径加以调节。主轴一转的送经量（即线圈长度）为：

$$L = \pi n_{\mathrm{w}} D_{\mathrm{w}} = \pi k_1 k_4 i_1 = k_5 i_1 \tag{13-5}$$

式中：$k_5 = \pi k_1 k_4$ ，为常数。

式（13-5）表明，线圈长度 L 只与定长变速器的传动比 i_1 成正比，而与经轴直径 D_{w} 无关。据此调整定长变速器，以得到设计的线圈长度。

（二）双速送经机构

图 13-8 为一种具有两种不同送经速度的双速送经机构。图 13-8（3）为其工作原理图。在这一机构中，除了离合器 1 外，还附加有一组飞轮装置 2。所以在离合器脱开时，送经机构的传动并未中断，只不过依照一定规律降低了速度。图中链盘 3 控制离合器的离合。当离合器闭合时，来自主轴的动力按图 13-8（1）的线路传递，此时未经过变速系统，故属于正常速度送经。当离合器脱开时，主轴动力按图 13-8（2）的线路传递，此时因经过下方的变速系统，故经轴以较小速度送经。这两种速度的变化比率，可通过调整变速系统中的变换齿轮 A、B、C、D、E 的齿数来控制。

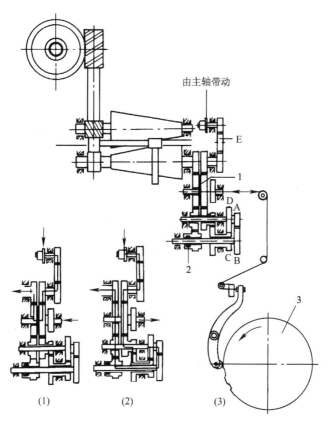

图 13-8　双速送经机构

（三）定长送经辊

定长送经辊又称定长积极送经罗拉，如图 13-9 所示。传动动力来自于主轴，经过链条 1 传动到链轮 2，然后经变换齿轮 3、4，传动减速箱 5，其传动比为 40∶1；再通过链轮 6 和链条 7，传动到定长送经辊一端的链轮 8 和齿轮 9、10。送经辊 11 和 12 表面包裹摩擦系数很大的包覆层，防止纱线打滑，但在经纱张力大于卷绕和摩擦阻力的情况下，纱线可在送经辊上被拉动。两根送经辊的直径相同，故传动比为1∶1。当线圈长度确定后，只要将变换齿轮3、4确定，无论经轴直径大小，都能定长送出经纱。

在此装置中，定长送经辊将经纱从经轴上拉出是消极的。这种定长送经装置简单、可靠，较多地用于双针床经编机和贾卡经编机。

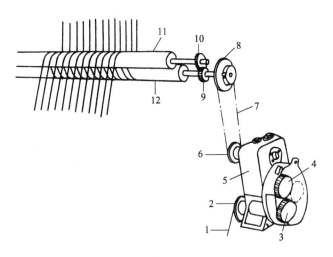

图13-9　定长送经辊装置

第三节　电子式送经机构的工作原理

机械式送经机构虽然具有许多优点，但也存在一些无法克服的固有缺陷。例如，由于是机械式机构，故存在着机件的磨损问题，特别是随着机速的提高，传动和调速零件磨损严重，造成传动间隙增大，导致反馈性能不足，控制作用滞后于实际转速的变化，因而不能满足更高速度的送经要求。特别是在开、停机时容易造成运行不稳定，送经不匀，产生停机横条等织疵。现代经编机速度越来越高，织物品种也越来越多样化，电子式送经机构正好能够满足这样的要求。电子信号的传导和响应速度极快，在理论上能满足开、停机时张力瞬间急剧变化的要求，为改善或消除停机横条提供了可能。此外，电子式送经机构还具有以下优点。

（1）送经量精确，调节范围大，有利于提高织物质量。

（2）能够实现更高的转速，提高织造生产效率。

（3）更改送经量方便、迅速；各经轴单独控制，减少摩擦损耗和能量消耗。

常用的经编机电子送经机构有定速电子送经机构和多速电子送经机构两种，控制方式又分为采用经轴表面感测辊测速的全闭环控制方式和不采用表面感测辊测速的半闭环控制方式两种。

一、定速电子送经机构

定速电子送经机构又称EBA式电子送经机构，作为特利柯脱型与拉舍尔型经编机的标准

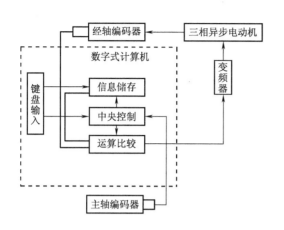

图 13-10 EBA 式电子送经机构原理框图

配置，主要应用于花纹比较简单，一个完全组织中每个横列的线圈长度基本不变或很少变化的场合。图 13-10 为 EBA 式电子送经机构的原理框图。该机构的工作原理与线速度感应机械式送经机构基本相同，其基准信息来源于主轴电动机，当感知到实测送经速度与预定送经速度不等时，通过变频器使电动机加速或减速。

EBA 式电子送经机构通常配置有大功率的三相交流电动机和计算机，机器速度和送经量可以方便地通过键盘输入，并且送经量可以进行编程设计。另外，可以通过计算机键盘设定或调整送经速度和经轴转动方向，后者在上新经轴时有可能会用到。

有些 EBA 式电子送经机构还具有双速送经功能，每根经轴可在正常送经和双速送经中任选一种。另外，为了获得特殊效应的织物结构，如褶裥等，经轴还可以短时间向后转动或者停止送经。

二、多速电子送经机构

多速电子送经机构又称 EBC 式电子送经机构，主要包括交流伺服电动机和可连续编程送经的积极式经轴传动装置。图 13-11 所示为该机构的原理框图。

在启动机器前，需要先通过键盘向机上计算机输入经轴编号、经轴满卷时外圈周长、停机时空盘头周长、满卷时经轴卷绕圈数以及该经轴的（腊克）送经量等参数。其中每腊克送经长度不一定固定，可以根据织物组织结构的需要任意编制序列。

该机构中经轴信号不是取自于经轴表面测速辊，因此反映的不是经轴表面的线速度，而是经轴的转动信息。计算机可以根据预先输入的经轴在空卷、满卷时的直径以及满卷时的卷绕圈数，逐层计算出经轴瞬时直径，并结合经轴信号计算出表面线速度，而后将此数据作为取样信息输入

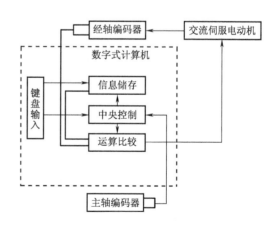

图 13-11 EBC 式电子送经机构组成
与工作原理框图

到计算机中，与储存的基准信息逐个比较。如果取样信息与基准信息一致，则计算机输出为零，交流伺服电动机维持原速运行；如果取样信息高于或低于基准信息时，计算机输出不为零，则在原速基础上对交流伺服电动机进行微调。由于采取了这种逐步接近的控制原理，送经精度得以大大提高。

EBC 式电子送经机构的优点是具有多速送经功能，为产品开发提供了有利的条件，适用

于花纹比较复杂，一个完全组织中各个横列的线圈长度并不都相同的织物的生产。目前 EBC 式电子送经机构广泛用于高速特利柯脱型经编机和拉舍尔型经编机。

思考练习题

1. 简述经编送经必须满足的基本工艺要求。
2. 简述经轴制动式消极送经结构的工作原理。
3. 线速度感应式积极送经机构由哪几部分组成？简述其工作原理。
4. 简述 EBA 式和 EBC 式两种电子式送经机构的主要区别。

第十四章　经编机的其他机构及装置

📄 ／ **教学目标** ／

1. 了解经编机牵拉卷取机构的分类与工作原理。
2. 了解经编机传动机构的分类与工作原理。
3. 了解经编机常用的故障检测装置和自停装置的工作原理。

第一节　牵拉卷取机构

在经编机上，牵拉卷取机构的作用是在编织过程中，将形成的坯布不断地从编织区域牵拉出来，并卷绕在卷取辊上或折叠在一定的容器内。

虽然称为牵拉卷取机构，但在经编机上牵拉和卷取动作常常是分开的，分别由牵拉机构和卷取机构控制。

经编机在运转时，坯布牵拉的速度对坯布的规格和质量都有影响。机上坯布的线圈纵向密度随着牵拉速度的增大而减小，反之亦然。因此，要得到结构均匀的经编坯布，就必须保持牵拉速度恒定。

一、牵拉机构

（一）机械式牵拉机构

图 14-1 为一种机械式牵拉机构的机构示意图。在该机构中，主轴通过变换齿轮装置 1 及蜗轮蜗杆装置 2 将动力传到牵拉辊 3，三根牵拉辊将织物夹紧，进行牵拉。牵拉辊表面包覆防滑材料，以防坯布与织物表面打滑。如要改变机器牵拉速度，即改变坯布的纵向密度，只需更换变换齿轮装置中的齿轮 A 和齿轮 B。一般在机上附有齿轮与密度的关系表，根据所需的坯布密度查找相应的变换齿轮 A、B 齿数。

（二）电子式牵拉机构

电子式牵拉机构有 EAC 式和 EWA 式两种。在 EAC 式电子式牵拉机构中，以变速传动电动机取代传统的变速齿轮传动装置，通过计算机编制牵拉速度，可满足在编织过程改变牵拉速度的要求，有助得

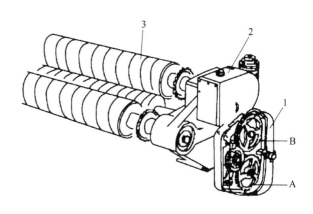

图 14-1　机械式牵拉机构

到褶裥结构等花纹效应。EWA 式电子式牵拉机构仅用于装有 EBA 式电子送经机构的经编机，它可以定速牵拉或双速牵拉。

二、卷取机构

（一）摩擦传动机械式卷取机构

也称为径向传动机械式卷取机构。该机构是利用卷取辊表面与摩擦传动辊接触，具有相同线速度的原理，通过摩擦辊驱动卷取辊转动，将坯布卷绕起来。该机构的优势是卷布辊上坯布表面线速度不随卷绕直径的增加而改变，适合大卷装的坯布卷取。该机构如图 14-2（1）所示。工作时，坯布 2 由牵拉辊 1 送出后，经过导布辊 3、4、5 和扩布辊 6，到达作同向回转的摩擦辊 7、8，两根摩擦辊带动卷布辊 9 以恒定的线速度卷绕坯布。扩布辊 6 的两边有螺旋环，以逆进布方向高速回转，保证布边平整，不卷边。

（二）中心传动机械式卷取机构

也称为轴向传动机械式卷取机构。该机构的卷取辊直接转动，将坯布卷绕起来。该机构的主要问题是卷布辊上坯布表面线速度随卷绕直径的增加而改变。为此，一般采用在卷布辊上要装离合器（如摩擦离合器）的方式来解决。该机构是一个间歇式的卷取机构。离合器的作用是通过卷布辊和牵拉辊之间坯布张力来控制卷取动作的执行，如果张力超过工艺要求，则离合器使卷取动作停止；随着坯布不断从牵拉机构输出，张力变小，此时离合器带动卷取辊转动。该机构适合大卷装的坯布卷取。机构的示意图如图 14-2（2）所示，1 为牵拉辊，2 为织物，3 为操作踏板，4、5、6 为导布辊，7 为卷布辊与布卷。如图 14-2 所示，该机构安装在独立的经轴架上，以此尽量减小机器振动对织物质量的影响。坯布卷取辊被紧固在经轴离合器上，卷取张力通过摆动杠杆和摩擦离合器维持恒定，卷绕张力可作调节。

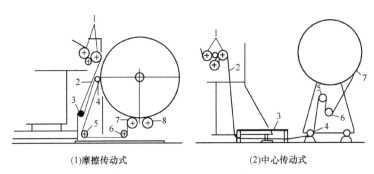

(1)摩擦传动式   (2)中心传动式

图 14-2　机械式卷取机构

第二节　传动机构

一、经编机主轴的传动

为适应不同原料、织物品种的要求，现代经编机从启动到正常运转常采用不同速度传动。

在实际的经编生产中，需要根据电动机性能的不同而采用不同的变速方式。现代高速经编机一般使用具有高启动转矩的电动机，其启动转矩一般不小于正常运转时满载转矩的四分之三，以确保快速启动，使经编机在尽量短的时间内加速到全速运转状态，减少开停机条痕的横列数，改善坯布的质量。经编机常用的变速方式有下皮带盘变速和电动机变速两种。

二、成圈机件的传动

为了使成圈过程中各编织机件的运动及其相互配合满足编织工艺要求，以保证编织过程的顺利进行，成圈机件的传动机构必须满足如下要求。

(1) 保证各成圈机件的运动在时间上相互协调、密切配合。

(2) 尽量使机件在运动中平滑、稳定，避免出现速度的急剧变化。

(3) 传动机构的结构尽量简化，方便制造加工和保养维护。

目前，经编机上采用的成圈机件传动机构，一般有凸轮机构、偏心连杆机构和曲柄轴机构三种。

(一) 凸轮机构

凸轮机构的工作原理主要是利用具有一定曲线外形的凸轮，通过转子、连杆而使成圈机件按照预定的规律进行运动。采用凸轮机构传动的历史较长，至今在一些经编机上仍有采用。

经编机上所用的凸轮一般为共轭凸轮。图14-3为一种共轭凸轮机构的简图。它将主凸轮和回凸轮做成一个整体C，其外表面起主凸轮作用，内表面起回凸轮作用。摇臂的两个转子A、B在推程和回程中先后与内外表面接触滚动。在设计凸轮廓线时，内外表面的廓线按主凸轮和回凸轮轮廓线的设计方法分别进行。这种凸轮机构的结构简单紧凑，能适应较复杂的运动规律；但凸轮和从动件之间是线（或点）接触，运转时容易磨损，不利于高速运转。

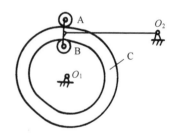

图14-3　共轭凸轮机构简图

图14-4是凸轮机构在经编机上的应用实例。装有织针（针蜡）2的针床1固装在托架7上。而托架与叉形杠杆3的上端都固定在针床摆轴4上。叉形杠杆下端两侧各装有转子5，分别与主轴上的主、回凸轮6的外廓接触。当主轴回转时，主、回凸轮6通过转子及叉形杠杆使针床绕摆轴中心按一定运动规律进行摆动。

(二) 偏心连杆机构

偏心连杆机构在高速经编机上已广泛应用。它是平面连杆机构的一种。随着连杆机构设计和制造水平的提高，已经能完全满足经编机高速运转的要求，所以在现代高速经编机的成圈机件的传动机构中，已基本替代了凸轮传动机构。

图14-5所示为槽针经编机上使用的成圈机件传

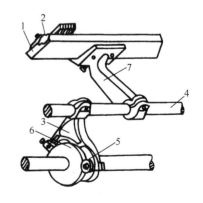

图14-4　凸轮机构在经编机上的应用

动机构，其实质为偏心连杆机构。其中针芯传动机构由十连杆组成，但杆 *CD*、*CE* 及 *DE* 组成一个固结的三角杆组，因此该机构可看做三套四连杆机构组合而成的八连杆机构。运动由固装在主轴 *A* 处的曲柄输入，通过第一套四连杆机构 *ABCD* 的作用使三角杆 *CDE* 得到确定的摆动，再通过第二套四连杆机构 *DEFG* 和第三套四连杆机构 *GFKH* 的传递，使安装在摆杆 *HK* 上的针芯实现成圈工艺所需的运动。导纱梳栉、针身和沉降片传动机构的工作原理与针芯的相同。

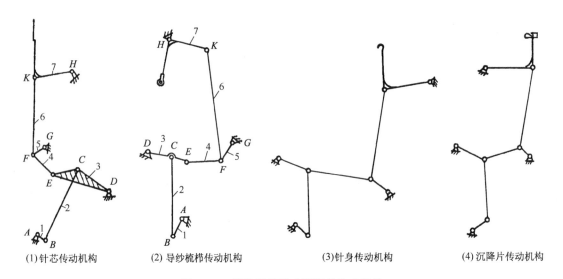

(1)针芯传动机构　　(2)导纱梳栉传动机构　　(3)针身传动机构　　(4)沉降片传动机构

图 14-5　槽针经编机成圈机件传动机构

（三）曲柄轴机构

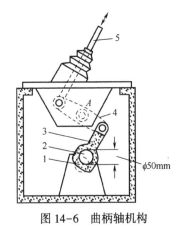

图 14-6　曲柄轴机构

新型的高速经编机大多采用整体的曲柄轴连杆机构来驱动成圈机件，图 14-6 为一种曲柄轴机构的示意图。主轴 1 和曲柄轴 2 为整体制造；曲柄轴 2 回转时，连杆 3 使摆杆 4 绕支点 *A* 摆动，带动连杆 5 上下往复运动，从而推动其上成圈机件摆臂（图中未画出）运动。用曲柄轴代替传统的偏心连杆不仅可以大幅提高机器的运转速度，而且可以降低机件的磨损、振动、噪声和能耗，方便设备的维护和保养，提高机器的使用寿命。

第三节　辅助装置

经编机的辅助装置是指那些扩大机器工艺可能性或便于机器管理和维护的装置。在现代经编机上辅助装置种类很多，此处仅简单介绍自停装置和经编机控制系统。经编机的自停装置是在出现经纱断头、张力过大、坯布疵点等问题或满匹等情况时机器及时停止运转的装置。

这种装置除能够及时停机，减少织疵延长、扩大，防止许多潜在性机器损坏外，还可以减少挡车工巡视机台的劳动强度，从而增加其看台数。

一、断纱自停装置

图 14-7 所示为一种非接触式光电断纱自停装置。它是将光源及光源接收器分置于机台的两侧或置于机台的同侧而另一侧配置一个反光镜。此外，沿机器整个工作幅宽在经纱下方装有带出风口的风道或吸风长槽，当断头发生时，纱头或被出风口吹起，或被吸风口吸引，干扰光束的正常通过，从而激发接收器，产生停机动作。

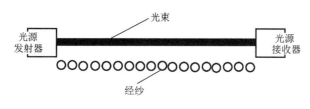

图 14-7　光电自停装置

二、坏布织疵检测装置

坏布织疵检测装置不仅可以控制断纱引起的破洞等疵点，而且还能检测坏针。织疵检测装置主要有电接触式、气动式和光电式三种。

1. 电接触式检测装置　电接触式检测装置中，在与针床平行并贴近坏布表面处装有电极板，金属刷作为另一电极沿坏布下面来回往复游动，当坏布出现破洞时电路闭合，产生自停。这种装置原理简单，实现容易，但由于电极是开放式的，容易产生接触不良的缺陷。

2. 气动式检测装置　气动式检测装置由具有许多出风口的风管组成，风管固装在游架上并在针床与牵拉辊之间沿针床方向来回游动，气流以较小的压力由风口吹向坏布。当发现破洞时，由风口吹出的气流速度增大，由此引起风管内风压发生变化，这一变化由风管内压力传感器所感应，产生停机信号。

3. 光电式检测装置　光电式检测装置是较先进的一种装置，它又可分为游架式和静止式两种。

（1）游架式检测装置。该装置的游架沿针床与牵拉辊之间的导轨来回游动，游架在其行程的一端碰触电动机换向开关，从而改变电动机转向。游架上装有检测传感器及由两个柔性电线供电的灯泡，灯光射向布面，其反射光线落到传感器的物镜上，这里的光束被分成两小束，且每小束分别照射到各自的光电元件上。由光电元件产生的两个电信号与对比信号进行比较，当坏布表面出现疵点时，被比较的两电信号之间产生差异而导致停机。这种检测装置的缺点是游架往复耗时较长，有可能在形成相当长度织疵后才被发现。

（2）静止式检测装置。该类装置有许多实现形式，其中一种是将光电电池与光源装在一个摇动头内，悬挂在针床上方，作 90°摇头式往复摆动，检查布面。为了使停机动作更为可靠，检测装置在接收到疵点信号后并不立即停车，而是改变运动方向，反复检测，当换向次数达到预定数值时，即布面上疵点得到证实后才进行停机，这样可以消除因各种虚假信号而导致的不必要停机。

另有一种将光电装置安装在机器下方（如有的特利科脱型经编机安装在牵拉辊下的地面上），检测编织区与牵拉辊之间的坯布织疵。该种装置通过光学系统为装置提供可覆盖机器幅宽的照射和检测视野范围，以满足实际使用要求。

以上几种织疵检测装置在使用时都存在一定的局限性，它们较为适于检测密实的平布，对网眼织物或一些特殊花型织物的检测效果还有待改进。

三、经纱长度及织物长度检测装置

1. 经纱长度测量装置 经编机上装有经纱长度测量装置，用来对经轴的送经速度进行连续检测，以及时调整送经机构的工作状态，满足送经量的预定数值要求；使不同机台、不同批量生产的同类产品的线圈长度保持一致，对控制经编织物的质量以及确保各个经轴经纱同时用完均具有重要的意义。

经纱长度检测装置由经纱速度感测器、主轴转数感测器及电磁计数器等组成。

2. 织物长度检测装置 在经编机上还装有织物长度检测装置。在开始编织前，将检测装置的计长器设置成规定的长度值，随着编织长度的逐渐增加，计长器的数字相应变化，当编织的坯布达到预定长度时，计长器停止计数（或清零），同时通过控制系统令经编机停止运行。

以前的经编机多使用机械式或电气式的单次计数装置。现代经编机基本都采用电子式计数器。图14-8所示为一种多功能数码式计数器，主要由四个部分组成。1为转数表，显示主轴每分钟的实际转数，即每分钟编织的线圈横列数。2为织物定长表，根据织物的定长以及织物纵向密度，将预置转数输入并显示其预置转数（一般显示腊克数）。随着编织的进行，预置数递减，至零时立即停机。3为累计转数，它可以按480：1或100：1的比例进行显示。4为产量表，可通过旋转开关在四个计数表中选用一个。另有一个复位开关，可将数码表复位清零。5为非触点传感头及主轴测速盘。

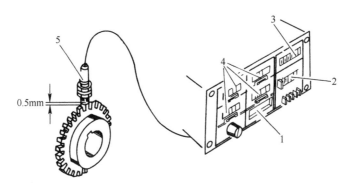

图14-8 多功能数码计数器

现在，越来越多的经编机将经纱长度和织物长度的管理纳入到机上计算机控制系统中。测量装置只需将测得的长度信息输入到该系统中，通过系统的计算、比对，在机上显示屏实时显示相关信息，并为执行机构提供相应的信号。例如，在安装电子送经（EBC）机构和电子牵拉卷取（EAC）机构的经编机上，计算机除了控制定长送经及自动调节牵拉卷取量外，还可以自动显示各个经轴送经速度、织物长度、主轴转速，记录并显示疵点的个数以及疵点的种类等参数。

四、经编机控制系统

现代经编机的控制系统控制并协调着各机构的动作，监控机器的运行状态，并能通过网络将数据在产品设计、生产操作、运行维护、生产管理等部门人员间进行传输。图14-9所示为一种经编机计算机控制系统。它通过现场总线控制电子送经、电子梳栉横移和电子贾卡装置以及疵点检测。该系统的工控机采用触摸屏，并配有菜单，不仅可以方便地输入和查看生产数据（如送经量、花型数据等），而且人机界面友好，操作简便。该系统还通过给机器的操作工、维修工、现场管理人员等群体分别配给各种密码，区分权限，以保证数据操作的安全性。另外，该类经编机可以连入网络，通过远程服务系统进行远程故障诊断和运行维护，通过远程指导提供正确操作指令和建议，确保机器运转状态完好，并能充分发掘机器的各种潜力。花型数据可以通过网络由设计中心传送到生产部门，实现产品设计和生产的异地操作。

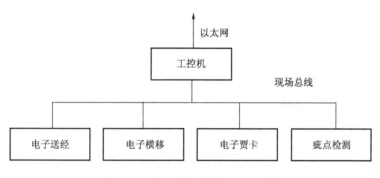

图 14-9　某经编机计算机控制系统

思考练习题

1. 简述机械式牵拉机构的工作原理。
2. 简述摩擦传动机械式卷取机构的工作原理。
3. 简述经编机常用的辅助装置。

第十五章　经编基本组织及变化组织

1. 掌握经编基本组织的概念、结构、特性，能够准确表达和识别各类基本组织，并说明其织物的基本性能及用途。

2. 掌握经编变化组织的概念、结构、特性，能够准确表达和识别各类变化组织，并说明其织物的基本性能及用途。

3. 了解纺织品领域中经编基本组织与变化组织的应用，树立经编新产品设计与开发意识。

第一节　经编基本组织

经编产品的
主要应用领域

经编基本组织为单梳栉组织，分为最基本的单针床单梳栉经编基本组织和双针床单梳栉经编基本组织。双针床单梳栉经编基本组织将在双针床经编组织中加以介绍。单梳栉经编基本组织很少单独使用，但它是构成多梳栉经编组织的基础，广泛应用于经编服用品、装饰品、产业用品等各领域的新产品的设计与开发。

一、（经）编链组织

每根经纱始终在同一枚织针上垫纱成圈所形成的经编组织为（经）编链组织，简称编链组织。有闭口编链和开口编链两种。闭口编链的组织记录（垫纱数码）为 1-0//，其线圈结构图和垫纱运动图如图 15-1（1）所示；开口编链的组织记录（垫纱数码）为 1-0/0-1//，其线圈结构图和垫纱运动图如图 15-1（2）所示。

编链组织纵行之间无联系，一般不能单独应用，只能与其他组织一起编织形成整片经编织物。

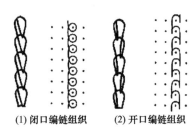

(1) 闭口编链组织　　(2) 开口编链组织

图 15-1　编链组织

编链组织形成的织物为条带状，纵向延伸性较小，其延伸性主要取决于纱线弹性。与衬纬结合，所编织的针织物纵向和横向延伸性都很小，与机织物相似。

编链组织织物在一个线圈断裂后，线圈能沿纵行逆编织方向脱散。利用其脱散性在编织花边时，可以用编链组织作为花边间的分离纵行，将各条花边连接起来，织成宽幅的花边坯布，在后整理时再将编链脱散，使得各条花边分离开来。

编链组织也是形成网眼织物的基本组织，由于相邻纵行间无横向联系，当经编织物中局部采用编链时可形成网眼。即在相邻纵行的编链之间按照一定规律间隔若干横列连接起来，在无横向联系处即可形成一定大小的网眼。

二、经平组织

每根经纱轮流在相邻两枚织针上垫纱成圈所形成的经编组织为经平组织，又称二针经平组织。经平组织线圈可以是闭口或开口，也可以是二者的交替进行。分为闭口经平、开口经平和半开半闭经平。闭口经平的组织记录（垫纱数码）为 1-0/1-2//，其线圈结构图和垫纱运动图如图 15-2（1）所示；开口经平的组织记录（垫纱数码）为 0-1/2-1//，其线圈结构图和垫纱运动图如图 15-2（2）所示；半开半闭经平的组织记录为 1-0/2-1// 或 0-1/1-2//。

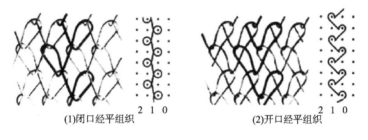

(1)闭口经平组织　　　　　(2)开口经平组织

图 15-2　经平组织

经平组织中，同一纵行的线圈由相邻两根经纱交替形成。所有线圈都具有单向延展线，也就是说线圈的引入延展线和引出延展线都是处于该线圈的一侧。由于纱线弯曲处力图伸直，使线圈向着延展线相反的方向倾斜，线圈纵行呈曲折状排列在针织物中。线圈的倾斜程度随着纱线弹性及针织物密度的增加而增加。

经平组织织物在纵向或横向受到拉伸时，由于线圈倾斜角的改变，以及线圈中纱线各部段的转移和纱线本身伸长，而具有一定的延伸性。

经平组织织物在一个线圈断裂后，在横向拉伸时线圈会沿纵行逆编织方向脱散，并使得织物沿此纵行分成两片。

三、经缎组织

每根经纱沿某一方向依次在三枚或三枚以上的织针上顺序垫纱成圈所形成的经编组织为经缎组织。每根经纱先沿一个方向顺序地在一定针数的针上垫纱成圈后，又反向顺序地在同样针数的针上垫纱成圈。图 15-3 为最简单的经缎组织，由于在三枚织针上顺序成圈，所以常称为三针经缎组织，也可以其完全组织的横列数命名，称为四列经缎组织。其组织记录（垫纱数码）为 1-0/1-2/2-3/2-1//，线圈结构图和垫纱运动图如图 15-3 所示。在一个经缎完全组织中，导纱针沿某一方向的顺序横移垫纱针数和方向可按花纹要求进行设计。

经缎组织一般由开口和闭口线圈组成，一般在垫纱

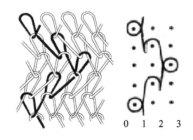

图 15-3　三针四列开口经缎组织

转向时采用闭口线圈，而在中间采用开口线圈，称为开口经缎组织；反之称为闭口经缎组织。开口经缎中间采用开口线圈，延展线处于线圈两侧，由于两侧纱线弯曲程度不同，线圈向弯曲程度较小的方向倾斜，倾斜程度比转向的闭口线圈小，接近于纬平针组织的形态，如设计顺序垫纱的开口线圈较多的话，其性质类似于纬平针织物。转向线圈倾斜较大，在转向处往往产生网眼。图15-4分别为闭口和开口五针八列经缎组织的线圈结构图和垫纱运动图，其组织记录（垫纱数码）分别为5-4/3-4/2-3/1-2/0-1/2-1/3-2/4-3//和4-5/4-3/3-2/2-1/1-0/1-2/2-3/3-4//。

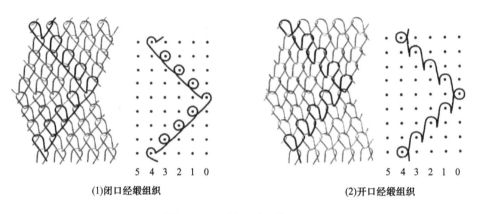

(1)闭口经缎组织　　　　　　　(2)开口经缎组织

图15-4　五针八列经缎组织

经缎组织织物个别线圈断裂后，在横向拉伸下，线圈会沿纵行逆编织方向脱散，但不会分成两片。

由于连续三针及以上的顺序垫纱及转向，不同方向倾斜的线圈横列对光线反射不同，因而在经编织物表面可产生隐形的横条外观，有较强的反光效果。用色纱按一定规律穿纱编织，可形成明显的锯齿型外观效应。

四、重经组织

每根经纱每一横列同时在相邻两枚织针上垫纱成圈所形成的经编组织为重经组织。重经组织为针前两针距横移垫纱的经编组织。重经组织可在上述基本组织的基础上进行重经垫纱，形成重经编链、重经平、重经缎等组织。

图15-5（1）和图15-5（2）分别为闭口和开口重经编链组织的线圈结构图和垫纱运动图，其组织记录（垫纱数码）分别为2-0//和0-2/2-0//。

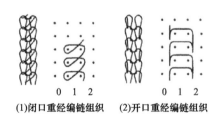

(1)闭口重经编链组织　　(2)开口重经编链组织

图15-5　重经编链组织

图15-6（1）和图15-6（2）分别为开口和闭口重经平组织的线圈结构图和垫纱运动图，其组织记录（垫纱数码）分别为0-2/3-1//和1-3/2-0//，这里，后一横列相对于前一横列移过一个针距，此组织在单梳时采用1隔1穿经便能形成整片的经编坯布。

重经组织有闭口和较多比例的开口线圈，其

织物性能介于经编和纬编之间，具有脱散性小、弹性好等优点。

　　重经组织编织时纱线张力大，生产工艺要求较高。编织时，每横列须同时在两枚织针上针前垫纱成圈，对于离导纱针较远的那枚织针来说，由导纱针拉过经纱时，除了要克服编织普通经编组织时所有的阻力外，还要克服拉过前一织针时经纱与前一织针及其旧线圈之间的摩擦阻力，因此张力较大，易造成断纱。为使重经组织顺利编织，可采取给经纱上蜡或给油，以及调整成圈机件位置等措施。

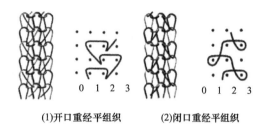

(1)开口重经平组织　　(2)闭口重经平组织

图 15-6　重经平组织

第二节　经编变化组织

　　经编变化组织由两个或两个以上经编基本组织的纵行相间配置而成，即在一个经编基本组织的相邻线圈纵行间，配置着另一个或几个经编基本组织，以改变原来组织的结构与性能。一般有变化经平组织（经绒组织、经斜组织等）、变化经缎组织等。

一、变化经平组织

　　横跨三针及以上的经平组织称为变化经平组织。

　　横跨三针的经平组织称为三针经平组织，每根经纱隔一针轮流垫纱成圈，又称经绒组织。它是由两个经平组织组合而成，一个经平组织的线圈纵行配置在另一个经平组织的线圈纵行之间，一个经平组织的延展线与另一个经平组织的线圈在反面相互交叉。闭口经绒的组织记录（垫纱数码）为 1-0/2-3//，其线圈结构图和垫纱运动图如图 15-7（1）所示；开口经绒的组织记录（垫纱数码）为 0-1/3-2//，其线圈结构图和垫纱运动图如图 15-7（2）所示。

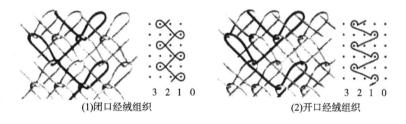

(1)闭口经绒组织　　　　　　　(2)开口经绒组织

图 15-7　经绒组织

　　横跨四针的经平组织称为四针经平组织，每根经纱隔两针轮流垫纱成圈，又称经斜组织。它是由三个经平组织组合而成。闭口经斜的组织记录（垫纱数码）为 1-0/3-4//，其线圈结构图和垫纱运动图如图 15-8（1）所示；开口经斜的组织记录（垫纱数码）为 0-1/4-3//，其线圈结构图和垫纱运动图如图 15-8（2）所示。经斜组织为横跨四针及以上的经平组织，不同经斜组织可以用所横跨的针数加以表明。

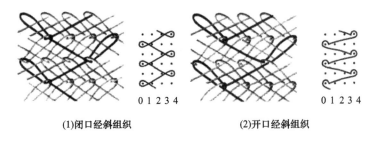

(1)闭口经斜组织　　　　　　(2)开口经斜组织

图 15-8　经斜组织

变化经平组织在有线圈断裂而发生沿线圈纵行的逆编织方向脱散时，由于此纵行后有另一经平组织的延展线，所以不会分成两片。

变化经平组织延展线较长，所以其织物的横向延伸性较小、表面光滑，横跨针数越多，延展线越长，其织物横向延伸性越小，表面越光滑。

变化经平组织由几个经平组织组合而成，其线圈纵行相互收紧，所以其织物的线圈转向与织物平面垂直趋势较小，其卷边性类似于纬平针织物。

二、变化经缎组织

由两个或两个以上经缎组织，其纵行相间配置形成的组织称为变化经缎组织，即隔针垫纱的经缎组织。图 15-9 所示为四针六列开口变化经缎组织的垫纱运动图，其组织记录（垫纱数码）为 1-0/2-3/4-5/6-7/5-4/3-2//。

变化经缎组织由于针背垫纱针数较多，可改变延展线的倾斜角，形成的织物比经缎组织厚。在双梳栉空穿经缎垫纱形成网眼织物时，常采用变化经缎组织。

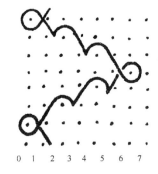

图 15-9　变化经缎组织的垫纱运动图

思考练习题

1. 经编基本组织和变化组织各有哪几类？它们在结构上和性能上各有何特点？

2. 各举一例画出经编基本组织和变化组织的垫纱运动图，写出它们的组织记录。

3. 试画出五针经平组织的垫纱运动图，并写出其组织记录。

4. 重经组织结构有何特点？编织时有何难度？

5. 通过学习了解经编基本组织、变化组织及其织物特点，阐述设计与开发经编产品的主要应用领域。

第十六章 经编花色组织及编织工艺

第十六章
思政课堂

📄 **／教学目标／**

1. 掌握少梳栉经编组织的概念、结构、种类、形成和设计原则，能够准确描述和识别常用少梳栉经编织物，并说明其结构特点和织物特性。

2. 掌握各种经编花色组织的概念、结构、特性、用途和编织方法。

3. 能够识别常用经编花色织物的种类，准确描述经编花色组织的结构和编织方法，并说明其主要特性和用途。

4. 能够根据各种经编花色组织结构、特性和用途，按照产品的要求，对织物的花型、结构进行设计，并对其工艺可行性及效果进行预测和判断。

5. 能够按照产品要求，对各种经编花色组织织物进行设计，并对其工艺可行性及效果进行预测和判断。

6. 了解纺织品领域中经编花色组织织物的应用情况，强化经编新产品开发对纺织行业贡献的认知。

7. 充分认识经编花色组织及其织物在美化生活方面起到的作用，增强专业自信心。

第一节 少梳栉经编组织及编织工艺

单梳栉经编组织（除经编链组织外）可以形成经编织物，但是因单梳栉经编织物稀薄、强度低、线圈歪斜、稳定性差等原因，在纺织品应用市场较少使用，故在实际生产中，一般采用多把梳栉进行编织形成经编织物。采用2~4把梳栉进行设计和编织的经编组织称为少梳栉经编组织。

经编机上通常装有两把或两把以上的梳栉，为便于工艺设计，这些梳栉需规范表示并按一定的顺序进行编号。经编机上若只有两把梳栉，一般用 F 和 B 分别表示前、后梳栉；若有三把梳栉，则一般用 F、M、B 分别表示前、中、后梳栉。若经编机上装有三把以上梳栉，则由机前向机后，依次标记为 L1、L2、L3…或 GB1、GB2、GB3…。

本节主要以两把梳栉编织的双梳栉经编织物为例，介绍满穿、空穿双梳栉经编组织结构及织物特性。

一、满穿双梳栉经编组织

在国内，传统上双梳栉经编组织通常以两把梳栉所编织的组织来命名。若两把梳栉编织相同的组织，且作对称垫纱运动，则称为"双经×"，如双经平组织、双经绒组织等。若两把梳栉编织不同的组织，则一般将后梳组织的名称放在前面，前梳组织的名称放在后面。如后梳编织经平组织，前梳编织经绒组织，称为经平绒组织；反之则称为经绒平组织。近年来也有将双梳经编组织以两把梳栉所编织组织命名，但将前梳的组织名称放在前面，后梳的放在后面，中间用"/"相连。如前梳编织经绒组织，后梳编织经平组织，称为经绒/平组织。若两把梳栉均为较复杂的组织，则要分别给出两把梳栉的垫纱运动图或组织记录（垫纱数码）。

双梳栉经编组织中纱线的显露关系对于经编织物的特性和花色效应极其重要。基本满穿双梳组织中，每个线圈均由两把梳栉的两根纱线形成双纱线圈圈干，加上两把梳栉的延展线，形成四层结构，从织物的工艺正面至工艺反面依次为：前梳圈干、后梳圈干、后梳延展线和前梳延展线。也就是说前梳栉的纱线通常显露在织物的工艺正、反两面。在实际生产中，纱线在织物正反两面的显露比较复杂，除与其穿纱的梳栉位置有关外，还与两把梳栉的纱线细度、送经比、针背横移针距、垫纱位置高低、线圈结构形式等因素有关。通常情况下，纱线粗、送经量大、针背横移量小、垫纱位置低、采用开口线圈结构的梳栉上的纱线，容易显露在织物的工艺正、反两面。因此，选择合适的纱线和工艺参数，后梳纱线也有可能在织物工艺正、反两面显露。

根据是否配置色纱，可分为素色满穿双梳栉经编组织和色纱满穿双梳栉经编组织。

（一）素色满穿双梳栉经编组织结构及织物特性

1. 双经平组织　由两把梳栉都作经平垫纱运动编织而成的双梳栉经编组织称为双经平组织。双经平组织是最简单的双梳栉经编组织。编织时，可用闭口线圈，也可用开口线圈或两者兼而有之。一般都采用对称垫纱（反向垫纱），即两把梳栉在编织同一横列时垫纱运动方向相反，这样可使所形成的双纱线圈呈直立状态。

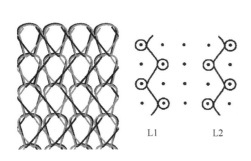

图16-1　双经平组织

闭口反向双经平组织的线圈结构图和垫纱运动图如图16-1所示。在该组织中，两把梳栉的延展线在相邻两个纵行之间相互交叉，平衡对称，正面显现完全直立的双纱线圈纵行。但若有线圈断裂时，该纵行会发生自上而下纵向脱散，使致织物左右一分为二，故该组织通常不单独使用。

2. 经平绒组织　后梳进行经平垫纱运动，前梳进行经绒垫纱运动编织而成的双梳栉经编组织称为经平绒组织。编织时，可用闭口线圈，也可用开口线圈或两者兼而有之。

经平绒织物的两把梳栉反向垫纱（前梳为1-0/2-3//，后梳为1-2/1-0//）时，双纱线圈直立，织物结构较为稳定；而当两把梳栉同向垫纱（前梳为1-0/2-3//，后梳为1-0/1-2//）时，双纱线圈产生歪斜。闭口反向经平绒组织的线圈结构图和垫纱运动图如图16-2所示。

经平绒组织中，前梳延展线横跨两个纵行，后梳延展线横跨一个纵行，当线圈断裂而使纵行脱散时，织物结构仍然由前梳延展线连接在一起，不会发生双经平组织织物左右分离断裂的现象。

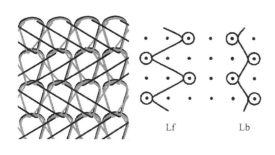

图16-2　经平绒组织

经平绒组织中，前梳较长的延展线覆盖于织物的工艺反面，使得织物手感光滑、柔软，具有良好的延伸性和悬垂性。

经平绒织物下机后，会发生横向收缩，收缩率与编织条件、纱线性质等有关。

经平绒织物是最轻的经编平布结构，织物尺寸稳定性好，厚薄适中，因此该组织广泛用于衬衣和外衣织物的生产，织物常用做女士内衣、弹性织物、仿麂皮绒织物等。

3. 经平斜组织　后梳进行经平垫纱运动，前梳进行经斜垫纱运动编织而成的双梳栉经编组织称为经平斜组织。编织时，可用闭口线圈，也可用开口线圈或两者兼而有之。闭口反向经平斜组织（前梳为1-0/3-4//，后梳为1-2/1-0//）的线圈结构图和垫纱运动图如图16-3所示。

经平斜组织前后两把梳栉反向垫纱时，织物正面双纱线圈较为直立，织物结构稳定性较好；当两把梳栉同向垫纱时，织物正面双纱线圈会产生歪斜。

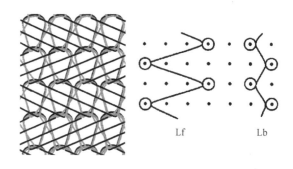

图16-3　经平斜组织

经平斜织物中，前梳延展线长且较为平直，紧密地排列在织物的工艺反面，使织物厚度增加，并具有良好的光泽，但织物的抗起毛起球性随之变差。

经平斜组织多用于编织生产起绒织物，前梳延展线越长，织物越厚实，越有利于拉毛起绒；两把梳栉同向垫纱时，有利于起绒。经加工可形成圈毛绒坯布或经割绒加工形成割绒坯布，用这种方法加工的织物也叫拉绒织物。为了增加毛绒高度，前梳可以作五针经平的经斜垫纱运动（1-0/4-5//）。在起绒过程中，织物横向将有相当大的收缩，由机上宽度到整理宽度的总收缩率可达40%以上，视起绒程度而变化。

4. 经绒平组织　后梳进行经绒垫纱运动，前梳进行经平垫纱运动编织而成的双梳栉经编组织称为经绒平组织。编织时，可用闭口线圈，也可用开口线圈或两者兼而有之。闭口反向经绒平组织（前梳为1-2/1-0//，后梳为1-0/2-3//）的线圈结构图和垫纱运动图如图16-4所示。

经绒平组织中，后梳较长的延展线被前梳的短延展线绑缚。与经平绒织物相比，经绒平织物结构较为稳定，抗起毛起球性能较好，但手感较硬。

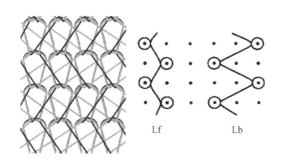

图16-4　经绒平组织

5. 经斜平组织 后梳进行经斜垫纱运动，前梳进行经平垫纱运动编织而成的双梳栉经编组织称为经斜平组织。编织时，可用闭口线圈，也可用开口线圈或两者兼而有之。闭口反向经斜平组织（前梳为 1-2/1-0//，后梳为 1-0/3-4//）的线圈结构图和垫纱运动图如图 16-5 所示。

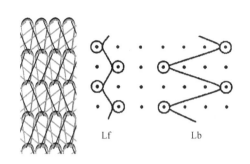

图 16-5 经斜平组织

经斜平织物结构稳定，厚实挺括，抗起毛起球性能好，但手感较差，常用作印花经编织物。

6. 经斜编链组织 后梳进行经斜垫纱运动，前梳进行经编链垫纱运动编织而成的双梳栉经编组织称为经斜编链组织。编织时，可用闭口线圈，也可用开口线圈或两者兼而有之。

闭口反向经斜编链组织（前梳为 0-1/0-1//，后梳为 1-0/3-4//）的线圈结构图和垫纱运动图如图 16-6 所示。经斜编链组织由于前梳采用经编链垫纱、后梳采用经斜垫纱，使得该织物纵横向延伸性小、尺寸稳定性较好，纵向尺寸收缩率为 1% ~ 6%。随着后梳延展线的增长，该类织物面密度增大，横向尺寸稳定性会更好。经编链如使用色纱编织，可形成色彩鲜艳的纵条纹经编织物。

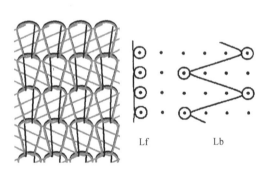

图 16-6 经斜编链组织

（二）色纱满穿双梳栉经编组织结构及织物特性

将一把或两把梳栉按照一定的排列规律穿上色纱，编织而成的满穿双梳栉经编组织称为色纱满穿双梳栉经编组织。依据色纱穿经完全组织（穿纱规律），即色纱的穿纱根数和顺序等的不同，可以得到各种彩色花纹效应的经编织物。

1. 彩色纵条纹织物 后梳栉穿一种颜色的经纱，前梳栉按照一定顺序穿两种或两种以上的色纱，可以在织物上形成彩色纵条纹效果。纵条纹的宽度取决于前梳色纱穿经完全组织（穿纱规律），纵条纹的曲折情况取决于前梳的垫纱运动。如前梳以黑、白两色经纱按 5 黑 5 白的规律穿经，作经编链垫纱运动；后梳满穿白色经纱，作经斜垫纱运动，所形成的织物花色效应为在白色底布上配置着宽度为 5 个线圈纵行的黑色纵条纹。由于前梳采用的是经编链组织，因此纵条纹竖直而清晰。如果将前梳组织由经编链改为经平，同样可以得到上述规律的纵条纹，但由于前梳栉上的纱线交替地在相邻两枚织针上垫纱成圈，所形成的黑色纵条纹呈曲折状，且纵条纹的边缘不太清晰。

图 16-7 所示的双梳经缎组织，两把梳栉对称垫纱，前梳（GB1）穿经完全组织为 2 黑、24 红、2 黑、12 白、4 黑、12 白；后梳（GB2）穿经为全白，所形成的织物花色效应为在红色和白色的较宽曲折纵条纹中，配置着细的黑色曲折纵条纹。

图 16-8 所示的双梳变化经缎组织，两把梳栉对称垫纱，同样形成彩色曲折纵条纹织物。

其前梳（GB1）穿经为 2 黑、24 粉红、2 黑、12 白、4 黑、12 白，后梳（GB2）穿经为全白，所得织物为粉红和白色的宽曲折纵条纹中，配置着黑色的细曲折纵条纹。

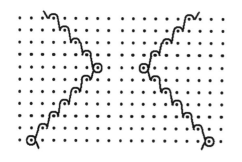

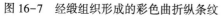

图 16-7　经缎组织形成的彩色曲折纵条纹

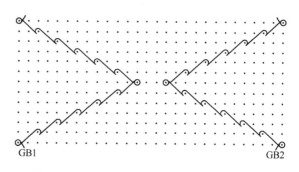

图 16-8　变化经缎组织形成的彩色曲折纵条纹

前、后梳栉均经缎垫纱且以色纱按一定规律穿纱时，可由前、后梳栉色纱纵条重叠形成带有菱形节的菱形纵条。这种纵条不能使其相互连接，否则会形成一定的几何图案花纹，而不再呈现纵条花色效应。

图 16-9 所示为双梳经缎组织形成的彩色菱形纵条织物。前、后两把梳栉均作 10 横列的对称经缎垫纱，其组织记录（垫纱数码）如下：

GB1：5-6/5-4/4-3/3-2/2-1/1-0/1-2/2-3/3-4/4-5//。

GB2：1-0/1-2/2-3/3-4/4-5/5-6/5-4/4-3/3-2/2-1//。

其穿经完全组织（穿纱规律）如下：

GB1：3 白，6 黑，3 白。

GB2：6 黑，6 白。

2. 彩色对称花纹织物　色纱满穿双梳组织中，利用两把梳栉垫纱规律、色纱穿纱规律和对纱规律的设计配合，可以编织形成彩色对称花纹效果织物。例如，两把梳栉均采用对称垫纱运动、一定规律的色纱穿纱和适当的对纱，即可形成菱形、方格、六角形等对称几何花纹图案。

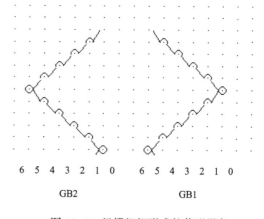

图 16-9　经缎组织形成的菱形纵条

图 16-10 所示为两把梳栉作对称垫纱运动，编织 16 列经缎组织所形成的对称菱形花纹。其垫纱运动图如图 16-11 所示。

其组织记录（垫纱数码）如下：

GB1：1-0/1-2/2-3/3-4/4-5/5-6/6-7/7-8/8-9/8-7/7-6/6-5/5-4/4-3/3-2/2-1//。

GB2：8-9/8-7/7-6/6-5/5-4/4-3/3-2/2-1/1-0/1-2/2-3/3-4/4-5/5-6/6-7/7-8//。

其两把梳栉的穿经完全组织和对纱情况如下，"I"代表黑纱，"+"代表白纱：

GB2：I I I I I I I I + + + + + + + +。

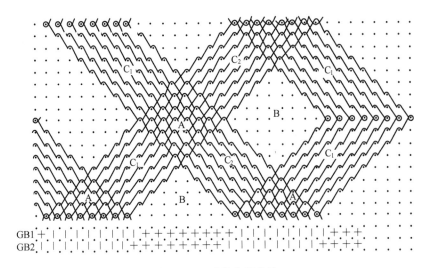

图 16-10　对称菱形花纹

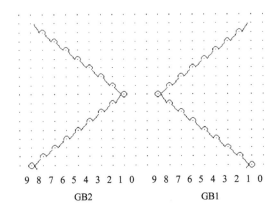

图 16-11　菱形花纹垫纱

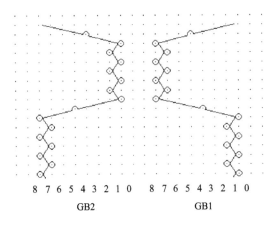

图 16-12　方格花纹的垫纱运动图

GB1：+IIIIIIII+++++++。

在图16-10中区域A及区域B为两梳同色纱的线圈重叠处，分别形成黑色菱形块和白色菱形块；而区域C1、C2则是由黑白两色纱重叠构成，呈现混色菱形块效应。

图16-12所示为一种两把梳栉作对称垫纱运动编织所形成的方格花纹的垫纱运动图。其组织记录（垫纱数码）为：

GB1：1-0/1-2/1-0/1-2/1-0/1-2/1-0/3-4/7-8/7-6/7-8/7-6/7-8/7-6/7-8/5-4//。

GB2：7-8/7-6/7-8/7-6/7-8/7-6/7-8/5-4/1-0/1-2/1-0/1-2/1-0/1-2/1-0/3-4//。

其两把梳栉的穿经完全组织和对纱情况如下，A代表白纱，B代表黑纱：

GB1：8A，8B。

GB2：8A，8B。

织物表面的花色效应为宽8纵行，高7横列的黑、白方格，其边缘为黑白混色。

图16-13所示为一种两把梳栉作对称垫纱运动编织所形成的六角形花纹的垫纱运动图。

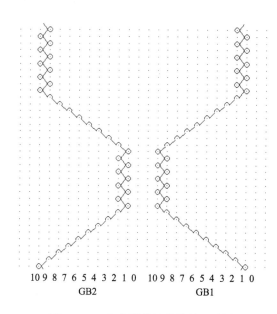

图 16-13　六角形花纹的垫纱运动图

其组织记录（垫纱数码）为：

GB1：1-0/1-2/2-3/3-4/4-5/5-6/6-7/7-8/8-9/9-10/9-8/9-10/9-8/9-10/9-8/9-10/9-8/9-10/9-8/8-7/7-6/6-5/5-4/4-3/3-2/2-1/1-0/1-2/1-0/1-2/1-0/1-2/1-0/1-2/1-0/1-2//。

GB2：9-10/9-8/8-7/7-6/6-5/5-4/4-3/3-2/2-1/1-0/1-2/1-0/1-2/1-0/1-2/1-0/1-2/1-0/1-2/2-3/3-4/4-5/5-6/6-7/7-8/8-9/9-10/9-8/9-10/9-8/9-10/9-8/9-10/9-8/9-10/9-8//。

其两把梳栉的穿经完全组织和对纱情况如下，A 代表白纱，B 代表黑纱：

GB1：8A，8B。

GB2：8A，8B。

织物表面的花色效应为横向由黑白两种颜色的六角形相间，同色的六角形形成跳棋状配置，并由黑白混杂色部分相连接。

色纱满穿双梳组织中，如果两把梳栉采用不对称的垫纱运动，则会形成不对称的花纹图案。

二、空穿双梳栉经编组织

在工作幅宽范围内，一把或两把梳栉上的部分导纱针不穿经纱（部分穿经）的双梳栉经编织物称为空穿双梳栉经编织物。

由于空穿梳栉上的部分导纱针未穿经纱，可使空穿双梳栉经编织物中的某些地方出现中断的线圈横列，此处线圈纵行间无延展线连接，而在织物表面形成一些特殊效应，如凹凸、网眼效应等。这类织物通常具有良好的透光性、透气性，适于制作头巾、夏季衣料、女用内衣、服装衬里、网袋、蚊帐、装饰织物、鞋面料等。

（一）一把梳栉空穿的双梳栉经编织物

在工作幅宽范围内，一把梳栉的部分导纱针不穿经纱（空穿）的双梳栉经编织物称为一把梳栉空穿的双梳栉经编织物。一把梳栉空穿，可在织物上形成凹凸效应和网眼效应。在实际生产中，通常采用后梳满穿、前梳空穿。

图 16-14 所示为后梳满穿、前梳空穿编织形成的表面具有凹凸纵条纹效应的织物。该织物中，后梳满穿作经绒垫纱运动，前梳两穿一空作经平垫纱运动。由图中线圈结构分析可以看到，每相邻的两根前梳纱线将相邻的三个线圈纵行拉在一起（图 9-9 中纵行 1、2、3，4、5、6 及 7、8、

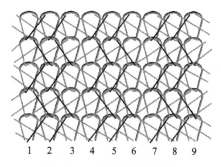

图 16-14　凹凸纵条纹织物

9）；空穿处前梳纱线联系中断，线圈纵行间只由后梳延展线连接，在纵行 3、4 及 6、7 之间线圈左右分开，产生空隙，出现明显的凹凸纵条纹效应。

从上例可以看出，织物中凸条宽度和凸条间空隙宽度取决于作经平垫纱运动的前梳的穿经完全组织（穿纱规律）。根据这个原则，可以进行多种不同凸条宽度和凸条空隙宽度的凹凸织物花色效应设计。

在设计时要注意：一般在凸条间空穿纱线不超过两枚导纱针，因为织物在该处为单梳形成的单纱线圈结构，纱线易断裂、易脱散。若在形成凸条的梳栉上穿较粗的经纱，会增强凹凸效果。

对于双梳经编织物，当其中一把梳栉空穿时，可因单梳单纱线圈的歪斜而形成孔眼效应，此处的孔眼并非因线圈纵行间无延展线连接而成，故也可称作（假）网眼。在实际生产中，空穿的梳栉配以适当的垫纱运动，可以得到分布规律复杂的此类网眼效应。图 16-15 所示为前梳满穿作经平垫纱运动，后梳两穿一空作经绒和经斜相结合的垫纱运动编织形成的一把梳栉空穿的网眼织物。在因后梳空穿缺少延展线的地方，纵行将偏开出现空隙，织物表面形成此类网眼效应。

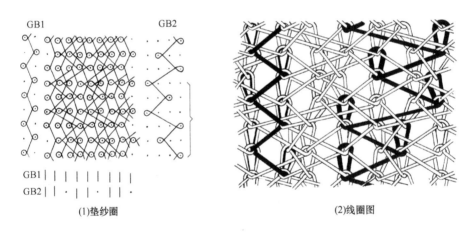

(1)垫纱圈   (2)线圈图

图 16-15　一把梳栉空穿的网眼织物

（二）两把梳栉空穿的双梳栉经编织物

在工作幅宽范围内，两把梳栉都存在部分导纱针不穿经纱（空穿）的双梳栉经编织物称为两把梳栉空穿的双梳栉经编织物。当两把梳栉均为空穿并遵循一定的垫纱运动规律、穿纱规律和对纱规律时，部分相邻纵行的线圈横列会出现无延展线连接的中断，形成一定大小、一定形状及分布规律的网眼。该类组织称为空穿网眼经编组织，编织形成的织物称为空穿网眼经编织物。

如图 16-16 所示，为了形成经编网眼，相邻的线圈纵行须在局部横列失去联系，但在每一个横列中的每枚针上均须垫到纱线，保证线圈不致脱落，线圈纵行不会中断。在转向线圈处，由于相邻纵行内的线圈相互没有联系，而同一纵行内的相邻线圈又以相反方向倾斜，形成以一横列内两个相反方向倾斜的线圈作为两边，下一个横列内另两个以相反方向倾斜的线圈作为另外两边的近似于菱形的四边形网眼。

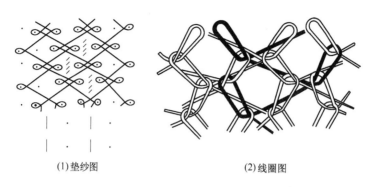

(1)垫纱图　　　　　　　　(2)线圈图

图 16-16　经编网眼的形成

其两把梳栉的组织记录（垫纱数码）和穿纱、对纱规律如下：

GB1：1-0/2-3//　｜ · ｜ · 。

GB2：2-3/1-0//　｜ · ｜ · 。

1. 双梳空穿网眼经编织物的形成原则和规律　当采用两把空穿梳栉编织形成网眼织物时，有如下原则和规律。

（1）每一编织横列中，编织幅宽内的每一枚织针的针前必须至少垫到一根纱线，以保证线圈不会脱落，编织能连续进行；否则将造成漏针，无法进行正常的编织，如图 16-17（1）所示。但是，所垫纱线不必来自同一把梳栉。

（2）只有使相邻纵行在部分横列的联系中断才能形成网眼，但纵行间的中断不能无限延续，否则将无法形成整片织物，如图 16-17（2）所示。

（3）织物中，在相邻纵行间没有延展线相连处将分开形成网眼，而有延展线横向连接的纵行将聚拢起来，形成网眼的边柱。

（4）如两把梳栉穿纱规律相同，并作对称垫纱运动（即两把梳栉垫纱横移针距数相同、而运动方向相反），则可形成对称网眼织物。

（5）对称网眼织物中，相邻网眼间的纵行数与一把梳栉的连续穿经数及空穿数之和相对应。若网眼之间有三个纵行，则梳栉穿纱规律为二穿一空；若网眼之间有四个纵行，则梳栉穿纱规律可为二穿二空或三穿一空。此规律也可用于分析样布，可由计数网眼之间纵行数而得到梳栉的穿纱规律。

（6）一般在连续穿经数与空穿数依次相等时，至少有一把梳栉的垫纱运动范围要大于连续穿经数与空穿数之和，如图 16-17（3）、（4）所示。如穿纱规律为一穿一空时，至少要有一把梳栉在某些横列的垫纱运动范围为三针；如穿纱规律为二穿二空时，则至少有一把梳栉在某些横列的垫纱运动范围为五针。

（7）部分空穿网眼织物中，有些线圈由双纱构成，有些线圈由单纱构成，可形成大小和倾斜程度不同的线圈，配以网眼的适当分布，将增加网眼织物的设计效果。

2. 双梳空穿网眼经编织物的类型　双梳空穿网眼经编织物主要有以下几种类型。

（1）变化经平垫纱类。图 16-17（4）所示为一种双梳空穿变化经平网眼织物。两把梳栉穿纱规律均为一穿一空，且作对称经绒垫纱运动。

图 16-18 所示为一种经平与变化经平相结合编织而成的网眼织物。在经平垫纱处形成较

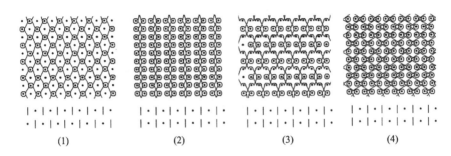

图 16-17 两把空穿梳栉形成网眼的规律

大的网眼。变化经平垫纱则用来封闭网眼，使其大小和形状符合花纹要求。

其两把梳栉的组织记录（垫纱数码）和穿纱、对纱规律如下：

GB1：1-0/1-2/1-0/2-3/2-1/2-3// | · | · 。

GB2：2-3/2-1/2-3/1-0/1-2/1-0// | · | · 。

如果要加大织物中网眼的尺寸，可将经编链与变化经平相结合编织而成。图 16-19 所示为大网眼织物，L_1 和 L_2 分别代表两把梳栉。由此可知，利用连续几个横列的编链可构成网眼的边柱，增加经编链垫纱运动的横列数可增大网眼尺寸，变化经平则用于封闭网眼。

图 16-18 变化经平垫纱类网眼织物

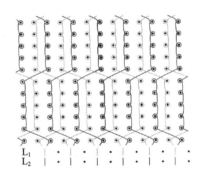

图 16-19 双梳空穿大网眼织物

（2）经缎和变化经缎垫纱类。在实际生产中，常以经缎或变化经缎的垫纱方式结合两把梳栉部分穿经形成带网眼的空穿网眼经编织物。能形成的网眼形状和配置方式较多，常用的穿经方式为一穿一空。如图 16-20 所示，两把梳栉作最简单的对称三针四列经缎垫纱运动，均为一穿一空的穿纱规律，形成菱形网眼经编织物。

其两把梳栉的组织记录（垫纱数码）和穿纱、对纱规律如下：

GB1：1-0/1-2/2-3/2-1// | · | · 。

GB2：2-3/2-1/1-0/1-2// | · | · 。

图 16-21 所示为另一种经缎垫纱双梳空穿网眼织物。两把梳栉均一穿一空穿经，且作称的四针六列经缎垫纱。该结构中所有线圈均为单纱线圈，线圈受力不均衡而产生歪斜，形成菱形网眼经编织物。

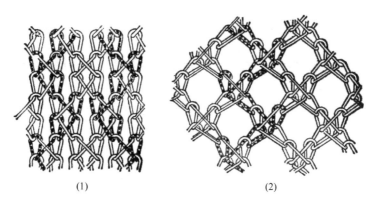

(1)　　　　　　　　　　　　　　　(2)

图 16-20　经缎组织类网眼织物

其两把梳栉的组织记录（垫纱数码）和穿纱、对纱规律如下：

GB1：1-0/1-2/2-3/3-4/3-2/2-1//｜·｜·。

GB2：3-4/3-2/2-1/1-0/1-2/2-3//｜·｜·。

如将经缎垫纱与经平垫纱相结合，可用一穿一空的两把梳栉得到网眼尺寸较大的网眼织物。常用作经编蚊帐类网眼织物。其网眼的线圈结构如图 16-22 所示。垫纱完全组织为 8 横列，而孔高则为 4 横列，若增加连续的经平横列数，则可扩大网眼尺寸。

该网眼织物的垫纱运动如图 16-23 所示。

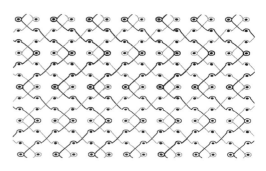

图 16-21　经缎垫纱双梳空穿网眼织物

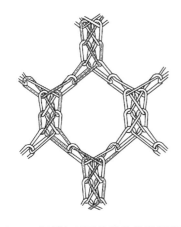

图 16-22　经缎与经平垫纱蚊帐类网眼织物

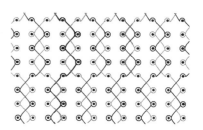

图 16-23　经缎与经平垫纱双梳空穿网眼织物

其两把梳栉的组织记录（垫纱数码）和穿纱、对纱规律如下：

GB1：1-0/1-2/1-0/1-2/2-3/2-1/2-3/2-1//｜·｜·。

GB2：2-3/2-1/2-3/2-1/1-0/1-2/1-0/1-2//｜·｜·。

除一穿一空的穿纱规律外，经缎类双梳空穿方式通常还有二穿二空、三穿一空、五穿一空等。这时常需采用部分变化经缎垫纱运动，以确保每一横列的每枚织针上均有纱线垫纱成圈。

（3）编链衬纬垫纱类。将编链与衬纬组织相结合是编织形成网眼经编织物最常用的方法之一。可以编织形成方格、六角形等多种孔眼形状的网眼经编织物。

3. 双梳空穿网眼经编织物的设计步骤 双梳空穿网眼经编织物的设计步骤如下（图16-24）。

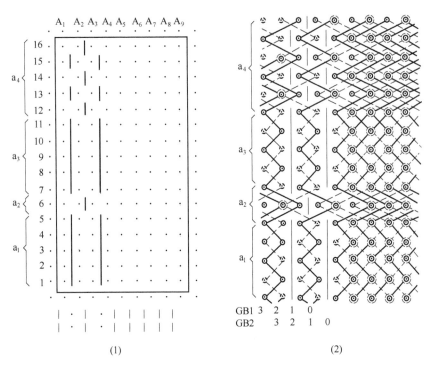

图16-24 双梳空穿网眼经编织物的设计

（1）画网眼组织意匠图。根据完全组织的宽度和高度，在意匠图纸上画出完全组织的区间。

（2）标注网眼的位置及大小。在意匠图纸上，用粗竖线标注网眼的位置及大小，如果相邻纵行无延展线连接的横列数多，则形成柱形网眼；无延展线连接的横列数少，则形成圆形等小网眼。

（3）画梳栉穿纱图。在有网眼处不穿经纱，其余位置均穿经纱。通常两把梳栉采用相同的穿纱规律。如两把梳栉穿纱规律不同，通常第二把梳栉主要是起填补垫纱的作用。

（4）画垫纱运动图。在穿纱图和意匠图的基础上，用色笔画出两把梳栉的垫纱运动图。一般将两把梳栉的延展线反向设计，并且延展线不通过具有网眼的地方（即意匠图上粗竖线的地方）。

（5）画满穿处的两把梳栉纱线垫纱运动图。

（6）写出两把梳栉的组织记录（垫纱数码）。

第二节　缺垫经编组织及编织工艺

一、缺垫经编组织的结构与特性

一把或几把梳栉在一些横列处不参加编织的经编组织称为缺垫经编组织。编织缺垫的梳栉在某些横列不作垫纱（即缺垫）而只在针间摆动，其他梳栉正常编织。图 16-25 所示为一把梳栉缺垫经编组织，该组织中前梳纱在连续两个横列中缺垫，而满穿的后梳则作经平垫纱运动。在前梳缺垫的两个横列处，缺垫纱线呈直线状悬挂在织物的反面，类似长延展线跨过两个横列，织物正面呈现为倾斜状态的后梳单纱线圈。也可采用两把梳栉轮流缺垫来形成缺垫经编组织（图 16-26），编织时，每把梳栉轮流隔一横列缺垫，由于每个线圈只有一根纱线参加编织，因此，这类缺垫经编织物显现出单梳经编织物结构特有的线圈歪斜，但由于织物反面的每个横列后均有缺垫纱段连接，故它比普通单梳织物坚固和稳定。

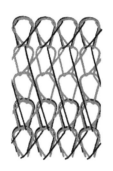 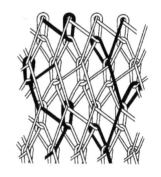

图 16-25　一把梳栉缺垫经编组织　　图 16-26　两把梳栉轮流缺垫经编组织

如前梳穿红纱、后梳穿白纱，正常编织时经编织物正面显示红纱（前梳纱），在缺垫时前梳纱呈直线状悬挂在织物反面，织物正面只显示后梳纱（白纱）且为单纱线圈呈倾斜状态，故缺垫经编组织可产生特殊花色效应。利用缺垫常可形成褶裥、方格和斜纹等花色效应。

（一）褶裥类

褶裥经编织物是指由缺垫纱线将地组织抽紧形成褶裥的经编织物。通常在带有 3~4 把梳栉，以及双速送经、双速牵拉装置的高速特利柯脱型经编机上进行编织。编织时，一般采用后面的梳栉连续正常编织形成地组织，而前梳按要求进行多横列的缺垫编织，并且在缺垫时送经装置停止送经、牵拉装置停止牵拉。为使褶裥效果明显，前梳缺垫范围一般需 12 个横列以上。缺垫横列数越多，褶裥效应越明显。如果缺垫梳栉满穿时，褶裥将覆盖整个织物幅宽。图 16-27 所示

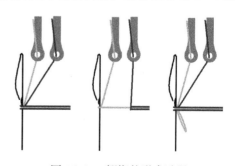

图 16-27　褶裥的形成过程

为缺垫编织形成褶裥的过程。

图 16-28 所示为一种三梳缺垫褶裥织物。编织具有褶裥的缺垫组织时，采用间歇送经机构。中梳、后梳两把梳栉正常编织，前梳间歇缺垫 12 个横列，在缺垫时停止送经，中梳、后梳正常编织形成的地组织织物，被前梳缺垫纱线抽紧形成褶裥。前梳缺垫横列数越多，褶裥效应越明显。

其三把梳栉的组织记录（垫纱数码）如下：

GB1：1-0/1-2/2-3/3-4/4-5/5-6/6-7/6-6/6-6/6-6/6-6/6-6/6-6/6-6/6-6/6-6/6-6/6-6/6-6/6-6/6-7/6-5/5-4/4-3/3-2/2-1/1-0/1-1/1-1/1-1/1-1/1-1/1-1/1-1/1-1/1-1/1-1/1-1-1/1-1/1-1//。

GB2：1-0/2-3//。

GB3：2-3/1-0//。

图 16-29 所示为另一种三梳缺垫褶裥织物。该织物在前梳缺垫的 12 个横列处，前梳满穿时，由中梳、后梳编织的地组织织物形成横跨织物整幅宽度的褶裥效应。

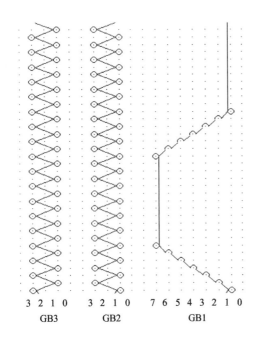

图 16-28　三梳缺垫褶裥

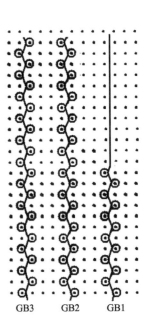

图 16-29　三梳缺垫褶裥织物

其三把梳栉的组织记录（垫纱数码）如下：

GB1：(1-2/1-0) ×6/ (1-1) ×12//。

GB2：1-2/1-0//。

GB3：1-0/1-2//。

褶裥经编织物有时可利用前梳缺垫且空穿编织，形成较为复杂的花色褶裥效应；也可在后梳穿入弹性纱线，编织形成弹性褶裥经编织物。

（二）方格类

利用缺垫与色纱穿纱相结合可以形成方格效应的经编织物。图 16-30 所示为一种缺垫方格织物，其后梳作经绒垫纱，满穿白色经纱；前梳作经编链垫纱，且编织 10 个横列后缺垫 2 个横列，穿纱规律为 5 根色纱 1 根白纱。正常编织的前 10 个横列，前梳纱覆盖在织物工艺正面，织物正面显示为 1 纵行宽的白色纵条与 5 纵行宽的有色纵条相间；在第 11 和第 12 横列处，前梳缺垫，后梳的白色纱线形成的线圈被抽紧在织物工艺正面形成白色横条，而前梳纱浮在织物反面，因此在织物正面形成彩色方格（因纵向密度大于横向密度，织物上的格子是正方形的，而意匠图上显示长方形）。

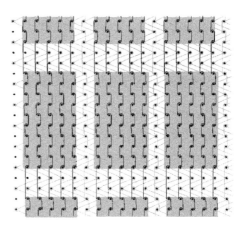

图 16-30 两梳缺垫方格织物

（三）斜纹类

采用缺垫经编组织可在织物表面形成向左或向右的斜纹效应。

图 16-31 所示为两种形成斜纹效应的方法，其中灰色区域表示形成斜纹的地方。图 16-31（1）中前梳（GB1）穿经为两"1"色，两"O"色，后梳（GB2）满穿较细的单丝，与前梳反向垫纱，以使织物稳定，两梳正常编织形成斜纹织物。该方法的缺点是织物反面有较长延展线，在织物表面形成凸条纹外观。图 16-31（2）所示为一种三梳缺垫组织，前梳（GB1）和中梳（GB2）的穿经均为两"1"色，两"O"色。前梳在奇数横列编织，偶数横列缺垫；中梳则在偶数横列编织，奇数横列缺垫；后梳（GB3）作经平垫纱运动形成底布，这样缺垫编织出的斜纹织物有光洁的反面。另外，还可对图 16-31（2）进行变化，使中梳形成与前梳反向的较长延展线，前梳和后梳的垫纱运动与图 16-31（2）仍完全相同，这样可使缺垫斜纹织物更加紧密。

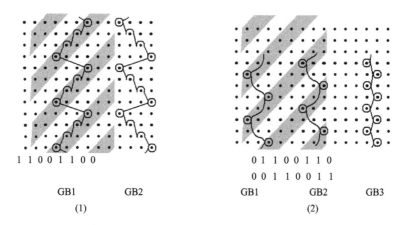

1 1 0 0 1 1 0 0   0 1 1 0 0 1 1 0
                                   0 0 1 1 0 0 1 1

GB1   GB2   GB1   GB2   GB3

(1)   (2)

图 16-31 斜纹织物

在设计斜纹之类的非对称花纹时需注意，织物意匠图应反过来设计，因为从织物正面看时，纹路是反过来的。所以如织物要求左斜，则意匠图设计成右斜，根据意匠图上编织出的实际织物坯布，正面的斜纹方向正好与意匠图上相反。

二、缺垫经编组织的编织工艺要点

在编织缺垫经编组织时，缺垫横列与编织横列所需的经纱量不同，缺垫横列需要经纱较少，而编织正常横列时所需经纱较多，这就产生了送经量的控制问题。当连续缺垫横列数较少时，仍可采用定线速送经机构，但要将喂给量调整为每横列平均送经量，并采用特殊设计的具有较强补偿能力的张力杆弹簧片，以补偿编织横列或缺垫横列对经纱的不同需求。当织物中的缺垫横列与正常横列所需经纱量差异较大时，超出弹性张力杆的补偿范围，则必须采用双速送经机构或电子送经（EBC）机构，以使送经量满足工艺要求；同时，织物的牵拉卷曲也需采用间歇式牵拉卷曲机构。

第三节 衬纬经编组织及编织工艺

在经编针织物的线圈圈干与延展线之间，周期地垫入一根或几根不成圈的纬纱的组织称为衬纬经编组织。衬纬经编组织可以分为部分衬纬经编组织和全幅衬纬经编组织两种。

一、部分衬纬经编组织

（一）部分衬纬经编组织的结构与特性

利用一把或几把不作针前垫纱的衬纬梳栉，只在针背进行横移，形成具有一个或多个针距长的纬向纱段的组织称为部分衬纬经编组织。图 16-32 为一个典型的部分衬纬经编组织实例。该组织由两把梳栉形成，一把梳栉织开口编链，形成地组织；另一把梳栉进行三针距衬纬。从图 16-32 中可以看到，衬纬纱线不成圈，而是被地组织线圈的圈干和延展线夹住，衬纬纱转向处，挂在上下两横列的延展线上。

由于衬纬纱不垫入针钩参加编织，因而使可加工纱线的范围扩大。可使用较粗的纱线或一些花式纱作为纬纱形成特殊的织物效应。还可通过衬纬梳栉移针距的变化，来形成各种花纹效应。此外，若衬入延伸性较小的纬纱，可改善织物的尺寸稳定性。

部分衬纬经编组织的结构特点如下。

（1）衬纬梳栉前至少要有一把成圈梳栉（如为两梳衬纬组织，衬纬纱必须穿在后梳上）。若衬纬纱穿在前梳进行横移，则根据通常纱线显露关系，此时前梳的衬纬纱将浮在织物的工艺正面，不能实际衬入织物当中。

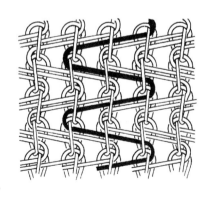

图 16-32 部分衬纬经编组织实例

（2）如果衬纬和编织梳栉针背垫纱同针距、

同方向，则衬纬纱将避开编织梳栉的延展线，不受线圈延展线的夹持，浮在织物的工艺反面，如图 16-33（1）所示，这样衬纬纱不能衬入织物当中。

（3）当衬纬纱与编织梳栉的延展线有交点时，即衬纬纱可以被编织梳栉的延展线握持时，如图 16-33（2）、（3）所示，此时衬纬梳栉的纱线可以衬入织物中，并且随着衬纬纱线与编织梳栉延展线之间交点个数的增加，衬纬结构越稳定。

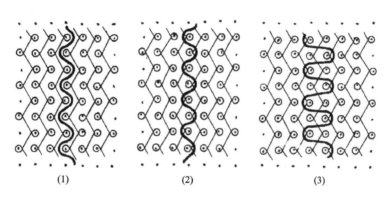

图 16-33　部分衬纬经编组织结构特点举例

（二）部分衬纬经编组织的编织工艺与表示方法

部分衬纬经编组织的编织过程如图 16-34 所示。前梳为地组织编织梳栉，作经平垫纱运动，后梳为部分衬纬梳栉，作四针距衬纬。图 16-34（1）所示为织针刚刚完成一个横列的编织，梳栉处于机前（针后）位置。图 16-34（2）处于退圈阶段，织针上升进行退圈，两把梳栉分别作针背横移。图 16-34（3）所示为织针已上升到最高点，停顿等待垫纱，梳栉已摆至针钩前，前梳向左作一针距的横移垫纱运动，后梳则不作针前横移。图 16-34（4）所示为梳栉摆回针后，织针下降，将前梳纱带下，之后完成套圈、脱圈和成圈。此时后梳的黑色纬纱被夹在前梳线圈的圈干和延展线之间。

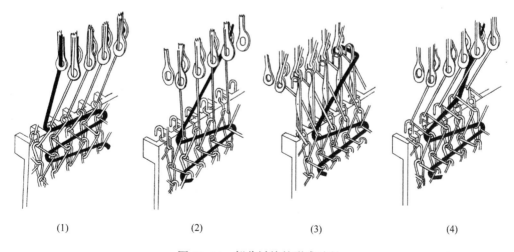

图 16-34　部分衬纬的形成过程

衬纬梳栉垫纱运动图的表示方法如图 16-35 所示。衬纬梳栉在编织第一横列时，在针隙 0 由机前摆向机后（即针前），接着未作针前横移，仍从同一针隙中回摆到机前。在织第二横列时，该导纱针已作四针距的针背横移，而位于针隙 4 作前后摆动。随后各横列的运动依此类推。图 16-35 所示衬纬梳栉的垫纱数码为：0-0/4-4//。

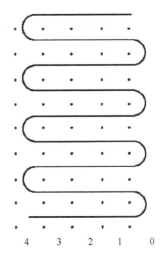

图 16-35　四针部分衬纬的垫纱运动图

（三）部分衬纬经编组织的类型与应用

1. 起花和起绒衬纬经编组织　起花衬纬经编组织通常利用衬纬结合贾卡装置形成大型花纹织物，用作窗帘、台布等。一般都在拉舍尔经编机上编织，梳栉数较多，前面几把梳栉形成网眼底布，后面几把梳栉作衬纬形成花纹，采用编链作地组织，使纵向尺寸稳定，窗帘在悬挂时不易变形。

而花边织物本质上也是在地组织上用衬纬纱形成复杂花纹。一般采用较多的梳栉，其中用两把梳栉编织花边地组织（1、3 梳或 1、4 梳），第二把梳栉编织分离纵行（开口编链）。在花边地组织基础上由几十把花色梳栉衬纬形成复杂的花纹。如图 16-36 所示，在六角网眼地组织基础上，依靠衬纬花梳形成花边。

起绒衬纬经编织物中所用的纬纱是一种较粗的起绒纱，并使之在织物工艺反面呈自由状态突出，经拉毛起绒后即可形成绒面，如图 16-37 所示。通常将衬纬纱的针背垫纱方向设计为与地组织针背垫纱方向相同，以减少衬纬纱与地组织的交织点，有利于起绒。

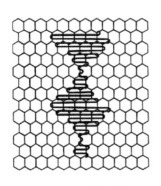

图 16-36　起花类衬纬组织

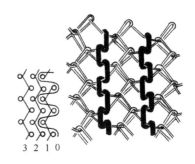

图 16-37　起绒衬纬经编组织

2. 网眼衬纬经编组织　将部分衬纬与地组织相配合，可得到多种网眼结构的经编织物。图 16-38 所示为一种简单的例子。纵向的编链与横向的衬纬纱构成方格网眼，衬纬纱起横向连接、纵向加固的作用。同一横列两把衬纬梳栉针背反向横移，使织物结构更加稳定。另一类衬纬网眼经编组织是六角网眼组织。

网眼衬纬经编组织常用来生产渔网，通常以 240~10000dtex 的锦纶 6 或锦纶 66 长丝为原料，采用 4~8 梳经编网眼组织。图 16-39（1）所示的是一种最常用的渔网地组织，A 为孔边区，B 为连接区。图 16-39（2）所示为四梳渔网组织，所有梳栉均为 1 隔 1 穿经，衬纬纱横移一针距处加固孔边区，横移两针距处加固连接区。

图 16-38 衬纬经编方格网眼组织

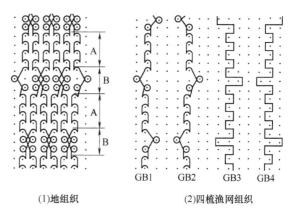

（1）地组织　　　　（2）四梳渔网组织

图 16-39 衬纬经编渔网组织

二、全幅衬纬经编组织

（一）全幅衬纬经编组织的结构与特性

将长度等于坯布幅宽的纬纱夹在线圈主干和延展线之间的经编组织称为全幅衬纬经编组织，如图 16-40 所示。

经编组织中衬入全幅纬纱，可赋予经编织物某些特殊性质和效应。如果采用的纬纱延伸性很小，则这种全幅衬纬织物的尺寸稳定性极好，可与机织物接近。若衬入的纬纱为弹性纱线，则可增加经编织物的横向弹性。衬入全幅衬纬纱还可改善经编织物的覆盖性和透明性，减少织物的蓬松性。当采用有色纬纱并进行选择衬纬时，可形成清晰、分明的横向条纹，这在一般的经编织物中是难以实现的。另外，还可使用较粗或质量较差的纱线作为纬纱，以降低成本；也可用竹节纱、结子纱、

图 16-40 全幅衬纬经编组织

雪尼尔纱等花式纱线作为纬纱，以形成特殊外观效应的织物。全幅衬纬经编织物适用于窗帘、床罩及其他室内装饰品，也可用作器材用布、包装用布等。

（二）全幅衬纬经编组织的编织工艺

全幅衬纬经编机类型很多，成圈机构与一般经编机类似，机上装有附加的全幅衬纬装置。

衬纬方式有多头敷纬（又称复式衬纬）和单头衬纬两种。多头敷纬是将多根纬纱铺敷在输纬链带上，纬纱织入织物后多余的纱段被剪刀剪断，形成毛边。这种方式纱线损耗较大，并且因纬纱筒子数较多，还须有配纱游架，所以占地面积较大。其优点是便于采用多色或多种原料衬纬以形成各种横条纹；并且因多根纬纱同时敷纬，可以减慢纬纱从筒子上的退绕速度，有利于使用强度不高的纱线。采用单头衬纬时，纬纱在布边转折后，再衬入织物，因此

能形成光边，不会造成纬纱的浪费，且占地面积小，一般适用于较低机速和较窄门幅的机器。

图 16-41 所示为在拉舍尔槽针经编机上，采用多头敷纬方式编织全幅衬纬经编组织的过程。纬纱 8 由配纱游架（图中未画出）以一定隔距敷设在输纬链带 7 上，并由之引向成圈区域。整个过程包括送纬、退圈、垫纱、闭口、套圈、脱圈、成圈和牵拉。

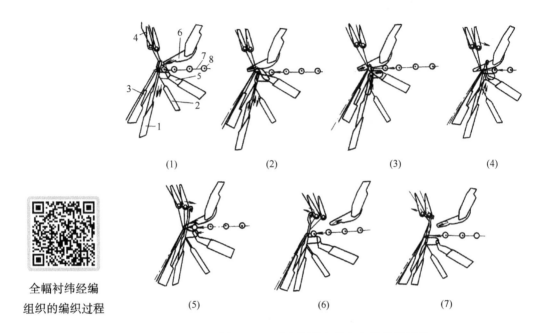

全幅衬纬经编
组织的编织过程

图 16-41　全幅衬纬经编组织的编织过程

图 16-41（1）所示为槽针 1、针芯 2 下降，处于套圈阶段。推纬片 5 握持住衬纬纱 8，并将它引向织针。

图 16-41（2）、（3）所示为针下降到最低点，旧线圈在栅状脱圈板 3 上脱圈，新纱线弯纱成圈。为使全幅衬纬纱线移到槽针背后，推纬片 5 握持住衬纬纱 8，将其推至针背。沉降片 6 向机前移动，以便在退圈阶段握持旧线圈，防止其随针上升。

图 16-41（4）、（5）所示为沉降片 6 继续压住旧线圈，织针上升，进行退圈。梳栉 4 向针前摆动准备垫纱。

图 16-41（6）所示为沉降片后退让出空间，梳栉进行针前垫纱。

图 16-41（7）所示为梳栉完成垫纱摆向机前，槽针开始下降，沉降片向机前运动。之后，随着槽针下降成圈，全幅衬纬纱就被夹在旧线圈的圈干和新形成的延展线之间。

在设计全幅衬纬经编织物时，要特别注意纬纱的滑动问题，尤其当纬纱比较刚硬时。全幅衬纬经编织物的防滑性与经纬纱原料的性质、地布的组织结构、线圈形式及后整理工艺有关。防滑性最好的组织是经编编链组织，短针背横移可将纬纱夹得较紧。针背横移距离越长，夹紧程度越差。由于编链组织纵行之间无联系，它们可能侧向滑动。为此，可以采用双梳组织，使单根编链互相联系。但是双梳组织（例如一个为编链组织，另一个为经平组织）中两组经纱不会均匀承担其断裂负荷，通常将降低断裂强力。比较好的方法是两梳栉交替编织编链和经平组织，如前梳采用 1-0/1-0/1-2/1-2// 垫纱，后梳则采用 1-2/

1-2/1-0/1-0//垫纱。这种织物受力时，编链线圈抽紧，增大了夹紧力，从而改善其防滑性。

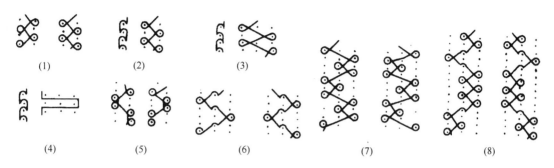

图 16-42　用于全幅衬纬的双梳地组织

图 16-42 所示为几种用于全幅衬纬经编织物的双梳地组织。图 16-42（1）所示为双经平地组织，两梳能均匀承担负荷，但对纬纱的夹紧程度较差。图 16-42（2）所示的组织结构与图 16-42（3）所示的组织结构相似，后者的覆盖性更好，两者的防滑性仍较差。图 16-42（4）的地组织中具有部分衬纬，结构很稳定，如再加上全幅衬纬纱，织物更加密实，其防滑性和防脱散性能良好，生产上有许多应用。图 16-42（5）所示的组织的防滑性和强力都较好。图 16-42（6）、（7）（8）所示为一些空穿网眼地组织，其优点是防滑性较好，透气性好。衬入氨纶之类的弹性纬纱后，织物弹性好，衬入的纬纱清晰可见。

以下是一个两梳全幅衬纬织物的编织工艺实例。该织物在机号为 E18 的拉舍尔经编机上编织，垫纱数码及穿经完全组织如下：

GB1：1-0/2-3/4-5/3-2//，│ │ · ·，550dtex 高强涤纶丝。

GB2：4-5/3-2/1-0/2-3//，· │ │ ·，550dtex 高强涤纶丝。

全幅衬纬：1 穿，1 空，2×334dtex 涤纶变形丝。

上述织物的网眼结构使织物具有良好的透气性，而平行的全幅衬纬纱赋予织物良好的尺寸稳定性。该织物适用于制作运动鞋面料。

第四节　缺压经编组织及编织工艺

在编织某些横列时，全部或部分织针不压针，旧线圈不脱下，隔一个或几个横列再进行压针，使旧线圈脱下形成拉长线圈，这种经编组织称为缺压经编组织。缺压经编组织通常在钩针经编机上编织，一般分为缺压集圈和缺压提花两类。

一、缺压组织的表示方法

如图 16-43 所示的缺压组织，一横列编织，一横列缺压，两横列交替进行。在不压针而形成悬弧的横列旁加上"-"号，如图 16-43（1）所示，a 为线圈，b 为集圈悬弧。也可将垫纱运动图画成图 16-43（2）所示的形态，即将缺压横列的垫纱运动与上一横列的垫纱运动连续地画在同一横列中，用该方法表示时，注意避免混淆。

二、缺压集圈经编组织及编织工艺

在编织某些横列时，全部或部分织针垫到纱线后不闭口（不压针），这种组织称为缺压集圈经编组织。缺压集圈可形成纵条、斜纹、凹凸等外观效应。

图 16-43 为一种缺压集圈经编组织，该组织在每个线圈纵行处于正面的线圈均是由同一根纱线形成的，采用此方法可以在坯布表面形成边界清楚的纵向条纹。

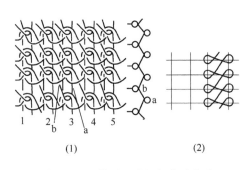

图 16-43 缺压经编组织表示方法

图 16-44 为另一种凹凸外观效应的缺压集圈经编组织。该组织编织过程中，选择部分织针在几个横列连续缺压，即在两枚针上连续 4 次不压针，2 根纱线同时绕 4 圈，在坯布表面形成突起的小结。

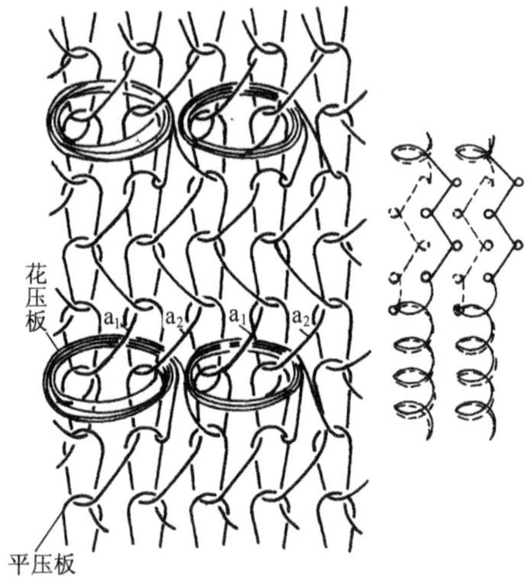

编织集圈经编组织一般需用两种压板，一种为平压板，另一种为花压板。花压板上根据花型需要开有切口，在压针时只压住正对没有切口处的针，而切口处织针形成集圈。花压板除了前后压针运动外，还进行横向移动，以使集圈可在不同的针上形成。当花压板起压针作用时，平压板退出工作；而当花压板退出工作时，平压板工作。

图 16-44 连续多次缺压集圈经编组织

三、缺压提花经编组织及编织工艺

某些织针在几个横列的编织过程中，既不垫纱，也不闭口（不压针），形成拉长线圈的织物外观，这种经编组织称为缺压提花经编组织。

编织提花缺压经编织物时，通常采用花压板，且梳栉不完全穿经。花压板的凸出部分须正对每一横列中垫到纱的织针，以保证不会形成悬弧；而花压板的槽口部分则必须正对每一横列中垫不到纱的织针，以保证不会造成线圈脱落。因此，花压板需作横移运动，并保证其凸出部分始终正对能垫到纱线的织针。

图 16-45 为一种缺压提花经编组织。该组织为部分穿经单梳提花经编结构，穿经完全组织为 3 穿 3 空，花压板为 3 凸 3 凹。

梳栉垫纱运动为：1-0/1-2/2-3/3-4/4-5/4-3/3-2/2-1//。

花压板的横移花板链条为：0-0/1-1/2-2/3-3/4-4/3-3/2-2/1-1//。

从图 16-45 可以看出，各纵行的线圈数不同。如在每个完全组织中，纵行 a 只有两个线圈，纵行 b 和 f 有三个线圈，纵行 c 和 e 有五个线圈，而纵行 d 则有六个线圈。由于各纵行线

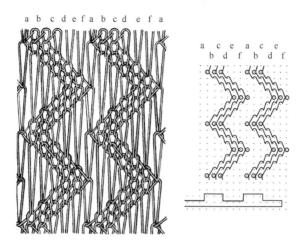

图 16-45 缺压提花经编组织

圈数不同而造成的不平衡，以及拉长线圈的力图缩短，使织物发生变形，形成类似贝壳状的花纹。

该织物穿经完全组织为 3 穿 3 空；花压板为 3 凸 3 凹。编织时，花压板凸出处正对垫纱的针，花压板凹口处正对不垫纱的针。花压板每一横列横移一次（一针距），由花板链条控制。实际织物上拉长线圈不会拉得这么长，而是由拉长线圈将上下曲折边连接叠加在一起，呈贝壳提花组织。进行该类织物设计时要注意：导纱梳栉的连续横移量应大于一穿经完全组织中的空穿数，否则某些针上垫不到纱，不能形成整幅坯布，只能织出狭条。

第五节 压纱经编组织及编织工艺

一、压纱经编组织的结构与特性

有衬垫纱线绕在线圈基部的经编组织称为压纱经编组织。图 16-46 所示为一压纱经编组织，其中衬垫纱不编织成圈，只是在垫纱运动的始末呈纱圈状缠绕在地组织线圈的基部，而其他部分均处于地组织纱线的上方，即处于织物的工艺反面，从而使织物获得三维立体花纹。

压纱经编组织有多种类型，其中应用较多的为绣纹压纱经编组织。在编织绣纹压纱经编组织时，利用压纱纱线在地组织上形成一定形状的凸出花纹。由于压纱纱线不成圈编织，因而可以使用花色纱或粗纱线。压纱梳栉可以满穿或部分穿经，可以运用开口或闭口垫纱运动，由此形成多种花纹。

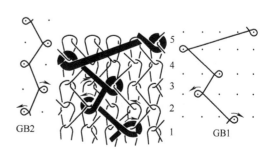

图 16-46 压纱经编组织

图 16-47 和图 16-48 分别为以编链组织和经平组织为地组织的压纱经编组织。作闭口垫纱运动的压纱纱线在坯布中的形态与其垫纱运动图很相似，如图 16-47（1）和图 16-48（2）所示；而作开口垫纱运动的压纱纱线的形态将发生变化，其真实形态分别如图 16-47（2）和图 16-48（1）的后两横列所示。压纱梳栉作经缎垫纱运动时，闭口和开口垫纱的结构分别如图 16-47（3）、（4）所示。

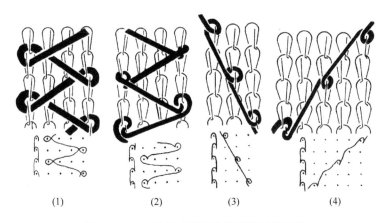

（1） （2） （3） （4）

图 16-47 以编链为地组织的压纱经编组织

多梳拉舍尔花边机和贾卡拉舍尔经编机上也常带有压纱机构，以使这类经编机可生产出具有浮雕效应的织物。此外，压纱经编组织还有缠接压纱和经纬交织等结构。

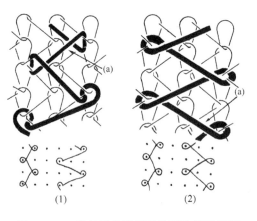

二、压纱经编组织的编织工艺

压纱组织是在带有压纱板机构的经编机上编织的。压纱板是一片与机器门幅等宽的金属薄片，位于压纱梳栉之后、地组织梳栉之前。压纱板不仅能与导纱梳栉一起前后摆动，而且能作上下垂直运动。

（1） （2）

图 16-48 以经平为地组织的压纱经编组织

形成压纱经编组织的过程如图 16-49 所示。当压纱板在上方时，如图 16-49（1）所示。梳栉与压纱板一起摆过织针，作针前垫纱运动，如图 16-49（2）所示。当前梳（压纱梳栉）完成针前垫纱摆回机前后，如图 16-49（3）所示，压纱板下降，将刚垫上的压纱纱线压低至针杆上，如图 16-49（4）所示。在随后织针以地纱成圈时，压纱纱线与旧线圈一起由针头上脱下，如图 16-49（5）所示。通常使压纱梳和地梳的针前横移方向相反，以免压纱纱线在移到针舌下方时将地纱一起带下。如果压纱梳栉与地梳在针前作同向垫纱，则压纱纱线就会和地梳纱平行地垫在织针上，并在压纱板下压时，带着地纱一起被压下。

图 16-50 所示为一菱形凸出绣纹的压纱经编组织的垫纱运动图，其垫纱数码和穿经完全组织如下：

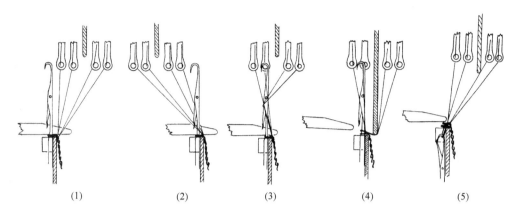

图 16-49 压纱经编组织的编织过程

GB1：6-7/1-0/2-3/2-1/3-4/3-2…，2 穿，24 空。

GB2：12-13/7-6/12-13/11-10/11-12/10-9…，6 空，2 穿，18 空。

GB3：1-0/0-1//，满穿。

GB4：3-3/2-2/3-3/0-0/1-1/0-0//，满穿。

压纱经编组织
的编织过程

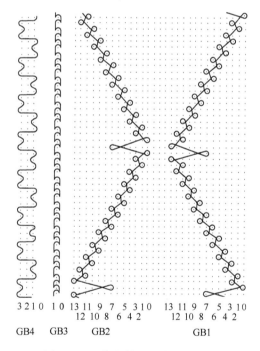

图 15-50 菱形绣纹压纱经编组织

梳栉 GB3 和 GB4 形成小方网眼地组织。两把压纱梳栉 GB1 和 GB2 均为部分穿经，作相反的垫纱运动。它们在地布的表面上形成凸出的菱形花纹，在菱形角处有长延展线形成的结状凸纹。可以看出，梳栉 GB4 的完全组织为 6 横列，而梳栉 GB1 和 GB2 的完全组织为 46 横列。

第六节　毛圈经编组织及编织工艺

一面或两面具有拉长毛圈线圈结构的经编织物称为毛圈经编织物。经编毛圈织物由于具有柔软、手感丰满、吸湿性好等特点，因此，被广泛用作服装、浴巾或装饰用品。

一、毛圈经编组织的编织方法

通常可利用经编组织的变化和特殊化学整理来生产毛圈经编织物。常用的编织方法有脱圈法和超喂法，化学方法有烂花法。

1. 脱圈法　脱圈法是在一隔一的针上形成底布，毛圈纱梳栉在邻针上间歇地成圈，待脱散后形成毛圈，如图 16-51 所示。

其垫纱数码和穿经如下：

GB1：2-1-1/1-0-1//，·|·|·|。

GB2：2-3-2/1-0-1//，|·|·|·。

其中 GB1 为毛圈纱梳栉，GB2 为地纱梳栉。

2. 超喂法　超喂法一般采用加大后梳栉送经量，使线圈松弛来形成毛圈。例如，把通常编织的织物前梳、

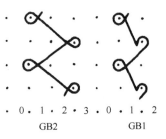

图 16-51　脱圈法形成毛圈

后梳的送经比由原来的 1.0∶1.24 改为大约 1.0∶2.3。这种织物毛圈不明显，但手感柔软。

3. 烂花法　采用适当的纤维组合，在三、四梳栉经编机上生产出的平纹织物，下机经烂花工艺整理后，使某些纤维溶解，某些毛圈竖直成为毛圈。

采用上述方法得到的单面或双面毛圈织物虽可获得一定高度的毛圈效应，但毛圈密度和高度难以调节，有时不能满足设计要求。因此，当对织物的毛圈高度、丰满度和均匀性等有较高要求时，需使用毛圈沉降片法或专门的经编毛巾生产技术。

二、毛圈沉降片法编织原理

采用这种方法可以用双梳或三梳编织出质量很好的毛圈织物，而且机器具有很高的速度。

图 16-52 所示为这种毛圈编织法的成圈机件配置。槽针 1、针芯 2、沉降片 3 的成圈运动和普通复合针特利柯脱型经编机一样。GB1 和 GB2 分别为毛圈纱梳栉和地纱梳栉。通常毛圈沉降片 4 和普通沉降片 3 的片腹平面的距离为 5mm。

图 16-53（1）所示为用两把梳栉编织毛圈组织的一例。两把梳栉的垫纱规律为 GB1：0-1/1-0//，GB2：1-0/1-2//，双梳均满穿；毛圈沉降片的横移和梳栉 GB1、GB2 的配合如图 16-53（2）所示，其运动规律为 0-0/1-1//。下面结合图 16-53

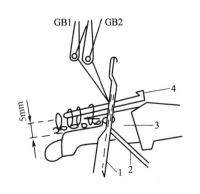

图 16-52　毛圈沉降片法成圈机件的配置

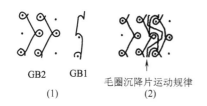

图 16-53 毛圈沉降片法编织毛圈的原理

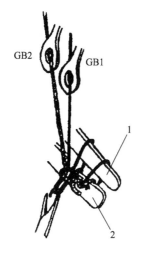

图 16-54 毛圈的形成

和图 16-54 说明编织原理。编织时，毛圈沉降片 1 不作前后摆动，只在地纱梳栉 GB2 针背垫纱时作与其同方向同针距的横移运动，这样织针下降时，地纱搁在普通沉降片 2 上弯纱成圈，因此不能形成毛圈。但是，由于毛圈纱梳栉 GB1 的开口编链垫纱运动以及毛圈沉降片的横移运动，使毛圈纱搁在毛圈沉降片 1 上弯纱成圈，从而形成了拉长延展线的毛圈。

毛圈沉降片床的横移是由花纹滚筒上的花纹链条控制。机器的编织方法与任何普通复合针特利柯脱经编机完全一样。通常，在普通的 4 梳栉或 5 梳栉特利柯脱经编机上，可以拆去后梳，由此产生的空间可配置毛圈沉降片装置。

为了产生地组织并构成毛圈，需要两个不同的垫纱运动。一个必须遵循的特殊规律是，地组织的地纱梳栉运动必须与毛圈沉降片床的横移运动相一致，两者作同方向、同针距的横移。由于始终将地纱保持在相同两片毛圈沉降片之间，地纱就不会在毛圈沉降片上方搁持。因此，地纱梳栉的针背横移不会形成毛圈，毛圈沉降片仅允许在针背横移期间横移。

图 16-55（1）所示为一种简单的地组织，其中短竖线代表某一毛圈沉降片在每一横列的位置。这种毛圈组织除了可用两把满穿梳栉编织外，也可用三把梳栉编织。另外，毛圈沉降片的横移运动也不局限于以上规律。另一种地组织如图 16-55（2）所示，其中地纱梳栉 GB2 跟随着沉降片床的横移运动。地纱梳栉 GB3 在偶数横列，将纱线垫于相同织针上，此时虽有针前横移，但与毛圈沉降片的横移运动一致，故不会形成毛圈。而地纱梳栉 GB3 所带的纱线在奇数横列被毛圈沉降片横推偏斜，但奇数横列时地纱梳栉 GB3 不产生针前垫纱，因此其纱线虽横越在毛圈沉降片上方，却不会形成毛圈。由于增加了一把织编链的地纱梳栉 GB3，从而可产生比图 16-55（1）所示的地组织稳定得多的结构。

这两把地梳及毛圈沉降片床（POL）的花纹链条编码如下：

GB2：1-0-0/2-1-2/2-3-2/1-2-1//。

GB3：0-0-0/0-1-1/1-1-1/1-0-0//。

POL：0-0-0/1-1-1/2-2-2/1-1-1//。

处于前梳栉 GB1 上的纱线就可以在上述地组织上形成毛圈。如果采用更复杂的垫纱规律，还可以形成提花毛圈组织。

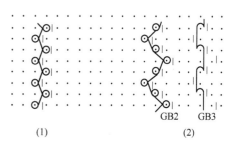

图 16-55 一种毛圈组织的地组织

三、经编毛巾组织编织原理

(一) 经编毛巾组织形成毛圈的方法

经编毛巾组织的毛圈和底布的编织与经编毛圈组织不同，是采用脱圈法形成毛圈，又加上一些辅助机构得到毛圈较大且较均匀的织物。

由于采用脱圈法形成毛圈，所以无论编织底布，还是编织毛圈都是采用1穿1空的穿纱方式，以便编织毛圈梳栉的纱线在第一横列垫在编织底布的针上，在第二横列垫在不编织的空针上，在第三横列成圈时脱落下来形成毛圈。

经编毛巾组织有单面毛巾和双面毛巾之分。该织物的底布采用两把梳栉编织，再采用一把梳栉编织一面毛圈或两把梳栉编织正反两面毛圈。

1. 单面经编毛巾组织 图16-56所示为单面毛巾组织的编织方法。其底布由后梳栉GB3和中梳栉GB2编织，结构通常采用编链和衬纬组织。为了能形成毛圈，底布必须留出空针，因而采用1穿1空的穿纱方式，其垫纱数码和穿经如下：

GB2：0-1/1-0//，1空1穿。

GB3：5-5/0-0//，1穿1空。

偶数针2、4、…为空针，以便形成毛圈；奇数针1、3、…为编织针，编织底布。

前梳栉编织毛圈，其组织采用针背横移为奇数针距的经平组织，如0-1/2-1// (GB1)，或1-0/3-4// (GB1′)，或1-0/5-6// (GB1″)。这样垫在第二横列偶数空针上的线圈脱下后即可形成毛圈，而垫在第一横列奇数针上的线圈则织入底布。且前梳栉横移的针距数越多，形成的毛圈越长。

2. 双面经编毛巾组织 该组织需采用四把梳栉，在上述形成单面毛圈的基础上，增加一把后梳栉编织另一面的毛圈，由于后梳栉所垫纱线的延展线将被其他梳栉纱线压住，因而脱圈后不能形成毛圈，故不能像前梳栉那样采用针背横移为奇数针距的经平组织。

图16-57所示的双面毛巾组织中，为了形成双面毛圈，后梳栉GB4通常采用将纱线垫在空针上的衬纬组织，即5-5/2-3/0-0/3-2//。后梳栉GB4在偶数横列上的线圈，脱圈后就能形成毛圈。

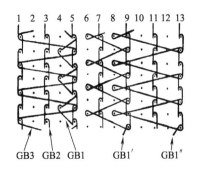

图16-56 单面经编毛巾组织的编织方法

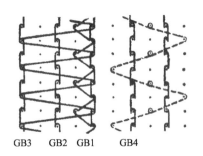

图16-57 双面经编毛巾组织的编织方法

(二) 辅助机件与装置

由于经编毛巾组织采用脱圈法形成毛圈，故存在着毛圈不可能太大且不均匀等缺点。另外，毛巾在有些部分不需要编织毛圈。因此，在经编机上需采用一些辅助机件或装置来克服这些缺点以提高产品质量。

1. 满头针 由于在编织时只有奇数针编织成圈，偶数针上所垫纱线脱下后成为毛圈，毛巾经编机上采用满头针与普通的槽针一隔一地安装在针床上。编织时，图 16-58（1）所示的满头针的弯纱深度比图 16-58（2）所示的普通槽针大 1.75mm，使毛圈变得长一些，毛圈长度最大可达 6mm。

2. 偏置沉降片 普通经编机上的沉降片是按照针距在铸片时均匀配置而成的，如图 16-59（1）所示。而在毛巾经编机上却采用偏置沉降片，即不按针距大小均匀铸片，其间隔一个大于针距，一个小于针距，但两个针距加起来等于两个针距，如图 16-59（2）所示。这时毛圈的高度可由沉降片均匀配置时的 4mm 增加到 6mm。

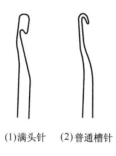

(1)满头针　　(2)普通槽针

图 16-58　满头针与普通槽针

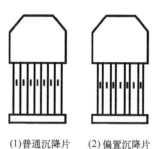

(1)普通沉降片　　(2)偏置沉降片

图 16-59　普通沉降片与偏置沉降

3. 刷毛圈装置 在编织双面毛巾时，后梳栉和前梳栉所形成的毛圈在编织后都处于织物的正面，要用刷毛机构把前梳形成的毛圈刷到反面。为了使毛巾织物的毛圈均匀，该机在牵拉辊和卷布辊之间安装了两对刷毛辊 1 和 2，如图 16-60 所示。织成的毛巾织物从牵拉辊 4 输出后，经过两个导布辊 3 进入刷毛装置，刷毛辊 1、2 分别刷坯布正面和反面的毛圈，这样就可得到两面毛圈高度一致且均匀的毛巾布。经刷毛辊整理后的坯布卷成布卷 5；刷毛辊的表面包有硬质尼龙毛刷，其

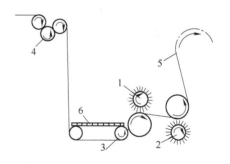

图 16-60　刷毛圈装置

线速度略快于坯布的运行速度。6 是工作平台，便于工人操作。

4. 梳栉转换机构 经编毛巾的布面一般是由毛圈组织和其四周的平布组织组成。纵向的平布组织一般可以通过将编织编链组织的梳栉在织边处改成满穿即可。而横向平布组织的编织相对较复杂，需要增加专门的机构。毛巾织物中的毛圈是在空针上采用脱圈方法形成的，其前后梳的穿纱和对纱关系是非常重要的。在上述双面毛巾组织的编织中，前后梳栉均为 1 穿 1 空，对纱关系为空穿对穿经、穿经对空穿。如果在编织中将织物某些横列前后梳的对纱方式改变成穿经对穿经、空穿对空穿，那么所有工作针在每个横列上都将垫到纱线，不会形成空针，编织成平布，也就无法利用脱圈法来形成毛圈。其对纱关系及其结果如下：

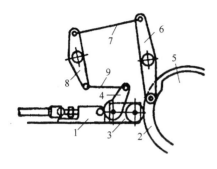

图 16-61　梳栉变位机构

GB1：| · | · | · 。

GB4：· | · | · | ；形成毛圈。

GB1：| · | · | · 。

GB4：| · | · | · ；不形成毛圈，编织平布。

为了达到以上效果，在经编机上采用了一个梳栉变位机构，如图 16-61 所示。

在前梳栉滑块 1 和花纹链轮 2 之间增加了一个变换滑块 3，在其左端装有一偏心轮 4。正常编织毛圈时，偏心轮 4 的小半径与梳栉滑块 1 接触；编织平布时，装在花纹链轮轴上的梳栉变位凸轮 5 由小半径弧面转换到大半径弧面，通过连杆 6、7、8、9 的作用，使偏心轮 4 逆时针转过一定角度，使其大半径弧面与前梳滑块 1 接触。由于偏心轮 4 大小弧面半径相差一个针距，偏心轮 4 就将前梳栉向左推过一个针距，因此改变了前后梳栉的对纱位置，达到了编织毛圈和编织平布的转换。

四、双针床毛圈组织编织原理

在双针床经编机上，一个针床装普通舌针，另一个针床装无头舌针，它们协同编织毛圈织物，其过程如图 16-62 所示。在编织时至少需要两把梳栉，一般后梳栉穿地纱，前梳栉穿毛圈纱。成圈过程开始时，带舌针的后针床和带无头针的前针床均在最低位置，如图 16-62（1）所示。舌针钩住刚形成的线圈，而刚形成的毛圈则已由无头针上脱下。以后前针床带动无头针上升至最高位置，梳栉摆往机前，带着两组经纱由无头针旁边通过。到最前位置时，前梳栉（毛圈纱梳栉）横移一针距，而地纱梳栉不作任何针前横移。以后梳栉摆回机后，毛纱就垫到无头针上。在后针床舌针升起时，梳栉再向机前摆动，让开位置。这时前梳作针背横移，使导纱针移到需垫纱的织针的间隙中。在舌针升到最高位置后，两把梳栉一起后摆，通过舌针旁边，再一起横移一针距，摆回到机前，使地纱和毛圈一起垫到舌针上，如图 16-62

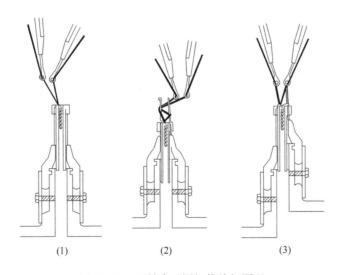

(1)　　　　　　　　(2)　　　　　　　　(3)

图 16-62　双针床毛圈织物编织原理

（2）所示。接着后针床舌针下降，进行脱圈和成圈，毛圈纱和地纱就一起编织在地布内，如图 16-62（3）所示。毛圈纱被无头针带住的部分形成了毛圈。毛圈的长度由前后针床的隔距决定，可以通过调整这一隔距来改变毛圈的长度。

第七节　贾卡经编组织及编织工艺

由贾卡提花装置控制拉舍尔经编机上部分衬纬纱线（或压纱纱线、成圈纱线等）的垫纱横移针距数，以在织物表面形成密实、稀薄、网眼等花纹图案效果的经编织物称为贾卡提花经编织物，简称贾卡经编织物。

贾卡提花装置可使每根贾卡导纱针在一定范围内作独立垫纱运动，故编织的花纹图案的尺寸不受限制。

贾卡经编织物主要用作窗帘、台布、床罩等各种室内装饰与生活用织物，也有用作女士内衣、胸衣、披肩等带装饰性花纹的服饰物品。

因为贾卡提花装置控制的同一把梳栉中各根经纱垫纱运动规律不一，所以编织时每根经纱的耗纱量不同，因此生产中常需采用消极供纱。另外，贾卡经编机的占地面积较大，经纱行程较长，张力难以控制，机速较低。

一、贾卡装置的结构特点与工作原理

早期的贾卡装置主要为纹板机械式，后来发展了电子式贾卡装置。电子式贾卡装置分为电磁式和压电式。

（一）纹板机械式贾卡装置

纹板机械式贾卡装置机件较多，经简化后的结构如图 16-63 所示。花纹信息储存在具有若干孔位的纹板上，通常一块纹板控制一个横列的编织。因此，一套纹板中的块数就是织物

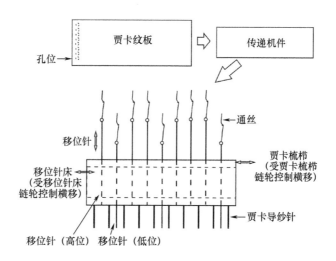

图 16-63　简化的纹板式贾卡装置

花高的横列数。纹板上每一个孔位对应一根移位针和一根贾卡导纱针，孔位数量与移位针、贾卡导纱针和织针数量相同。当纹板中某一孔位有孔时，经过一系列传递机件和通丝的作用，对应的移位针处于高位；而某一孔位无孔时，经过一系列传递机件和通丝的作用，对应的移位针处于低位。移位针床和贾卡梳栉可以分别受各自的横移机构控制，作相同或不同的横移运动。

图 16-64 所示为纹板式贾卡装置选导纱针提花原理。如图 16-64（1）所示，编链纱由地梳栉编织形成地组织；当移位针 1′处于高位（又称基本位置）时，无论贾卡梳栉向右或向左针背横移垫纱，移位针 1′都不会作用到左邻（对应）的贾卡导纱针 W，因此，导纱针 W 作两针距衬纬的基本垫纱运动，从而在织物中形成稀薄结构。如图 16-64（2）所示，当移位针 1′处于低位时，若贾卡梳栉向右针背横移垫纱，且移位针床比贾卡梳栉向右少横移一个针距，则贾卡导纱针 W 被右邻的移位针 1′阻挡致使导纱端向左偏移一个针距，变为一针距衬纬，提花纱收缩后在织物中形成网眼结构。如图 16-64（3）所示，当移位针 1′处于低位时，若贾卡梳栉向左针背横移垫纱，且移位针床比贾卡梳栉向左多横移一个针距，则贾卡导纱针 W 被右邻的移位针 1′向左推动致使导纱端向左偏移一个针距，变为三针距衬纬，在两根织针间多垫入了一根衬纬纱从而在织物中形成厚密结构。图 16-64 中的移位针 2′和 3′都处于高位，因此 2′和 3′对应的贾卡导纱针 X 和 Y 都不偏移，X 和 Y 均作两针距衬纬的基本垫纱运动。

综上所述，纹板式贾卡装置选导纱针提花原理可以归结为：有孔无花（即某一孔位有孔→移位针高位→贾卡导纱针不偏移），无孔有花（即某一孔位无孔→移位针低位→贾卡导纱针左偏移一针距）。

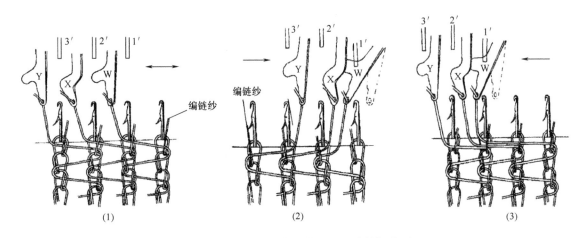

图 16-64　纹板式贾卡提花装置选导纱针提花原理

纹板式贾卡装置结构复杂，体积庞大，花纹制作费时，纹板占用空间大，目前只在少数老式贾卡经编机上使用。

（二）电磁式贾卡装置

图 16-65 为一种电磁式贾卡装置的作用原理图。其中与通丝 4 上端连接的机件含有永久磁铁 2。与纹板式贾卡装置相同，通丝和移位针的基本位置在高位，每编织一个横列，升降杆 3 上下运动一次。在上升时，将所有的通丝连接件提到最高位置，由于永久磁铁 2 吸在电

磁铁 1 上，通丝和移位针 5 就保持在高位。当从
计算机传来的电子信号使电磁铁形成一个相反磁
场时，永久磁铁就释放，使与通丝联接的移位针
下落到低位，从而偏移它相对应的贾卡导纱针。
图中 a 为无电子信号，移位针处于高位，对应的
贾卡导纱针因此没有偏移。b 为有电子信号，移
位针下落到低位，对应的贾卡导纱针因而被偏移。

在电磁式贾卡装置中，每个电磁铁控制一根
通丝和一根移位针，因此电磁铁数与移位针数、
贾卡导纱针数、织针数相同。电磁式贾卡装置所
能编织的织物完全花纹的纵横尺寸取决于计算机
的存储器容量。

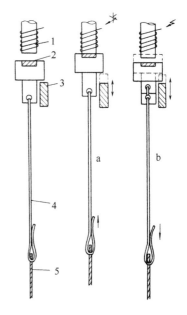

图 16-65　电磁式贾卡装置图

（三）压电式贾卡装置

压电式贾卡装置的问世彻底改变了贾卡装置
需要通丝、移位针等繁杂部件的特点，使贾卡经
编机的速度有了很大的提高，已经成为现代贾卡
经编机的主流配置。压电式贾卡装置的主要元件
如图 16-66 所示，包括压电陶瓷片 1，梳栉握持
端 2 和可替换的贾卡导纱针 3。贾卡导纱针在其
左右两面都有定位块，这样可以保证精确的隔距。

压电式贾卡装置的两面各贴有压电陶瓷片，
它们之间由玻璃纤维层隔离。当压电陶瓷加上电
压信号后，会弯曲变形。为了传递电压信号，采
用了具有很好弹性和传导性的电极。如图 16-67
所示，通过开关 S1、S2 的切换，在压电式贾卡装
置的两侧交替加上正负电压信号，压电陶瓷变形，
使得导纱针向左或向右偏移。当压电式贾卡装置
的压电陶瓷未施加电压信号时，贾卡导纱针与织
针前后正对。当压电陶瓷施加负电压信号时，贾
卡导纱针向右偏移半个针距位于两根织针中间位

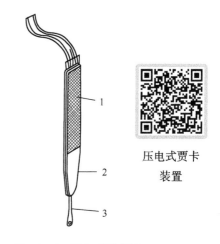

压电式贾卡
装置

图 16-66　压电式贾卡装
置的主要原件

置，此位置又称基本位置。当压电陶瓷施加正电压信号时，贾卡导纱针从基本位置向左偏移
一个针距。因此，在加电状态下，贾卡导纱针只有两个位置，即基本位置（又称不提花位
置）和向左偏移位置（又称提花位置），其提花原理与纹板式贾卡装置类似。

根据贾卡经编机的机号，压电贾卡元件可以组合成不同的压电贾卡导纱针块，如
图 16-68所示。若干压电贾卡导纱针块组装成为贾卡梳栉。贾卡花纹的设计是借助计算机
花型准备系统，花纹信息输入给贾卡经编机中的计算机控制系统，后者控制贾卡导纱针元
件进行工作。

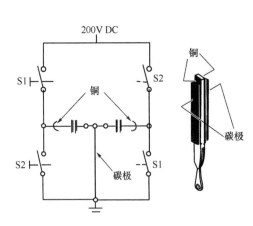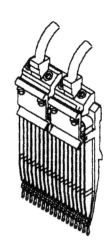

图 16-67　压电式贾卡导纱装置工作原理　　　　图 16-68　压电式贾卡导纱针块

二、贾卡经编组织的分类

贾卡经编织物由地组织和贾卡花纹两部分组成，即在地组织基础上进行提花。地组织可以使用 1~4 把地梳栉来编织，如单梳的编链、经平等结构，双梳的双经平、对称经缎、网眼等结构。

（一）按照贾卡梳栉基本垫纱运动的不同分类

根据形成贾卡花纹的贾卡梳栉基本垫纱运动的不同，贾卡经编织物可以分为以下四种不同类型的织物。

1. 衬纬型贾卡经编织物　这类织物利用衬纬提花原理编织生产；生产这类织物的经编机称为衬纬型贾卡拉舍尔经编机。

2. 成圈型贾卡经编织物　这类织物利用成圈提花原理编织生产；生产这类织物的经编机称为成圈型贾卡经编机，又称为拉舍尔簇尼克（Rascheltronic）。

3. 压纱型贾卡经编织物　这类织物利用压纱提花原理编织生产；生产这类织物的经编机称为压纱型贾卡经编机。

4. 浮纹型贾卡经编织物　这类织物利用浮纹提花原理编织生产，机器上带有单纱选择装置；生产这类织物的经编机称为浮纹型贾卡经编机，又称为克里拍簇尼克（Cliptronic）经编机。

（二）按照贾卡经编产品应用领域的不同分类

根据贾卡经编产品应用领域的不同可分为以下三类。

1. 室内装饰织物　贾卡提花经编针织物的特点是易于生产宽及全幅的整体花型，网眼、稀薄、密实组织按花纹需要配置，具有一定层次，可制成透明、半透明或遮光窗帘、帷幕等室内装饰用织物。

2. 贾卡时装面料　部分贾卡经编机（如 RSJ 系列、RJWB 系列等）可以生产密实的或网眼类的弹性内衣面料，或具有独特花纹效应的经编时装面料。

3. 贾卡花边 贾卡花边可以是弹性的，也可以是非弹性的；可以带花环，也可以不带花环。花纹精致，具有立体效应，并且底布结构清晰，克重轻，成本低，在高档女士内衣领域应用广泛。

三、贾卡提花基本原理

（一）衬纬型贾卡经编织物起花原理

常用的衬纬型贾卡经编织物是贾卡梳栉作两针距衬纬的基本垫纱运动（即0-0/2-2//），又称三针技术（贾卡导纱针在三针根范围内垫纱），图16-63所示为三针技术衬纬型贾卡经编织物的提花原理。如图16-69（1）所示，在贾卡梳栉向右针背横移垫纱（又称奇数横列或A横列）和向左针背横移垫纱（又称偶数横列或B横列）时，贾卡导纱针均不偏移，保持两针距衬纬，贾卡纱线的垫纱数码为0-0/2-2//，形成稀薄区域（组织）。如图16-69（2）所示，在贾卡梳栉向右针背横移垫纱（奇数横列）时，贾卡导纱针向左偏移一针距，两针距衬纬变为一针距衬纬，贾卡纱线的垫纱数码变为1-1/2-2//（即0-0/1-1//），形成网眼区域（组织）。如图16-69（3）所示，在贾卡梳栉向左针背横移垫纱（偶数横列）时，贾卡导纱针向左偏移一针距，两针距衬纬变为三针距衬纬，贾卡纱线的垫纱数码变为0-0/3-3//，形成密实区域（组织）。需要注意的是：确定奇数或偶数横列是根据贾卡梳栉针背横移的方向，即是向右或向左针背横移，而不是根据横列出现的先后。

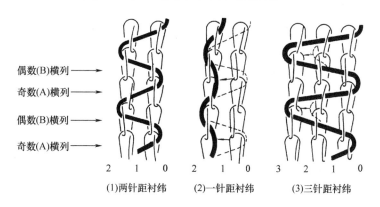

偶数(B)横列 ——→
奇数(A)横列 ——→
偶数(B)横列 ——→
奇数(A)横列 ——→

（1）两针距衬纬　　（2）一针距衬纬　　（3）三针距衬纬

图16-69　衬纬型贾卡经编织物提花原理

综上所述，根据贾卡导纱针的偏移情况，每把贾卡梳栉可以形成三种提花效应，分别是密实组织、稀薄组织和网眼组织。如将这三种组织按照一定规律组合，就能形成丰富的花纹图案。图16-70所示为三种组织组合形成的贾卡经编织物的线圈图。地组织为编链，贾卡梳栉作两针距衬纬的基本垫纱。当贾卡梳栉向右针背横移垫纱（奇数横列）或向左针背横移垫纱（偶数横列）时贾卡导纱针都不产生偏移，这样在每一横列相邻两个纵行之间a、b、c、h区域覆盖着一根衬纬纱，即形成了稀薄组织。当贾卡梳栉向左针背横移垫纱（偶数横列）时贾卡导纱针向左偏移一个针距，这样在每一横列相邻两个纵行之间d、e区域覆盖着两根衬纬纱，即形成了密实组织。当贾卡梳栉向右针背横移垫纱（奇数横列）时贾卡导纱针向左偏移一个针距，这样在每一横列相邻两个纵行之间f、g区域没有覆盖衬纬纱，即形成了网眼组织。

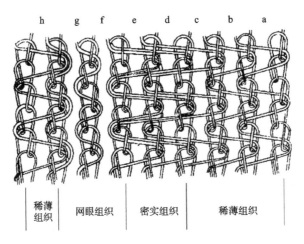

图 16-70　贾卡经编织物线圈图

贾卡经编织物除了用垫纱运动图、线圈图来表示外，还可以用意匠图来表示。贾卡意匠图是在小方格纸中，根据贾卡组织的不同用不同的颜色涂覆相应的小方格。两个小方格横向代表两个相邻纵行，纵向代表奇数与偶数两个相邻横列。通常密实组织在格子中涂红色，稀薄组织在格子中涂绿色，网眼组织在格子中以白色（或不涂色）标记。因此，与图 16-70 所示贾卡织物线圈图对应的贾卡意匠图如图 16-71 所示。

另一种表示贾卡经编织物的方法是字符组合，即用一分割线和字母 H、T 的组合表示不同的贾卡组织。分割线下方的字母表示奇数横列，上方的字母表示偶数横列；H 表示贾卡导纱针不偏移，T 表示贾卡导纱针偏移。因此，$\dfrac{H}{H}$ 表示贾卡导纱针在奇数和偶数横列均不偏移，即稀薄组织（绿色）；$\dfrac{H}{T}$ 表示贾卡导纱针在奇数横列左偏移偶数横列不偏移，即网眼组织（白色）；$\dfrac{T}{H}$ 表示贾卡导纱针在奇数横列不偏移偶数横列左偏移，即密实组织（红色）。按此方法，图 16-70 和图 16-71 可以用图 16-72 等价表示。

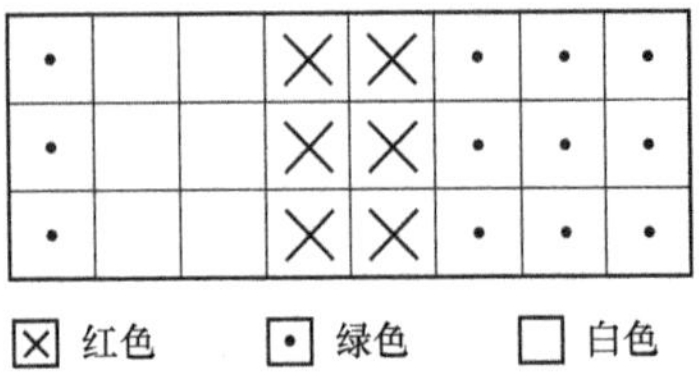

·			×	×	·	·	·
			×	×			
·			×	×	·	·	·

⊠ 红色　　· 绿色　　□ 白色

图 16-71　贾卡意匠图

$\frac{H}{H}$	$\frac{H}{T}$	$\frac{H}{T}$	$\frac{T}{H}$	$\frac{T}{H}$	$\frac{H}{H}$	$\frac{H}{H}$	$\frac{H}{H}$
$\frac{H}{H}$	$\frac{H}{T}$	$\frac{H}{T}$	$\frac{T}{H}$	$\frac{T}{H}$	$\frac{H}{H}$	$\frac{H}{H}$	$\frac{H}{H}$
$\frac{H}{H}$	$\frac{H}{T}$	$\frac{H}{T}$	$\frac{T}{H}$	$\frac{T}{H}$	$\frac{H}{H}$	$\frac{H}{H}$	$\frac{H}{H}$

图 16-72　对应的贾卡字符图

（二）成圈型贾卡经编织物起花原理

贾卡梳栉作成圈垫纱运动形成的是成圈型贾卡经编织物。常用的成圈型贾卡垫纱运动有二针技术、三针技术和四针技术（即贾卡导纱针分别在二、三和四根针范围内垫纱）。图 16-73

所示为应用最多的三针技术（图中未画出
地组织线圈），贾卡梳栉的基本垫纱为1-0/
1-2//（即经平），可以形成以下三种提花
效应。

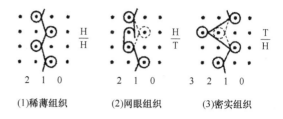

图16-73　成圈型贾卡经编织物提花原理

1. 稀薄组织（$\frac{H}{H}$，绿色）　如图16-73
（1）所示，贾卡梳栉在向右和向左针背横
移（奇数和偶数横列）时，贾卡导纱针均
不偏移，保持1-0/1-2//垫纱。结果在织物表面形成稀薄花纹效应。

2. 网眼组织（$\frac{H}{T}$，白色）　如图16-73（2）所示，贾卡梳栉在向右针背横移（奇数横
列）时，贾卡导纱针向左偏移一针，垫纱运动变为2-1/1-2//。结果在织物表面形成网眼花
纹效应。

3. 密实组织（$\frac{T}{H}$，红色）　如图16-73（3）所示，贾卡梳栉在向左针背横移（偶数横
列）时，贾卡导纱针向左偏移一针，垫纱运动变为1-0/2-3//。结果在织物表面形成密实花
纹效应。

（三）压纱型贾卡经编织物

贾卡梳栉作压纱组织（见本章第五节）垫纱运动形成的是压纱型贾卡经编织物。常用的
压纱型贾卡垫纱运动有三针技术和四针技术等多种。图16-74所示为应用较多的三针技术，
地组织为编链，贾卡梳栉的基本垫纱为0-1/2-1//，可以形成以下三种提花效应。

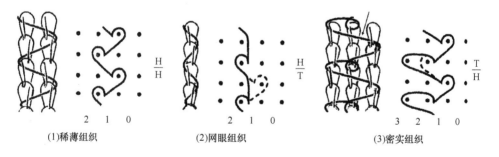

图16-74　压纱型贾卡经编织物提花原理

1. 稀薄组织（$\frac{H}{H}$，绿色）　如图16-74（1）所示，贾卡梳栉在向右和向左针背横移（奇
数和偶数横列）时，贾卡导纱针均不偏移，保持0-1/2-1//垫纱。结果在织物表面形成稀薄
花纹效应。

2. 网眼组织（$\frac{H}{T}$，白色）　如图16-74（2）所示，贾卡梳栉在向右针背横移（奇数横
列）时，贾卡导纱针向左偏移一针，垫纱运动变为1-1/2-1//。结果在织物表面形成网眼花
纹效应。

3. 密实组织 ($\dfrac{T}{H}$，红色) 如图 16-74（3）所示，贾卡梳栉在向左针背横移（偶数横列）时，贾卡导纱针向左偏移一针，垫纱运动变为 0-1/3-1//。结果在织物表面形成密实花纹效应。

从图 16-74（3）可以看出，提花（压纱）纱线浮在中间纵行延展线的上面（箭头所示），使织物具有较强的立体感。与此相比，衬纬型贾卡织物的提花（衬纬）纱线被中间纵行延展线压住（图 16-70），因此其花纹立体感不如压纱型贾卡经编织物。

以上所述的衬纬型、成圈型和压纱型贾卡经编织物，贾卡导纱针的偏移只发生在贾卡梳栉针背横移时，这称为传统贾卡提花原理。新型的贾卡提花技术，贾卡导纱针的偏移可以在贾卡梳栉针背横移或针前横移，从而扩大了贾卡花型的范围。

四、贾卡经编织物的设计与编织

目前制造的贾卡经编机大多数都配置了压电式贾卡装置，因此，贾卡经编织物设计一般采用计算机花型准备系统，主要包括花型设计和机器参数设置。花型设计可以直接在花型准备系统上利用绘图工具绘制图案，也可以导入扫描图稿进行编辑；然后填充不同组织变为贾卡意匠图，意匠图中格子的纵边长与横边长的比例应与成品织物的纵密、横密比例相一致。机器参数设置包括贾卡针数、花型幅宽、拉舍尔技术参数等。

在贾卡经编机上，由于贾卡装置控制的同一把贾卡梳栉中各根经纱垫纱运动规律不一，编织时的耗纱量各不相同，所以通常贾卡花纱需用筒子架消极供纱，机器的占地面积较大。这样贾卡经编机的经纱行程长，张力较难控制，因此车速比一般经编机低。

第八节　多梳经编组织及编织工艺

在网眼地组织的基础上采用多梳衬纬纱、压纱衬垫纱、成圈纱等纱线形成装饰性极强的经编结构，称为多梳栉经编组织。

编织多梳栉经编组织所采用的梳栉数量，与多梳栉拉舍尔经编机的机型有关。一般少则十九至二十九把，中等数量三五十把，目前最多可达 95 把。梳栉数量越多，可以编织的花纹就越大、越复杂和越精致，但是相应的机速将有所下降。多梳栉经编组织的织物有满花和条型花边两种。满花织物主要用于女士内外衣、文胸、紧身衣等服用面料，以及窗帘、台布等装饰产品。条型花边主要作为服装辅料使用。

一、多梳栉拉舍尔经编机的结构特点与工作原理

多梳栉拉舍尔经编机的基本结构与普通拉舍尔类经编机相同。由于它具有较多的梳栉，因此某些机构有其特点，现介绍如下。

（一）成圈机构

多梳栉拉舍尔经编机以前采用舌针，现在普遍采用槽针，以适应高机号和提高编织速度的要求。

1. 花梳导纱针与花梳栉集聚 多梳栉拉舍尔经编机通常采用两把或三把地梳栉，这些梳

梳栉上的导纱针与普通经编机上的导纱针相同。而编织花纹的梳栉（又称花梳栉）上的导纱针则采用花梳导纱针，如图 16-75 所示。花梳导纱针由针柄 1 和导纱针 2 组成。针柄上具有凹槽 3，可用螺丝将其固定在梳栉上。通常，编织花纹的梳栉在 50.8mm、72.6mm 或 101.6mm（2 英寸、3 英寸或 4 英寸）的每一花纹横向循环的织物幅宽中仅需一根纱线。因而，这就决定了在后方的所有花梳栉可按花纹需要在某些位置上配置花色导纱针。同一花梳栉上的两相邻花梳导纱针之间，存在相当大的间隙。由于上述的特殊情况，可将各花梳栉的上面部分间隔大些，便于各根花纹链条对它们分别控制。然而各梳栉上的花梳导纱针的导纱孔端集中在一条横移工作线上，在织针之间同时前后摆动，使很多花梳栉在机上仅占很少的横移工作线，从而显著减少了梳栉的摆动量。图 16-76 所示为某型号多梳栉花边机的梳栉配置图，花梳栉的这种配置方式称为"集聚"，其中 3~4 把花梳栉集聚在一条横移线上。由于"集聚"使拉舍尔经编机的梳栉数量，从早期的 8 把增加到 12 把、18 把，以后又陆续出现了 24 把、26 把、30 把、32 把、42 把、56 把、78 把梳栉，直至目前的 95 把梳栉。应用了"集聚"配置，就出现了一个限制，即在同一"集聚"横移线中，各花梳导纱针不能在横移中相互交叉横越。

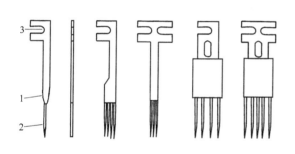

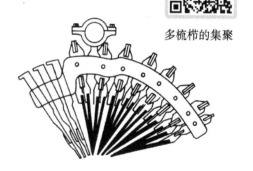

多梳栉的集聚

图 16-75　花梳导纱针结构图　　　　图 16-76　花梳栉的集聚配置

2. 成圈机件运动配合　多梳栉拉舍尔经编机的其他成圈机件与普通拉舍尔机相同，依靠它们的协调工作，使织物编织顺利地进行。由于是多梳栉，梳栉的摆动动程影响机器速度的提高。

因此，在有些多梳栉拉舍尔机器上采用针床"逆向摆动"，即针在朝着与梳栉摆动的相反方向运动，以加快梳栉摆过针平面的时间。另外，在多梳栉拉舍尔机发展过程中的另一个重要进展就是在成圈机件之间时间配合的改变。

如图 16-77 所示，老式拉舍尔经编机要等梳栉完全摆到机前，织针才开始下降；而现代拉舍尔花边机，在地梳栉后的第一把衬纬梳栉向机前摆动到达与织针平面平齐的位置时，针床就开始下降，这可使针床在最高位置的停

多梳栉花边
织物的编织

留时间减少，从而使机器的速度提高。这种时间配合是现代拉舍尔花边机上所特有的。

（二）梳栉横移机构

多梳栉拉舍尔经编机除采用一般的横移机构外，花梳栉常采用放大推程杠杆式横移机构，如图 16-78 所示。在这种机构中，地梳栉链轮 1 采用两行程，链块直接推动梳栉摆杆 2，作

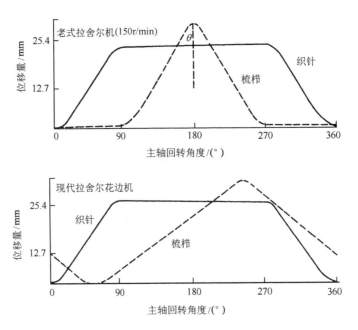

图 16-77　多梳拉舍尔花边机成圈机件运动配合曲线

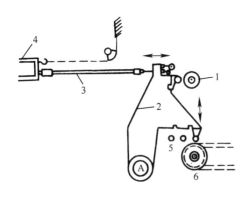

图 16-78　放大推程杠杆式横移机构

用于梳栉推杆 3，而使梳栉 4 左右横移，链块高低与梳栉横移距离是 1∶1 的关系。而花梳采用下部的单行程链轮 6，并与摆杆 2 的下部转子 5 衔接，转子 5 可在左、中、右三个位置上移动，以适应不同的机号。链轮 6 上面的链块高度与梳栉横移距离是 1∶2 的关系。

现代多梳栉拉舍尔经编机多采用电子梳栉横移机构（SU 机构），控制花梳栉的横移，以便提高花纹设计能力和经编机的生产能力。在此基础上，近年来又发展了伺服电动机和钢丝来控制花梳栉的横移，梳栉横移累计针距数可从 47 针增至 170 针，进一步扩大了花型的范围，而且导纱针的横移更精确，梳栉放置的空间更大。目前该机构已成为现代多梳栉拉舍尔经编机的主流配置。

（三）送经机构

在多梳栉拉舍尔经编机中，可分为地经轴和花经轴两部分送经机构。地经轴的送经机构与其他类型经编机的送经机构相似。而花经轴的送经是采用经轴制动消极式送经装置。

二、多梳栉经编组织的基本工艺设计

多梳栉经编组织由地组织和花纹组织两部分组成，下面分别进行介绍。

（一）地组织设计

多梳栉经编组织的地组织一般可分为四角形网眼和六角网眼结构。这两种结构都不能在特利柯脱经编机上进行编织。因为这是衬纬编链构成的网眼结构，经纱张力较大，编链横列的纵行之间无横向延展线或纬纱连接，因而沉降片无法握持织物，在刚形成的线圈到导纱针孔之间的纱段在向上张力的作用下，织物易随织针上升。

多梳拉舍尔窗帘等装饰织物多采用四角网眼地组织，它们通常用两把或三把地梳栉编织，前梳编织编链，第二、第三把梳栉编织衬纬。图 16-79 所示为一些常见的四角网眼地组织的垫纱图，其线圈结构可参见图 16-38。在窗帘网眼织物中，地组织是一种格子网眼。每一网眼由两相邻纵行和三个横列的间距组成。显然不可能采用与实际网眼一样尺寸的意匠纸。因为在专用意匠纸中，实际网眼的尺寸上要画三根纱线，没有足够的间距，因此在意匠

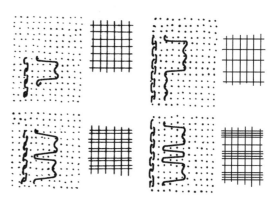

图 16-79　常见四角网眼地组织

纸上必须将网眼放大。网眼的具体形态将取决于最终成品网眼织物中横列与纵行的比例。如果一个网眼的完全组织横列数正好三倍于纵行数，即横列与纵行的比例为 3∶1，则将获得一个正方形网眼。如果比例小于 3∶1，网眼的纵向尺寸小于横向尺寸。如果比例大于 3∶1，网眼的纵向尺寸将大于横向尺寸。在实际生产中，此比例的应用范围为 2.5∶1~3.5∶1。

花边类织物通常采用六角网眼地组织，其垫纱运动图和线圈结构分别如图 16-80（1）、（2）所示。满穿的前梳栉先织 3 个横列编链，然后移到相邻的织针处再编织 3 个横列编链，再返回原来织针处。第 1、第 2 个编链横列为开口线圈，第 3 个编链横列为闭口线圈。第 2 把梳栉也是满穿的，沿着上述编链作一针距局部衬纬垫纱。三个横列后，与前梳一起移到相邻纵行上，又在三横列上作一针距局部衬纬垫纱，再返回起始纵行上。地组织网眼是利用相对于机号采用较纤细的纱线以及线圈结构的倾斜形成的。六角网眼的实际形状的宽窄取决于横列与纵行的比例。由三个横列和一个纵行间隙所形成的网眼，在采用 3∶1 比例时形成正六角形网眼。这些织物通常在机号为 $E18$ 和 $E24$ 的机器上编织，并以与机号相同的每英寸纵行数（横密）对织物进行后整理。因而 $E18$ 机上，比例为 3∶1 时，织物的横密为 18 纵行/25.4mm，纵密为 54 横列/25.4mm。小于此比例时，网眼宽而短；大于此比例时，网眼细而长。生产中应用的比例范围为 2.4∶1~3.4∶1。

图 16-81 为用于各种不同密度的六角网眼组织的意匠纸。图 16-82 为意匠纸与两把地梳栉垫纱运动之间的关系。需要注意的是：对于六角网眼意匠纸来说，每一根自上而下的折线表示一个线圈纵行［与图 16-80（2）所示的线圈图相似］，因此，垫纱数码 0 标注的针间间隙是在一根折线（又称为零线）的一侧，而每根折线一侧的垫纱数码是一样的。

（二）花纹组织设计

多梳栉经编组织的花梳可以采用局部衬纬、压纱衬垫、成圈等垫纱方式而形成各种各样的花纹图形。图 16-83 所示为一种简单的花边设计图，它是在六角网眼地组织基础上通过局部衬纬来形成花纹。

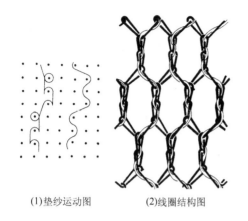

(1)垫纱运动图　　　(2)线圈结构图

图 16-80　六角网眼垫纱运动图和线圈结构图

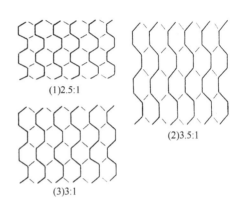

(1)2.5:1

(2)3.5:1

(3)3:1

图 16-81　不同比例的意匠纸

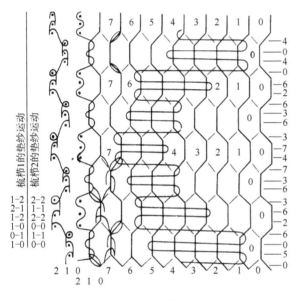

图 16-82　意匠纸与两把地梳栉垫纱运动之间的关系

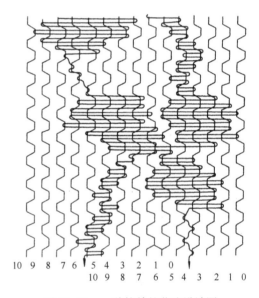

图 16-83　一种简单的花边设计图

第九节　双针床经编组织及编织工艺

在两个平行排列针床的双针床经编机上生产的双面织物组织，称为双针床经编组织。在双针床经编机上除可以编织双面的普通织物外，还可以编织网眼织物、毛绒织物、间隔织物、筒形织物等，这些织物除了在经编全成型服装方面广泛应用外，在装饰和产业方面应用较多。

一、双针床经编组织表示方法

1. 垫纱运动图　表示双针床经编组织的意匠纸通常有三种，如图 16-84 所示。图 16-84 (1) 中用"·"表示前针床上各织针针头，用"×"表示后针床上各织针针头；其余的含意

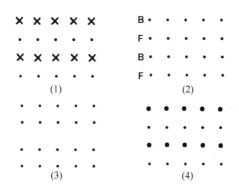

图 16-84 双针床经编组织的意匠图

与单针床组织的点纹意匠纸（点纸）相同。图 16-84（2）中都用黑点表示针头，以标注在横行旁边的字母"F"和"B"分别表示前、后针床的织针针头。图中（3）以两个间距较小的横行表示在同一编织循环中的前、后针床的织针针头。另外，也有使用不同直径大小的圆点（黑色或其他颜色）来表示前、后针床的针头[图 16-84（4）]。

在这些意匠纸上描绘的垫纱运动图与双针床组织的实际状态有较大差异，其主要原因如下。

（1）代表前、后针床针头的各横行黑点都是上方代表针钩侧，下方代表针背侧。也就是说，前针床的针钩对着后针床的针背，这与两个针床的织针针钩都是向外排列的实际情况不符。

（2）在双针床经编机的一个编织循环中，前后、针床虽非同时编织，但前、后针床所编织的线圈横列处于同一水平位置。而在上述意匠纸中，同一编织循环前、后针床的垫纱运动是分上下两排画的。

因此，在分析这种垫纱运动图时，要注意这些差异，以避免产生误解。图 16-85 中的三个垫纱运动图如果按单针床组织的概念理解，可以看作是编链、经平和经绒组织，图 16-85（1）织出的是一条条编链柱，而图 16-85（2）、（3）可构成相互联贯的简单织物。但在双针床拉舍尔机上，前针床织针编织的圈干仅与前针床编织的下一横列的圈干相串套；后针床线圈串套的情况也一样。

为了明确这些组织的结构，在每个垫纱运动图的右边，描绘了梳栉导纱点的运动轨迹俯视图。从各导纱点轨迹图可看到，各导纱针始终将每根纱线垫在前、后针床的相同织针上；各纱线之间没有相互串套关系。这样织出的是一条条各不相连的双面编链组织。这三个组织图在双针床中基本上是属于同一种组织。它们之间的差异仅是：共同参加编织的前后两枚织针是前后对齐的，还是左右错开一、两个针距，即它们的延展线是短还是长。这也说明双针床经编组织的延展线并不像单针床组织那样与圈干在同一平面内。双针床组织的延展线与前后针床上的圈干平面呈近似 90°的夹角，呈三维立体结构。

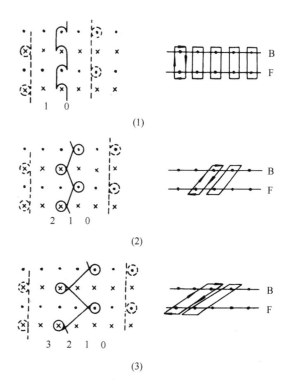

图 16-85 双针床经编组织垫纱运动图和运动轨迹俯视图

2. 垫纱数码法 根据国际标准有关双针床经编组织垫纱数码的表示方法，每一横列由四个数字表示，如 0-1-1-0//，其中第一、第二个数字 0-1 为梳栉在前针床的针前横移，第三、第四个数字 1-0 为梳栉在后针床的针前横移。其余相邻两个首尾相接的数字 0-0 和 1-1 为梳栉的针背横移。除了上述标准的垫纱数码的表示方法外，目前仍有沿用过去的表示方法，即前后针床的针前垫纱数码之间用逗号隔开，如 0-1，1-0//。

3. 线圈结构图 双针床经编组织也可用线圈结构图来表示，如图 16-86（2）所示，但画这种线圈结构图比较复杂。图 16-86（1）是与线圈结构图相对应的垫纱运动图。

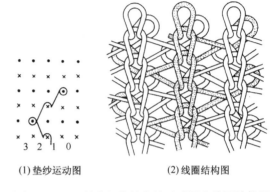

(1)垫纱运动图　　　　(2)线圈结构图

图 16-86　双针床织物的垫纱运动图和线圈结构图

二、双针床经编机的编织过程

双针床经编机除少数辛普勒克斯（Simplex）钩针机外，目前绝大部分是拉舍尔舌针机，近年来已开始使用槽针。

双针床拉舍尔经编机原是为生产类似纬编罗纹结构的双面经编织物而研制的。因此，最早的双针床机的前后两针床织针呈间隔错开排列。但为了梳栉前后摆动方便，很快就改为前后针床织针背对背排列。

双针床经编机前后几乎是对称的。在两个针床的上方，配置一套梳栉。而对于前后针床，各相应配置一块栅状脱圈板（或称针槽板）和一个沉降片床。因此，机器前后的区分是以牵拉卷取机构的位置来确定。牵拉卷取机构所在的一侧为机器的前方。从机前向机后分别命名前后针床，梳栉由机前向机后依次编号为 GB1、GB2、GB3⋯⋯。

双针床经编机编织时，主轴转动 360°过程中，前后针床各编织一次，即主轴转动的 0°～180°，前针床织针由起始位置开始上升垫纱成圈，如图 16-87（1）、（2）、（3）所示；主轴转动的 181°～360°，后针床织针进行成圈运动，如图 16-87（4）所示。

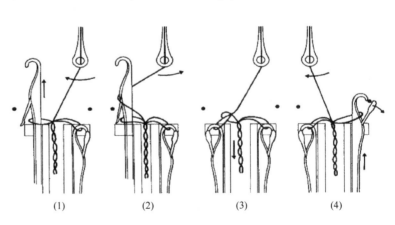

(1)　　　　(2)　　　　(3)　　　　(4)

双针床经编机
的编织过程

图 16-87　双针床经编机的编织过程

目前，生产装饰和产业用经编产品的双针床经编机的机号一般在 $E16 \sim E22$，而生产无缝服装的双针床经编机机号则为 $E24$、$E28$ 和 $E32$，工作门幅一般为 1118mm（44 英寸，主要生产无缝服装）、2134mm（84 英寸）和 3302mm（130 英寸），多数机器采用六梳栉。

双针床拉舍尔经编机及其工艺具有下列特点。

（1）由于两个针床结合工作，能编织出双面织物。如使用适当的原料和组织，就可获得两面性能和外观完全不同的织物。如使用细密的织针，就可获得既有细致外观又有一定身骨的织物；如在中间梳栉使用松软的衬纬纱，就可获得外观良好而又保暖的织物。

（2）由于双针床经编机的工作门幅所受限制比机织机和纬编机小，当利用梳栉穿纱和垫纱运动的变化，在针床编织宽度中可任意编织各种直径的圆筒形织物及圆筒形分叉织物，有利于包装网袋、渔具、连裤袜、无缝服装等产品的生产。

（3）由于双针床经编机两脱圈栅状板的间距可在一定范围内无级调节，从而可方便地构成各种高度的毛绒织物以及各种厚度的间隔织物等。因此，双针床拉舍尔经编机及其编织技术正在广泛而又迅速地发展。为了提高效率，经编机也出现了生产包装袋、毛绒织物、间隔织物和无缝服装等各种专用机，成为当前经编业的一个重要部分。

三、双针床基本组织

1. 双针床单梳织物　与单梳在单针床经编机上形成单梳经编组织相似，一把梳栉也能在双针床经编机上形成最简单的双针床组织。但在设计时，梳栉的垫纱应遵循一定的规律，否则不能形成整片的织物。图 16-88 所示为使用一把满穿梳栉的情况。图 16-88（1）为梳栉进行编链式垫纱，图 16-88（2）为梳栉进行经平式垫纱，图 16-88（3）为梳栉进行经绒式垫纱，图 16-88（4）为梳栉进行经斜式垫纱，图 16-88（5）为梳栉进行经缎式垫纱。

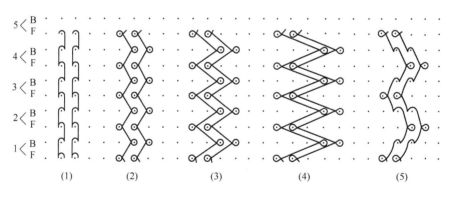

图 16-88　双针床单梳组织垫纱运动图

可以看出，图 16-88（1）～（4）两根相邻纱线形成的线圈之间没有串套，相邻的纵行间也没有延展线联接，因此均不能形成整片织物。

而图 16-88（5）中经纱在前针床编织时分别在第 1、第 3 两枚织针上垫纱成圈，在后针床编织时在第 2 枚针上成圈。

总之，单梳满穿双针床组织每根纱在前、后针床各一枚针上垫纱，即类似编链、经平、变化经平式垫纱，不能形成整片织物。只有当梳栉的每根纱线至少在一个针床的两枚织针上垫纱成圈，才能形成整片织物。单梳满穿双针床组织除经缎式垫纱能编织成整片织物外，还可以采用重复式垫纱来形成整片织物，如图 16-89 所示。

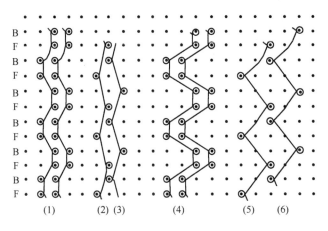

图 16-89　双针床单梳重复式垫纱运动

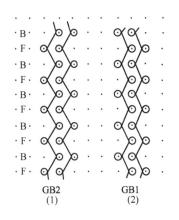

图 16-90　双针床双梳罗纹组织

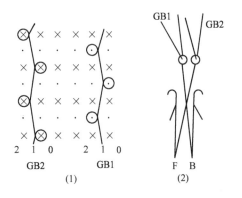

图 16-91　双针床两面织物

图 16-89 中每横列在前、后针床相对的各一根针上垫纱，两针床的组织记录相同，故称为重复式垫纱。这样，尽管采用经平或变化经平垫纱，也能保证每根纱线在两个针床的各自两枚针上垫纱成圈，因而可以形成整片坯布。

2. 双针床双梳织物　双针床双梳组织可以采用满穿与空穿，满针床针与抽针，还可以采用梳栉垫纱运动的变化，以得到丰富的花式效应。

（1）双梳满穿组织。利用满穿双梳在双针床经编机上编织能形成类似纬编的双面组织。例如，可以双梳均采用类似经平式垫纱（在单梳中不可以形成织物）来形成类似纬编的罗纹组织，如图 16-90 所示。图 16-90（1）所示为后梳的垫纱运动图，图 16-90（2）所示为前梳的垫纱运动图。

如果双梳当中的每一把梳栉只在一个针床上垫纱成圈，将形成下列两种情况。

①前梳 GB1 只在后针床垫纱成圈，而后梳 GB2 只在前针床上垫纱成圈，如图 16-91（1）所示。其垫纱数码如下：

GB1：1-1-1-2/1-1-1-0//。

GB2：1-0-1-1/1-2-1-1//。

图 16-91（2）所示为两梳交叉垫纱成圈形

成的织物。显然，如果两梳分别采用不同颜色、不同种类、不同粗细、不同性质的纱线，在前后针床上则可形成不同外观和性能的线圈。因而，此结构类似于纬编的"两面派"或丝盖棉织物。当然，两把梳栉各自的组织记录也可不同，这样即使选用同种原料，织物两面的外观也会不同。

②如果前梳 GB1 只在前针床垫纱成圈，后梳 GB2 只在后针床垫纱成圈，则如图 16-92 (2) 所示。此时两把梳栉的垫纱数码如下：

GB1：1-0-1-1/1-2-1-1//。

GB2：1-1-1-0/1-1-1-2//。

图 16-92（1）所示为两梳分别在各自靠近的针床上垫纱成圈，互相无任何牵连，实际上各自均成为单针床单梳织物，两片织物之间无任何联系。但作为某些横列的编织而言，此种垫纱可以形成"双层"织物效果。这些横列作为一个完全组织中的一部分，而具有特殊的外观与结构。

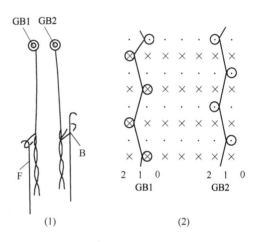

图 16-92 双针床两片织物

在双针床双梳组织中，还有一种部分衬纬结构，如图 16-93 所示。两把梳栉中一把梳栉的纱线在两个针床上均垫纱成圈，假定它为前梳 GB1。而另一把梳栉 GB2 则为部分衬纬运动，即后梳为三针衬纬。此时，双梳的垫纱数码如下：

GB1：2-2-2-1/1-0-1-2//。

GB2：0-0-3-3/3-3-0-0//。

梳栉 GB2 的衬纬纱可夹持在织物中间，如采用高强度纱，可使织物的力学性能增强；如采用高弹性纱，可使织物弹性良好；如采用低质量的粗特纱，可使织物质厚而价廉。梳栉 GB2 的衬纬纱，不能在前针床上衬纬，否则不能衬入前针床线圈内部，这在设计时应特别注意。

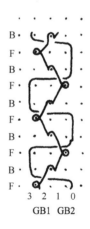

图 16-93 双针床双梳部分衬纬组织

（2）双梳部分穿经组织。双针床单梳组织一般不能部分穿经，而双针床双梳组织通常可以部分穿经。与单针床双梳部分穿经组织相似，双针床双梳部分穿经能形成某些网眼织物，也能形成非网眼织物。如图 16-94 所示的垫纱运动，在每一完整横列的前后针床上垫纱时，虽然有的纵行间没有延展线连接，但前后针床相互错开，不在同一相对的两纵行间，因而在布面上找不到网眼。这种组织的垫纱数码如下：

GB1：1-0-2-3//。

GB2：2-3-1-0//。

在双针床双梳部分穿经组织中，如要形成真正的网眼，必须保证在一个完整横列，相邻的纵行之间没有延展线连接。这时的垫纱数码如下：

GB1：1-0-1-2/2-3-2-1//。

GB2：2-3-2-1/1-0-1-2//。

此时，一个完整横列前后针床的同一对针与其相邻的针之间有的没有延展线连接，织物则有网眼。改变双梳的垫纱数码，使相邻纵行间没有延展线的横列增加，网眼则扩大，如图 16-95 所示。这种组织的垫纱数码如下：

GB1：2-1-1-0/1-2-1-0/1-2-2-3/2-1-3//。

GB2：1-2-2-3/2-1-2-3/2-1-1-0/1-2-1-0//。

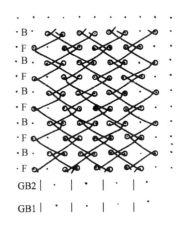

图 16-94　双针床双梳部分穿经非网眼组织

四、其他双针床织物

1. 圆筒形织物　图 16-96 所示为最简单的经编圆筒形织物组织，前梳栉 GB1 和后梳栉 GB4 分别对前、后针床垫纱，形成两片织物，而在中间梳栉 GB2 和 GB3 的两侧各放置一根指形导纱针，各穿入一根纱线，并同时对前、后针床垫纱，则可将两片织物在两侧连接起来，从而形成圆筒形结构。这种组织的垫纱数码和穿纱规律如下：

GB1：1-0-1-1/1-2-1-1//，在一定范围满穿。

GB2：1-0-1-0/1-1-1-1//，只穿左侧一根纱。

GB3：0-0-0-0/0-1-0-1//，只穿右侧一根纱。

GB4：1-1-1-0/1-1-1-2//，在一定范围满穿。

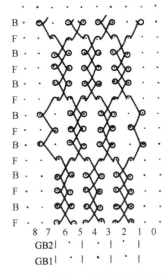

图 16-95　双针床双梳部分穿经网眼组织

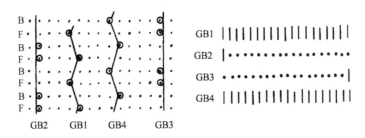

图 16-96　双针床圆筒形织物

经编双针床圆筒形织物具有广泛的用途，如用于包装袋、弹性绷带等产品。如果梳栉数增加，结合垫纱运动的变化，可以编织出具有分叉结构的连裤袜、无缝服装及人造血管等结构复杂的产品。

2. 间隔织物　在编织两个针床底布的基础上，采用满置或间隔配置导纱针的中间梳栉，并可满穿纱线，使其在两个针床上都垫纱成圈，将两底布相互连接起来，形成夹层式的立体间隔织物，如图 16-97 所示。可以通过调节前、后针床脱圈板的距离，来改变两个面的间距（即织物厚度）。某种间隔织物的垫纱穿纱规律如下：

GB1：3-3-3-3/0-0-0-0//，满穿。

GB2：0-1-0-0/1-0-0-0//，满穿。

GB3：1-0-0-1/1-0-0-1//，1 穿 1 空。

GB4：0-1-1-0/0-1-1-0//，1 穿 1 空。

GB5：0-0-0-1/1-1-1-0//，满穿。

GB6：0-0-3-3/3-3-0-0/，满穿。

其中，梳栉 GB1 和 GB2 在前针床编织的编

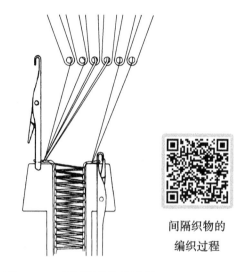

图 16-97　间隔织物编织过程

间隔织物的
编织过程

链衬纬组织形成一个密实的表面；梳栉 GB5 和 GB6 在后针床编织的编链衬纬组织形成另一个密实的表面；梳栉 GB3 和 GB4 一般采用抗弯刚度较高的涤纶或锦纶单丝，并作反向对称编链垫纱运动，形成间隔层。

3. 毛绒织物　如果在夹层式结构的织物织出后，利用专门的设备将联结前后片织物的由中间梳栉毛绒纱线构成的延展线割断，就形成两块织物。该两块织物表面都带有切断纱线的毛绒，从而形成了双针床毛绒织物。图 16-98 所示为一种双针床毛绒织物组织的梳栉垫纱运动。

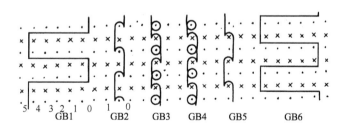

图 16-98　双针床毛绒织物组织的梳栉垫纱运动

这种组织的垫纱穿纱规律如下：

GB1：5-5-5-5/0-0-0-0//，满穿。

GB2：0-1-1-1/1-0-0-0//，满穿。

GB3：0-1-0-1/1-0-1-0//，·|·|。

GB4：0-1-0-1/1-0-1-0//，|·|·。

GB5: 0-0-0-1/1-1-1-0//，满穿。

GB6: 0-0-5-5/5-5-0-0//，满穿。

其中梳栉 GB1、GB2 和 GB5、GB6 分别在前、后针床形成两个编链衬纬表面层，梳栉 GB3、GB4 垫毛绒纱。织物下机后，还要经过剖幅、预定形、染色、复定形、刷绒、剪绒、烫光、刷花、印花等工艺，形成经编绒类产品。根据所用原料的不同，经编绒类产品一般有棉毯和腈纶毯等。根据双针床隔距不同，经编绒类产品可分为短绒和长绒两类。

第十节　轴向经编组织及编织工艺

传统的针织物由于线圈结构具有良好的弹性、延伸性，因此在内衣及休闲服等领域得到了广泛的应用。但是，在产业用纺织品领域，通常要求产品具有很高的强度和模量，而传统的针织品很难满足这样的要求。面对这个挑战，从 20 世纪后期开始，经编专家和工艺人员在全幅衬纬经编组织基础上提出了定向结构（directionally orientated structure，简称 DOS）。此后，经编双轴向、多轴向编织技术获得了迅速发展，产品在产业用纺织品领域得到广泛应用，目前正逐渐替代传统的骨架增强材料。轴向经编织物的主要特点是：在织物的纵向和横向以及斜向都可以衬入纱线，并且这些纱线能够按照使用要求平行伸直地衬在需要的方向上。纵向衬入的纱线称为衬经纱，横向衬入的纱线称为衬纬纱，与衬经成定角度的衬入纱线称为斜向衬纱。这些衬纱的使用，改善了经编针织物的性能，扩大了经编织物原料的使用范围。

一、轴向经编组织的结构

（一）单轴向经编组织

单轴向经编组织是在织物的横向或纵向衬入纱线，按衬入方向分为单向衬经经编织物和单向衬纬经编织物。图 16-99 为单向衬纬经编组织的结构示意图，地组织为编链组织。

单轴向经编织物具有高度的纤维连续性和线性，是典型的各向异性材料。织物具有良好的尺寸稳定性，布面平整。沿衬纱方向具有良好的拉伸强度，沿垂直衬纱方向具有良好的卷曲性。多孔结构能够避免热的聚集，织物涂上一层铝箔后可以反射阳光。

编织单向衬纬经编织物时，衬纬纱的细度可以在很大范围内变化。衬纬不参加编织，平行伸直衬入地组织，地组织通常采用编链组织或经平组织。编织单向衬经经编织物时，使用的纱线通常比地组织使用的纱线粗得多。

（二）双轴向经编组织

双轴向经编织物是一种新型的定向结构织物，其衬经衬纬纱线按经纬方向配置，由成圈纱（也称绑缚

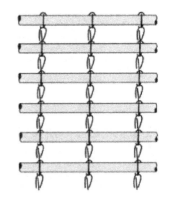

图 16-99　单轴向经编组织结构示意图

纱）将其束缚在一起。其织物结构如图 16-100 所示。

（三）多轴向经编组织

多轴向经编组织（multi-axial warp-knitted stitch）指除了在经纬方向有衬纱外，还可根据所受外部载荷的方向，在多达五个任意方向（在-20°~+20°范围内）上衬入不成圈的平行伸直纱线。图 16-101 为早先的多轴向织物结构，由纬纱、经纱、两个斜向衬纬的纱线和编织纱组成，分别是 90°、0°、+45°和-45°。它们之间的层次关系由下至上分别为纬纱、经纱和两个斜向衬纬的纱线。图 16-102 为带有纤维网的多轴向织物。纱层的整齐排列使多轴向衬入的织物特别适用于塑料增强织物。目前，双轴向和多轴向经编组织应用较多。

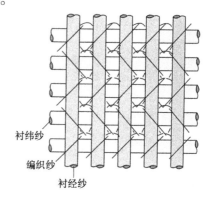

图 16-100　双轴向经编结构图

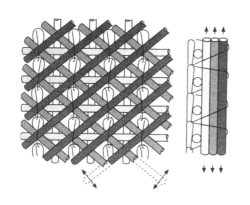

图 16-101　多轴向经编结构

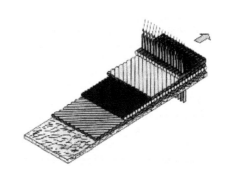

图 16-102　带有纤维网的多轴向经编结构

二、轴向经编组织的编织工艺

双轴向经编组织和单轴向经编组织是在衬经衬纬经编机上编织的，与传统的经编机相比，该机在编织机构上有些不同，其成圈机件配置如图 16-103 所示。

图 16-103 中 1 为地组织导纱梳栉，它可以编织出双梳地组织结构；2 为槽针针床，其动程为 16mm，由于动程较短，机器速度有了很大提高；3 为针芯床；4 为沉降片床；5 为推纬片床，带有单独的推纬片；6 为衬经纱梳栉，以穿在导纱片孔眼中的铜丝来引导和控制衬经纱的垫入。由于其改变了传统的导纱针孔眼结构，故纱线在编织过程中不会被刮毛。同时，由于导纱片刚性较大，

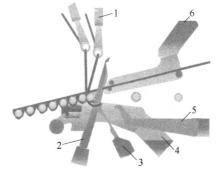

图 16-103　双轴向经编机的成圈机件配置

所以在编织高性能纤维时，在很大编织张力情况下仍能保持导纱片的挺直。

衬纬纱衬入织物内是由经编机的敷纬机构完成的。图16-104为这种机型独特的敷纬机构。

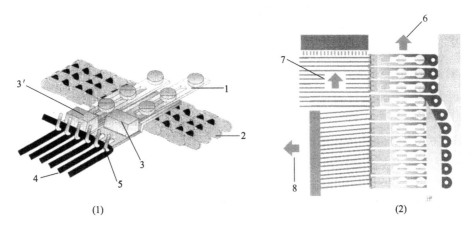

(1) (2)

图16-104 敷纬机构

如图16-104（1）所示，游架1由传动链2带动。在进入编织区之前，游架上的纬纱夹3是处于打开位置，此时纬纱4由专门的全幅衬纬装置送入挂钩5。由于挂钩是与游架成为一体的，且钩距一致，这就使得纬纱之间保持平行，从而提高了纱线的强力利用系数，使织物的整体强度提高。在进入编织区后，纬纱夹便在传动链与游架的相互作用下，朝挂钩方向运动从而将纬纱封闭在挂钩中（纬纱夹3′处于关闭位置），并且在整个编织过程中，纬纱在两端的游架的作用下，始终保持相同的纱线张力以及纱线间的平直关系，从而保证了高质量织物的编织。图16-104（2）所示为游架与全幅衬纬装置的运动关系，其中箭头6为游架受传动链驱动时的运动方向（即传动链的运动方向），箭头7为游架带动的纬纱朝编织区的运动方向，箭头8为敷纬架带动纬纱从机器一端向另一端的运动方向。

多轴向经编组织是在多轴向经编机上编织的，其成圈机构配置如图16-105所示。从图中可以看出，它采用了ST导纱针。除此之外，机器还采用了其独特的移动复合针系统，移动复合针系统使复合针除了在垂直方向运动外，还在水平方向（即织物喂入方向）运动，这样可以减少织针对纬纱的阻力，降低织针对纬纱进入编织区域的干扰，同时也延长了织针的使用寿命。所受负荷和张力最小化，可以减少编织过程中织针的负荷，减少穿刺造成孔洞的可能性，可以提高织物的质量，减少摩擦，提高生产效率。

此外，这种新型的移动织针由特殊的齿轮传动，对于轻型或是重型线圈绑缚结构来说，在一定程度上改进了编织过程。

多轴向经编机的结构与双轴向经编机基本一

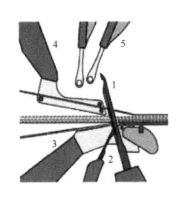

图16-105 多轴向经编机成圈机构配置图
1—复合针床 2—针芯 3—沉降片
4—编链板 5—导纱梳栉

致，只是在采用不同的衬入纱原料时，机构上的某些装置有所不同。图 16-106 所示为多轴向经编机的构造。

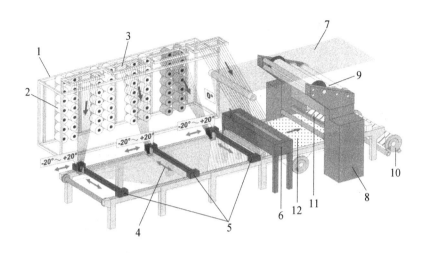

图 16-106　多轴向经编机的构造

1—衬纱筒子架　2—衬纱筒子　3—张力器　4—输送链　5—衬纱系统　6—短切毡

7—衬经纱　8—经编机　9—成圈机　10—织物卷取装置　11—成圈机件　12—纤维网

这种经编机配有 3~7 个衬纬系统，纬纱由筒子架引出，随后被铺放在传送链上。早前的机器所采用的铺纬方式主要是铺纬滑轨固定不动，通过传送链和铺纬小车运动的合成来形成所需的角度（-45°~+45°）。然而，随着技术的不断完善，该铺纬方式得到了很大程度的改进。它通过铺纬滑轨运动、传送链运动、铺纬小车运动三者的协调运动来形成铺纬角度。该种新型铺纬方式使织物在实际生产中完全由伺服电动机控制，每一纱层的角度均可通过程序设计在-20°~+20°之间变化，如图 16-106 所示。

双轴向、多轴向经编组织没有特别的表示方法。束缚纱通常采用非常简单的组织结构，如编链组织、经平组织等，表示方法与普通的经编组织相同。

图 16-107 所示为一种玻璃纤维双轴向经编土工格栅的实例，其工艺如下。

原料：衬经纱、衬纬纱为 2400tex 的玻璃纤维粗纱；地纱为 220dtex 涤纶长丝。

垫纱数码与穿纱记录：

衬经梳 ST：0-0/1-1//，6 穿 6 空。

地梳 GB1：1-0/1-2//，6 穿 6 空。

地梳 GB2：1-2/1-0//，6 穿 6 空。

衬纬纱：2 穿 10 空。

机上织物纵向密度为 2.36 横列/cm，产品幅宽为 1.5m。

图 16-107　双轴向经编土工格栅

三、双轴向、多轴向经编组织的性能与应用

1. 双轴向、多轴向经编组织的性能 由于双轴向、多轴向经编组织中衬经衬纬纱呈笔直的状态，因此织物力学性能有了很大的提高。与传统的机织物增强材料相比，这种组织的织物具有以下优点。

（1）抗拉强力较高。这是由于多轴向经编织物中各组纱线的取向度较高，共同承受外来载荷。与传统的机织增强材料相比，强度可增加20%。

（2）弹性模量较高。这是由于多轴向经编织物中衬入纱线消除了卷曲现象。与传统的机织增强材料相比，模量可增加20%。

（3）悬垂性较好。多轴向经编织物的悬垂性能由成圈系统根据衬纱结构进行调节，变形能力可通过加大线圈和降低组织密度来改变。

（4）剪切性能较好。这是由于多轴向经编织物在45°方向衬有平行排列的纱线层。

（5）织物形成复合材料的纤维体积含量较高。这是由于多轴向经编织物中各增强纱层平行铺设，结构中空隙率小。

（6）抗层间分离性能较好。由于成圈纱线对各衬入纱层片的束缚，使这一性能提高三倍以上。

（7）准各向同性特点。这是由于织物可有多组不同取向的衬入纱层来承担各方向的负荷。

2. 双轴向、多轴向经编组织的应用 轴向经编织物，特别是双轴向和多轴向经编织物在产业用领域有很多应用。

（1）在建筑领域的应用。针织土工布是道路建设、排水管道、码头工程、防水堤坝等土木工程和环境工程中必不可少的材料。经编土工织物通常具有定向结构和复合结构。土工布的主要功能是分离、增强、稳定、过滤、排水、防水和保护。经编土工织物在织物均匀性和网眼尺寸的设计上有巨大的改进。土工织物具有较高的抗拉强度，因此可以弥补土壤较低的抗拉强度。

（2）在个体防护领域的应用。纬编双轴向和多轴向针织物在防弹头盔成型领域具有很大的优势。首先，织物本身具有良好的成型性，因此织物可以完全成型，而无需切割成型。其次，插入线是直的，这可以充分发挥高性能的潜力。MBWK织物增强头盔具有优异的抗冲击性和耐久性，已成功开发出飞行员头盔用织物，如图16-108所示。同时，火灾和爆炸引发的火灾，使得个体防火材料的开发一直备受关注。作为个体防护产品，以针织结构为主要织物组织结构的防火隔热服和应急逃生路线以及各种警服等产品有着巨大的市场。图16-109所示为防火服和紧急逃生通道。

（3）在风力发电领域的应用。风能是一种清洁的可再生能源，风能发电具有大规模的发展条件和商业化前景。动力设备的关键部件是风力

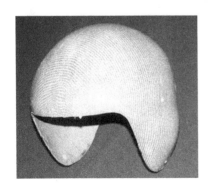

图16-108　飞行员头盔

图 16-109　防火服和紧急逃生通道

涡轮机叶片。目前，叶片主体使用的是复合材料，而经编复合材料以其独特的优势成为其主要的增强材料，如图 16-110 所示。

(a)横轴叶片　　　　　　　　　　　　　　(b)纵轴叶片

图 16-110　风力发电

　　值得一提的是，MBWK 织物具有良好的成型性能，可以形成复杂的结构。玻璃纤维可用于插纱，黏结纱也可用于玻璃。由于 MBWK 织物的可成型性，这种织物涂上光敏树脂，然后涂抹在手臂和脚等受伤部位，可以与受伤区域连接成相同的形状。MBWK 织物在阳光或紫外线照射下可以固化，具有固定损伤区域的效果。MBWK 织物可用于脚部成型胶合板（图 16-111），也可用于手成型胶合板（图 16-112）。MBWK 织物是一种新型的复合材料增强结构，对 MBWK 织物的研究还处于起步阶段。此外，高性能纱线的潜力在 MBWK 织物中得以充分体现，具有广阔的发展前景。

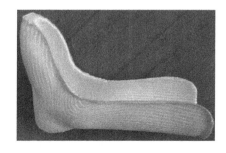
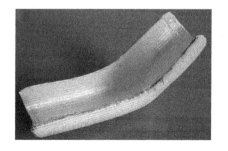

图 16-111　医用脚托　　　　　　　　　　图 16-112　医用肘托

思考练习题

1. 简述满穿双梳经编织物的结构及特性。

2. 简述双梳空穿网眼经编织物的结构及特性。

3. 简述缺垫经编织物形成褶裥的原理。

4. 设计色纱满穿双梳经编纵条纹织物。

5. 设计一把梳栉空穿双梳经编纵条纹织物。

6. 设计双梳空穿网眼经编织物。

7. 设计缺垫方格经编织物。

8. 画出经平绒、经斜编链的垫纱运动图，写出其组织记录。

9. 画出下列各组经编组织的垫纱运动图，指出其垫纱方向的异同或对称与否。

$$(1) \begin{cases} B: 0\text{-}1/1\text{-}2// \\ F: 2\text{-}3/1\text{-}0// \end{cases} \qquad (2) \begin{cases} B: 0\text{-}0/3\text{-}3// \\ F: 1\text{-}0/1\text{-}2// \end{cases}$$

10. 部分衬纬的形成原则是什么，在设计部分衬纬织物时需要将衬纬纱穿在哪把梳栉上？全幅衬纬编织方式有哪几种，列举其产品用途。

11. 缺压经编组织有哪两种？其形成方式及织物效果有何区别？

12. 压纱组织是如何产生的，织物表面会产生什么样的效果？

13. 生产经编毛圈有几种方法？一般的辅助装置有哪几种？作用如何？

14. 贾卡织物表面的特点是什么？形成贾卡织物的方法有哪几种？对于衬纬型贾卡组织，形成密实、稀薄以及网眼区域的原理是什么？

15. 如何提高多梳经编机机速？设计多梳经编织物时，地组织有哪几种？

16. 双针床经编组织的表示方法与单针床经编组织的表示方法有何区别？双针床单梳组织怎样才能形成整片织物？双针床双梳及多梳组织可以产生哪些结构与效应？

17. 简述多轴向经编机成圈配置情况。

18. 轴向经编织物除了课上讲到的应用外，请再列举该材料在产业上的应用。

19. 阐述经编花色组织织物在纺织行业的应用和发展现状，以及经编新产品开发的重要意义。

第十七章 经编针织物分析及工艺计算

📄 / **教学目标** /

1. 掌握经编针织物的分析方法，能够识别和分析简单的经编织物组织。
2. 掌握经编工艺计算的方法，并能对基本经编工艺参数进行测算。
3. 通过分析和计算经编针织物，积累专业知识，提高专业素养。

第一节 经编针织物分析

经编针织物在所有织物当中是组织结构最复杂、变化最多的织物之一，这是由其编织原理、设备以及工艺条件决定的。当经编生产过程中遇到来样加工时，设计人员需要进一步了解经编织物的性能和掌握已有经编样品的设计资料，认真分析研究来样的组织结构、外观、特征、手感、风格，确保设计的产品能够符合来样要求；如果遇到热销产品快速开发以及新产品研发时，设计者需要根据市场需要、坯布的用途和要求，在已有设计的基础上，进行改进和创新设计，开发出新产品。由于织物所采用的原料的种类、颜色、粗细、线圈结构、纵横向密度及后整理等各不相同，因此形成的织物外观也各不相同。为了缩短设计、研发周期，确保生产工艺的准确无误，必须熟练掌握织物线圈结构和织物的上机条件等资料，为此要对织物进行周到和细致的分析，以便获得正确的分析结果，提供准确的生产工艺及流程。

为了能获得正确的分析结果，必须借助一定的分析手段和方法。在分析前要计划分析的项目及其先后顺序。操作过程要细致，并且要在满足分析的条件下尽量节省布样。

一、经编针织物分析的工具

（一）观察用具

简单的折叠式放大镜（照布镜）具有适当的放大倍数，用来观察织物密度，分析垫纱轨迹。在分析多梳拉舍尔织物的花梳垫纱时，用放大倍数为 2~3 倍的放大镜；在分析一般织物组织时，用放大倍数为 7~8 倍的放大镜。

对织物、纱线、纤维的观察可按情况使用体视显微镜、生物显微镜、双折射偏振光显微镜或位相差显微镜。观察织物结构和纱线侧面时，可用 30~150 倍放大倍数；观察纱线截面时，可用 80~200 倍放大倍数；观察单纤维侧面时，可用 200~400 倍放大倍数；观察单纤维截面时，可用 300~400 倍放大倍数。

（二）分解用具

为了便于观察和对织物进行脱散、拆散或剪割纱线，分析人员往往备有下列分解用具：

细长的挑针、剪刀、刀片、镊子、几种颜色的硬纸板（或塑料板）、玻璃胶纸、握持布样的钉板和给选择纱线上色的细墨水笔等。挑针用于挑开组织中重叠的不易分清的纱线，以便于观察。对于弹性经编织物的分析，必须在绷开的情况下才能清楚观察组织结构。根据织物的颜色的不同，选择作为底衬的物体的颜色，可使织物线圈结构在对比下更易于观察。另外，对较复杂的组织用细墨水笔将颜色墨水注入其纱线中，来观察因毛细现象而产生的颜色墨水的运行走向。

(三) 测定用具

测定被检织物和所用纱线的器具往往有化学天平、扭力天平、捻度计、密度计以及用于已知张力情况下测定拆散纱线长度的卷曲测长仪等。用以取样、测量线圈长度、织物密度及织物单位面积重量等，以及在必要时对双层织物进行分解等。

二、经编针织物分析的内容

(一) 原料分析

根据经验，观察样布的外观及用手感测样布的风格可以对织物获得初步的印象，并对使用的原料进行初步的推测。

具体原料种类根据手感目测法、燃烧法、显微镜观测法、药品着色法、溶解法等来确定，原料规格可根据试验和比较得到。如要分析经编样品中是否含有氨纶及氨纶采用的组织，可纵横向牵拉织物，看织物的弹性是否较大。由于在经编织物中，氨纶多以裸丝的形式进行交织，所以还可以在显微镜下观察布面是否有单根较粗而透明的弹性丝参加编织。

(二) 经编针织物组织结构分析

分析经编织物的一个重要方面是分析其经编组织。这时首先要研究构成一完全组织的横列数、纵行数、穿纱情况。在表示经编组织时，首先要得到垫纱运动图，由其表示多把梳栉垫纱运动的一完全组织，再由此得到组织记录。其次画出穿经图，这时要写下起始横列中全部梳栉穿经位置的相对关系，并在此情况下，标明起始横列。最后作穿经图，用符号和数字标明各梳栉的纱线排列顺序、排列的纱线种类、空纱处的位置等。

(三) 测量纵密、横密

根据织物纵、横密的定义，在放大镜或标准的照布镜下数出单位长度中的线圈纵行和横列，通过一定的单位转换，即可得出织物的线圈密度。

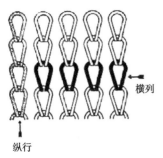

图 17-1　线圈纵行与横列

如图 17-1 所示，在织物的工艺正面可计数每英寸或每厘米内的横列数和纵行数。应选择样布中的几处位置，反复多次计数，才能获得较精确的数值。在知道样布缩率的情况下，根据样布每英寸内的纵行数，就可确定编织此样布的机器机号。

机号 = 每英寸内的纵行数 × （100 - 缩率百分比）/100

假定样布的收缩率为 30%，每英寸纵行数为 40，则：

编织样布机器的机号 = 40 × 70 ÷ 100 = 28（针/英寸）

织物重量是指织物每平方米的织物干重，它是织物的重要经济指标，也是进行工艺设计的依据。织物的重量一般可用称重法来测定。用圆盘剪刀剪取一块面积为 $100cm^2$ 的圆形布样或是剪取一块方形布样，量出其长度 L（cm）和宽度 B（cm），使用扭力天平、分析天平等工具称重。对于吸湿回潮率较大的纤维产品，还应在烘箱中将织物烘干，待重量稳定后称其干重。

对于面积为 $100cm^2$ 的布样：$\quad\quad\quad\quad G = g \times 100$

对于方形布样：$\quad\quad\quad\quad\quad G = g \times 10000 / (L \times B)$

式中：G——样品每平方米重量，g/m^2；

$\quad\quad g$——样品重量，g。

每横列或每 480 横列（1 腊克）的平均送经量是确定经编工艺的重要参数，对坯布质量和风格有重大影响，也是分析经编织物时必须掌握的。在确定经编织物的送经量时，可将针织物的纵行切断成一定长度，将各梳栉纱线分别拉出，再测定计算纱线长度。这时要准确估计被脱散的纱线曾受到何种程度的拉伸以及纱线在染整时的收缩率等。

（四）生产设备分析

经编机种类繁多，而且仍处在不断发展之中。各种经编机所生产的产品都有其相应的特点及微观特征，如不掌握这方面知识，就无法根据织物结构确定机种，甚至对某些织物的织造过程也无法理解。

（五）后整理分析

根据目测可判断样布是否经过染色、印花、烂花和起绒等整理工艺，根据手感可判断是否经过树脂整理等。

三、经编针织物组织的分析方法

（一）简单织物组织的分析方法

确定经编针织物组织的分析步骤如下。

1. 确定织物的工艺正面、工艺反面及编织方向 对样布进行分析时，首先应确定织物的工艺正面和工艺反面，并将工艺反面作为组织结构分析的主要面。判断方法为：对于单针床经编织物，有线圈圈柱的一面是工艺正面，而有延展线的一面则是工艺反面。如织物两面皆为线圈圈柱，则为双针床经编样布。

判断织物的编织方向，即织物横列编织的先后。一般编织方向由下至上，在观察中应使线圈方向与机上观察到的织物以及意匠图的表达方向一致，圈弧位于线圈的上方。

2. 前梳延展线分析 观察织物的工艺反面，如上所述，通常前梳延展线浮现在织物工艺反面的表面。所以可借助照布镜来确定前梳纱线的行走轨迹以及每横列横移针距数。

简单的双梳经编织物中，在两相邻横列上，前梳作一定针距的往复针背垫纱，所以两横列延展线呈反向倾斜，长度相同。

确定前梳延展线的另一种方法是用分解针将延展线挑高于样布表面，然后用照布镜观察延展线所跨越的纵行数（即针距数）。

确定了前梳延展线跨越的纵行数（即针背横移针距数）以及相邻横列内延展线的方向，就将其按织物工艺反面所显现的那样描绘到意匠纸上，如图 17-2（1）所示。

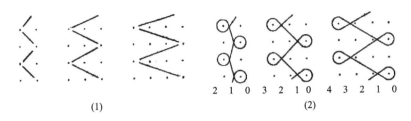

2 1 0 3 2 1 0 4 3 2 1 0

(1)　　　　　　　　　　　　　　　　　　(2)

图 17-2　垫纱图的绘制

3. 确定线圈的类型　判断线圈为开口线圈还是闭口线圈，从工艺反面观察，若线圈基部的两延展线产生交叉，则为闭口线圈；若无交叉，则为开口线圈。必要时可用分析针将延展线挑起，以便观察得更清楚。也可将织物横向张紧，若线圈基部的两延展线趋向分开的为开口线圈，而保持交叉在一点的为闭口线圈。

4. 确定前梳的整个垫纱运动　搞清了线圈的类型，就可将上述图 17-2（1）上已画出的延展线连接起来，就能画出整个前梳的垫纱运动图，如图 17-2（2）所示。

5. 后梳延展线的分析　从织物工艺反面观察后梳延展线是较困难的，特别是在紧密织物中，因为前梳延展线完全将后梳延展线遮盖起来了。因此，常从织物工艺正面来观察分析后梳延展线，因为此处纵行之间可直接见到后梳延展线。

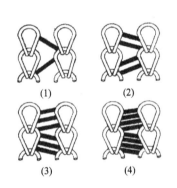

(1)　　　　　　(2)

(3)　　　　　　(4)

图 17-3　延展线的分析

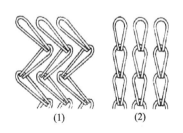

(1)　　　　　　(2)

图 17-4　两梳针织

如任何横列中的任何两纵行之间，仅见一根后梳纱［图 17-3（1）］，则后梳延展线仅从一个纵行延伸到相邻的下一个纵行，其垫纱运动为 1-0/1-2//；如两纵行之间为两根平行的后梳纱［图 17-3（3）］，则后梳延展线从第一个纵行延伸到第三个纵行，其垫纱运动为 1-0/2-3//。如有三根平行后梳纱［图 17-3（2）］，则垫纱运动为 1-0/3-4//。同理，若有四根平行后梳纱［图 17-3（4）］，则垫纱运动为 1-0/4-5//。

因此，只要数出纵行间平行的后梳纱的根数，即可确定延展线的横移针距数。

6. 两梳延展线的相互关系　编织双梳织物时，一般两把梳栉在每一横列中，在针钩侧作反向针前垫纱。两者的延展线也按反向形成。若在各横列中，两梳作同向针前垫纱，则在织物工艺正面上的线圈圈干不直立而左右歪斜，纵行也就不直［图 17-4（1）］；当两梳在各横列中作反向针前垫纱时，一个线圈内产生的歪斜力被在同一枚织针上成圈的另一把梳栉的纱线线圈产生的歪斜力所抵消，因此织出的纵行不歪斜［图 17-4（2）］。故在双梳织物分析时，必须确定针前垫纱和延展线的方向。对细支纱织物，延展线方向可从织物工艺反面看清。

（二）由各种纱线编织的经编织物组织分析

为了增加织物的花色效果，可在一把或两把梳栉中穿入不同细度、光泽或不同色彩的经纱来编织。

在一把或两把梳栉中穿入细度不同的纱线编织单色匹染织物时，织物纵向就出现阴影条纹效应，而当一把梳栉在织物的某一个或几个横列上作多针距、大针背横移时，此处织物表面就会呈现横向阴影条纹。

如用照布镜仔细观察，就可看清各条纹的宽度及其之间的距离，将每一完全花纹中的这些条纹的分布排列情况分析清楚。先用照布镜观察织物工艺反面的延展线，采用较细经纱时其纵行的延展线纱段细、纵行显得单薄。再观察织物工艺正面，如看到图 17-5 所示的情形：织物中较浓密的横条阴影区域的纵行之间，每横列有三根平行的后梳延展线，而在其他区域只有两根平行的后梳延展线。这样就可发现：较浓密的区域后梳作 1-0/3-4 垫纱运动，从而在每横列每两纵行间形成三根平行的延展线；而在其他区域作 1-0/2-3 垫纱运动，从而在每横列每两纵行间形成两根平行的延展线。

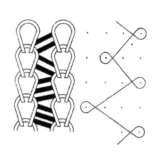

图 17-5　条纹样布垫纱图

前梳穿入色纱编织的织物，用照布镜可看到：在织物工艺正面，每一横列的各纵行之间有一根后梳延展线，且都为白色。因此，后梳为满穿配置，穿入白纱，按 1-0/1-2 垫纱编织。

前梳织成的色纱线圈的排列画在方格纸内，然后再在黑点意匠纸上画出前梳垫纱运动图（图 17-6）。

两把梳栉都穿色纱编织时，在织物工艺正面会出现不同颜色复合的线圈。为了分析织物，应将在织物工艺正面观察到的花纹分布标注在方格纸上。从而标明织物何处的线圈为单色（这是穿入两把梳栉的颜色相同的纱线在相同针织机上编织的），织物何处的纱线为两色纱的复合（此处为不同颜色的两把梳栉的纱线垫在同一织针上编织的）。因而编织此织物的相应垫纱运动和色纱穿经配置情况均可确定（图 17-7）。

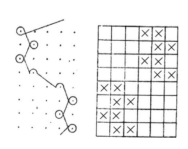

图 17-6　前梳带色纱织物垫纱圈

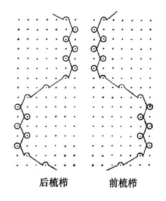

后梳栉　　前梳栉

图 17-7　双梳均带色纱织物垫纱图

（三）线圈歪斜的经编织物组织分析

较紧密的经编织物，其纵行线圈发生歪斜，可能由以下两种组织结构形成。

（1）编织每一横列时，均满穿配置的前
后梳栉按同一方向作针前垫纱。如图17-8所
示，由于线圈相间左右歪斜，纵行呈 Z 形的
针状条纹。如对织物的工艺正面仔细观察，
可看出每条条纹的宽度仅一个纵行，表面的
编链组织由前梳编织而成。从织物工艺正面
的纵行之间，对后梳延展线进行观察，可看
到这些延展线的分布状况如图17-9所示。其
间，每横列内有两根平行线，它与布边构成
的倾角连续在三个横列内保持相同。第四横
列才开始相反，因此垫纱运动如图17-10所示，两梳栉在每三个横列中作同向针前垫纱，从
而造成线圈歪斜。

图17-8 双梳穿同向垫纱织物

图17-9 同向垫纱织物的线圈结构

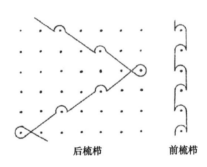

后梳栉　　　　前梳栉

图17-10 双梳满穿同向垫纱织物垫纱图

（2）所用的两把梳栉中，一把满穿，另一把只是部分穿经。假如一把一隔一穿经的梳栉
与一满穿梳栉编织时，每一横列中的相间线圈是由两根纱线组成（各来自一把梳栉），而其
余的相间线圈仅由一根纱线构成，此处一把满穿梳栉中的穿纱导纱针正好与另一把间隔穿经
梳栉中的空穿导纱针相对，因而这些线圈便发生歪斜。

双梳空穿织物的线圈结构图如图17-11所示，相间纵行含有歪斜线圈，而其他纵行内，
线圈呈直立状。前梳编织编链，但仅织在相间纵行内，所以该梳为间隔穿经。后梳满穿，按
3-4/1-0垫纱编织，这些线圈直立的相间纵行是由两把梳栉同时垫纱编织形成的。而另一些
相间纵行的歪斜线圈，则由后梳单独编织。
这一织物组织结构的特征有两点：

①织物工艺反面上横向每单位长度的编
链组织的延展线纵行数等于织物工艺正面上
同一宽度内的1/2纵行数，从而证明前梳为
间隔穿经。

②每对纵行之间出现三根后梳延展线。
这表明后梳是满穿的，并按 3-4/1-0 垫纱
编织。

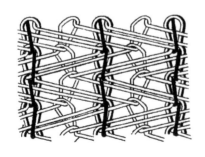

图17-11 双梳穿穿织物的线圈结构

（四）网眼织物的分析

凡两个相邻的纵行间的一个或多个横列无延展线连接时，则在织物上形成网眼效应。简单的网眼结构由两把局部穿经的梳栉编织而成。穿经的形式可以是一穿一空（编织微小的网眼），二穿二空或三穿三空（编织粗网眼）。图 17-12 为一块一隔一穿经编织的典型的双梳网眼织物结构。其间，既有大网眼又有小网眼。这一织物有如下一些对织物分析者十分重要的特征。

（1）在网眼的两旁各有两个纵行。

（2）构成的网眼具有六角形，且纵行歪斜。

（3）形成大网眼的部位有着连续的闭口线圈。

（4）在织物的纵向，各对纵行之间有着连续的网眼，各对纵行构成相邻网眼的边。

（5）此结构中两组经纱由方向相反的对称垫纱运动编织。

开口线圈的出现次数对表明网眼的长度和分布情况是重要的。这些开口线圈是由两把梳栉同时编织形成的，其目的是将一对纵行间的网眼闭合，并形成下一个网眼的开始部分。

分析此类网眼织物的方法是计算每一网眼的横列数。在图 17-12 所示的织物中，小网眼为 4 个横列，大网眼为 8 个横列。再从这些数目中减去一个横列，就分别成为小网眼为 3 个横列，大网眼为 7 个横列。

计算网眼之间的纵行数（实例中为 2 个纵行），在意匠图上用短竖线在各排点间标示出这些网眼的间隔距离和长度（图 17-13），每根黑竖线的端点在下一根竖线的起点的同一横排上。在这些点上画出开口垫纱，然后用闭口垫纱将它们

图 17-12　网眼织物的线圈结构

连接起来（图 17-14）。编织区域内的所有点上都应有前梳或后梳的经纱垫纱，否则线圈就不能互相串结。

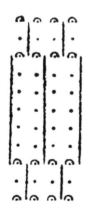

图 17-13　网眼织物示意图

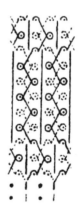

图 17-14　网眼织物垫纱图

在意匠图的第一横列上标明两把梳栉的穿经配置是很重要的。穿经次序可以从图 17-14

图 17-15　网眼织物的线圈结构图

中的第一排点行求得，可看到：在第一横列上，两梳对称垫纱。若一把梳栉的穿经导纱针与另一把梳栉的空穿导纱针对齐，就无法编织出织物，因为在每一横列上，有一半织针无法从穿经导纱针上获得经纱，因而织物就会脱套。

两把梳栉按二穿二空的穿经方式编织的网眼织物结构如图 17-15 所示。该织物的网眼之间有四个纵行，而且每横列中有横跨三个纵行的延展线。可按上述方法对网眼的间隔距离和长度计数，而后画出垫纱运动的意匠图（图 17-16、图 17-17）。

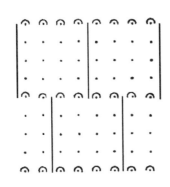

图 17-16　网眼织物垫纱图的绘制

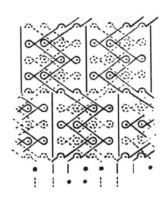

图 17-17　网眼织物的效应图

两把梳栉按三穿三空次序穿经，编织的网眼结构，在网眼之间就有六个纵行，每横列中，有跨越四个纵行的延展线，由于延展线跨度大，生产效率较低，较少应用。

综上所述，经编织物由于比纬编织物难以脱散，因此织物分析比较困难。除了一些必要的基本分析法外，对各种织物结构及其编织工艺的了解和实践经验是十分必要的，这样就能在分析织物时，预先对织物进行初步判断，然后综合应用各种分析方法，进而对织物展开全面和确切的分析。

第二节　经编工艺计算

在经编生产过程中，产品规格和幅宽与整经工序生产参数及经编上机工艺参数均密切相关。因而在生产设计时需将经编生产工艺与整经工艺结合在一起进行考虑和计算。

经编生产需要计算的工艺参数主要有线圈长度、送经量、线圈密度、平方米克重、整经长度、整经根数以及坯布生产量等。这些工艺参数影响因素较多、变化复杂，随坯布品种不同而改变，有时即使是同一工艺在相同型号规格的不同经编机上加工的织物，其工艺参数也会产生一些差异。

经编织物工艺参数一般是在根据产品开发的要求（或产品用途）选用合适的原料品种和

织物组织结构后再进行理论计算的。理论计算的过程较为复杂，有些数据与实际相比有一定的偏差，应在可能的情况下进行修正，力求所计算的工艺参数具有指导上机调试的价值。

一、线圈长度和送经量

（一）线圈长度

线圈长度在经编中既是织物的主要参数，也是确定其他工艺参数和送经量的依据。经编工艺中的线圈长度是指一个完全组织中每个横列的平均线圈长度。经编工艺中的线圈长度是指一个完全组织中每个横列的平均线圈长度。当织物的组织结构与纱线线密度变化时，线圈长度也随着变化。由于线圈的几何形态呈三维弯曲的空间曲线，准确计算其长度较为困难，在生产中采用简化的线圈模型估算线圈长度简单可行，并接近实际。

经编线圈的组成部段如图 17-18 所示，可根据简化的线圈模型对各部段长度进行计算。

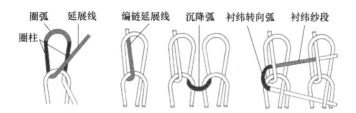

圈弧　延展线　　编链延展线　沉降弧　衬纬转向弧　衬纬纱段

圈柱

图 17-18　经编线圈的组成部段

1. 圈弧长度 K_1（mm）

$$K_1 = \frac{\pi d}{2.2} \tag{17-1}$$

式中：d——针头直径，mm。

针头直径与机号有关，机号与针头直径和针距的关系见表 17-1。

表 17-1　机号与针头直径和针距的关系

机号 E	14	20	24	28	32	36	40	44
针头直径 d（mm）	0.7	0.7	0.55	0.5	0.41	0.41	0.41	0.41
针距 T（mm）	1.81	1.27	1.06	0.91	0.79	0.71	0.64	0.58

2. 圈柱长度 K_2（mm）

$$K_2 = B = \frac{10}{P_B} \tag{17-2}$$

式中：B——圈高，mm；

P_B——机上纵密，横列/cm。

3. 延展线长度 K_3（mm）

$$K_3 = nT \tag{17-3}$$

式中：n——延展线跨越的针距数；

T——针距，mm。

对于编链线圈，$K_3 = B$。

4. 沉降弧长度 K_4（mm）

$$K_4 = T \qquad\qquad (17-4)$$

5. 部分衬纬纱线长度 K_5（mm） 在部分衬纬组织中，转向弧的长度为 $0.5T$。如果衬纬纱段跨越的针距数为 n，则有：

$$K_5 = (n + 0.5)T \qquad\qquad (17-5)$$

式中：n——衬纬纱段跨越的针距数。

6. 衬经纱长度 K_6（mm）

$$K_6 = B \qquad\qquad (17-6)$$

7. 线圈长度 l（mm） 根据以上计算方法，将组成经编针织物线圈的各个部段长度相加，求得一个横列的线圈长度，然后计算出一个完全组织循环内各横列的线圈长度。线圈长度在工艺设计时也可先参照经验数据进行上机，然后根据编织情况和要求的织物风格进行适当调节，生产时可用线圈长度测量仪测定。

（二）送经量

送经量是指编织 480 横列（1 腊克）的织物所用的经纱长度。

$$R = 480 \times \frac{\sum\limits_{i=1}^{m} l_i}{m} \qquad\qquad (17-7)$$

式中：R——每腊克送经量，mm/480 横列；

l——每横列送经量，mm/横列；

m——一个花纹完全组织中的线圈横列数。

送经量的计算方法很多，一般与假设的经编线圈模型有关，但均为估算。因此，通过任何一种方法计算出的送经量在上机时均需要进行调整，即在上机编织时应及时根据实际布面情况调整送经量。

（三）送经比

送经比是指各把梳栉的送经量之比，也是各梳栉编织一个完全组织的平均线圈长度之比。通常将第一把梳栉或前梳（GB1）的送经量定为 1，其他梳栉送经量与前梳送经量之比值即为送经比。送经比选择合适与否，对产品的质量与风格影响很大。如果各梳栉的线圈长度已经确定，送经比就可直接用各梳的线圈长度与前梳的线圈长度比得到。但在实际生产中，通常是先用估算法确定送经比，上机后再实测修订。估算送经比最常用的方法是用线圈常数估算法，它是将线圈的各个线段定为一定的常数。

1. 计算方法

（1）一个开口或闭口线圈的圈干（针编弧+圈柱）为 2 个常数单位。

（2）线圈的延展线每跨越一个针距为 1 个常数单位，编链的延展线为 0.75 个常数单位。

（3）衬纬的转向弧为 0.5 个常数单位，衬纬纱段每跨一个针距为 0.75 个常数单位。

（4）重经组织两个线圈之间的沉降弧为 0.5 个常数单位。

2. 送经常数单位　按照以上规定，经编基本组织的送经常数单位如下。

（1）开口编链组织（1-0/0-1）的送经常数单位为5.5；闭口编链组织（1-0//）的送经常数单位为2.75。

（2）开口或闭口经平组织（1-0/1-2//）的送经常数单位为6.0。

（3）开口或闭口三针经平组织（1-0/2-3//）的送经常数单位为8.0。

（4）开口或闭口四针经平组织（1-0/3-4//）的送经常数单位为10.0。

（5）一针衬纬组织（0-0/1-1//）的送经常数单位为2.5。

（6）二针衬纬组织（0-0/2-2//）的送经常数单位为4.0。

（7）三针衬纬组织（0-0/3-3//）的送经常数单位为5.5。

（8）重经编链组织（0-2/2-0//）的送经常数单位为10.5。

送经比对经编坯布的线圈结构具有一定影响，主要表现在线圈的歪斜程度和各梳纱线相互覆盖的质量上。确定送经比时，应注意各梳栉的线圈横列数应相等。如果各梳栉使用的原料性质和纱线粗细都不同时，按上述方法确定的送经比要适当修正。

二、线圈密度

线圈密度是织物品质的重要指标之一，一般由坯布规格所给定，有横密和纵密之分。在试制新产品时织物上的线圈密度要根据试验工艺或客户需要来确定。

在经编织物中，横密 P_A 习惯用每厘米的线圈纵行数（或每英寸的线圈纵行数）来表示。织物的横密取决于经编机机号和织物横向收缩率的大小。

$$P_A = \frac{10}{A}(纵行/10\text{mm}) \ 或 \ P_A = \frac{25.4}{A}(纵行/英寸) \qquad (17-8)$$

式中：A——圈距，mm。

纵密 P_B 用每厘米的线圈横列数（或每英寸的线圈横列数）来表示。

$$P_B = \frac{10}{B}(横列/10\text{mm}) \ 或 \ P_B = \frac{25.4}{B}(横列/英寸) \qquad (17-9)$$

式中：B——圈高，mm。

织物的纵密与纱线的线密度、织物的线圈长度和平方米克重等有关。

三、织物单位面积重量

织物单位面积重量是织物的重要经济指标之一，也是进行工艺设计的依据。影响织物单位面积重量的因素有织物组织、原料线密度、送经量和穿纱方式等，可按下式计算：

$$Q = \sum_{i=1}^{n} 10^{-3} \times l_i \times \text{Tt}_i \times P_A \times P_B(1 - a_i) \qquad (17-10)$$

$$或 \ Q = \sum_{i=1}^{n} q_i = 3.94 \times 10^{-5} \sum_{i=1}^{n} E \times Y_i \times E_i \times \text{Tt}_i \qquad (17-11)$$

式中：Q——织物单位面积重量，g/m²；

　　　n——梳栉数；

　　　l_i——第 i 把梳的线圈长度，mm；

P_A——横密，纵行/10mm；

P_B——纵密，横列/10mm；

a_i——第 i 把梳的空穿率；

q_i——第 i 把梳的面密度；

E——机号，针/25.4mm；

Y_i——第 i 把梳栉穿经率；

E_i——第 i 把梳栉送经率；

Tt_i——第 i 把梳栉纱线线密度，dtex。

当一把梳栉采用不同的纱线时，各纱线应该分别计算，然后把这些数据叠加起来就是理论计算的织物面密度，即机上的织物面密度。

四、弹性纱线牵伸后线密度

经编弹性织物采用弹性纱线（氨纶丝）与其他原料交织，在整经过程中氨纶丝经牵伸后以伸长状态卷绕到盘头上。在计算经编弹性织物的工艺参数时，不能用氨纶丝的公称线密度，要用实际线密度。一般已知牵伸率，可以根据下式计算氨纶丝的实际线密度：

$$Tt = \frac{Tt_0}{V_s} \tag{17-12}$$

式中：Tt——氨纶丝的实际线密度，dtex；

Tt_0——氨纶丝的公称线密度，dtex；

V_s——氨纶丝的牵伸率。

五、整经工艺参数计算

（一）整经根数

整经根数是指每一只分段经轴（工厂常称为盘头）上卷绕的经纱根数。每只盘头上经纱根数与经编机上的工作针数、盘头数以及穿纱方式有关。

1. 工作针数　工作针数即总的纱线根数，由机号和编织幅宽可求得工作针数。

$$N = \frac{W}{T} = \frac{W \times E}{25.4} \tag{17-13}$$

式中：N——经编机工作针数；

T——经编机针距（$T = 25.4/E$），mm；

E——经编机机号，针/25.4mm。

2. 整经根数　根据工作针数以及所用盘头个数就可计算出每个盘头上的整经根数。每个盘头的整经根数如下：

$$n = \frac{N \times a}{m} = \frac{W \times a}{m \times T} = \frac{(W_0 + 2b) \times a}{m \times T \times C} \tag{17-14}$$

式中：n——每个盘头的整经根数；

a——穿经率；

m——经编机用盘头个数；

W——经编机编织幅宽，mm；

C——幅宽对比系数；

W_0——成品幅宽，mm；

b——定型边宽度，一般取 $1 \sim 1.5$mm。

如果织物是按来样生产，整经根数可以用来样的横向密度来推算。

$$n = \frac{P_A \times 10 \times (W_0 + 2b)}{m} \tag{17-15}$$

式中：P_A——样品横密，纵行/cm。

为了管理方便，应尽量做到每个盘头的整经根数是一个穿纱循环内穿纱针数的整数倍。如不是整数倍，则每个盘头开始时穿纱方式有可能不一样，需根据前一个盘头所剩的纱线来确定。每个盘头最适宜的总穿针数取决于盘头的外档宽度和经编机的机号。一般考虑从盘头引出的经纱至针床上时，其宽度近似等于盘头外档宽度，这样可使引出的经纱不会与盘边产生接触摩擦。

（二）整经长度

整经长度是指在整经时经轴上卷绕纱线的长度。在实际生产中，整经长度的确定一般应考虑以下几点。

（1）编织每匹布时需要整经的经纱长度（即匹布纱长）。应使盘头在了机时能够编织整匹坯布，因而整经长度应是匹布纱长的整数倍，再加上适量的生头、了轴回丝长度。

（2）编织时各梳栉之间的送经比。用于同一台经编机的各经轴的盘头经纱长度应考虑所编织织物的送经比，避免在一根经轴退绕完时另一经轴剩余而产生浪费。当然，有时当最大整经长度允许时可使一轴换两次或三次时另一轴才用完。

（3）原料卷装筒纱长度。应使原料筒子在用空时能够整经的盘头数为成套数量。如生产中要求某原料 8 只为一套，则当筒子上的纱线整完时应尽可能使所整盘头数为 8 的整数倍。

（4）经轴上所能容纳的最大整经长度。最大整经长度与经轴卷绕直径和经轴宽度、纱线支数和类别、卷绕密度以及整经根数等有关。

整经长度可用以下几种方法来计算。

1. 定长法 即编织一匹布的匹长为已知，且已知纵向密度及线圈长度，则：

$$L = 0.1L_p \times P_B \times l \tag{17-16}$$

式中：L——整经长度，m；

L_p——坯布匹长，m；

P_B——织物纵密，横列/10mm；

l——线圈长度，mm。

或者，已知一匹布的匹长、坯布纵向密度及腊克送经量，则：

$$L = \frac{L_p \times P_B \times R}{480 \times 10} \tag{17-17}$$

式中：R——腊克送经量，mm/480 横列。

2. 定重法 即编织一匹布的布重一定时的整经长度计算方法。

$$W = \sum_{i=1}^{n} 10^{-6} m_i n_i L_i \mathrm{Tt}_i \tag{17-18}$$

则后梳的整经长度

$$L_b = \frac{10^6 W}{\sum_{i=1}^{n} m_i n_i Tt_i C_i}$$ (17-19)

式中：W——坯布下机的匹重，视产品种类和规格而异，kg/匹；

n_i——第 i 梳的整经根数；一般前梳为第 1 梳，后梳为第 2 梳，如满穿 $n_1 = n_2$；

L_i——第 i 梳的整经长度，m；

L_b——后梳的整经长度，m；

Tt_i——第 i 梳原料线密度，dtex；

m_i——第 i 把梳栉盘头个数，一般 $m_1 = m_2$；

C_i——第 i 梳对后梳的送经比。

3. 纱布比法 将编织一匹布所用的纱线长度米数与匹布长度米数之比称为纱布比 α，则：

$$\alpha = \frac{L}{L_P}$$ (17-20)

同理，编织一横列时：

$$\alpha = \frac{l}{\frac{1}{P_B} \times 10} = 0.1 P_B \times l$$ (17-21)

整经长度 $L = \alpha \times L_p$，如已知 α，则计算很容易。

生产中所用的实际整经长度应在根据上列的方法计算的整经长度上再加上了轴和上轴需要的回丝长度。实际整经长度根据工艺要求与实际情况计算出来，然后在运转中，严格控制，按工艺要求落布了轴，以减少不必要的回丝与零头布或拼匹段数。因此，盘头上的整经长度应根据具体情况恰当选用。实际整经长度可按下式计算：

$$L'_0 = L_1 + R$$ (17-22)

式中：L'_0——修正后的实际整经长度，m；

L_1——未考虑回丝长度时的整经长度，m；

R——生头、了轴回丝长度，m。

生头、了轴回丝根据各厂生产情况而定，一般可取 4m 左右。实际整经长度 L'_0 应小于最大整经长度。

整经生产中常用的盘头有两种外形，即平行边盘头和锥形边盘头，通常同样规格条件下平行边盘头的容纱量大于锥形边盘头的容纱量。

六、经编设备产量计算

（一）整经机产量

1. 整经机理论产量

$$A_L = 6 \times 10^{-5} \times v \times n \times Tt$$ (17-23)

式中：A_L——整经机理论产量，kg/h；

v——整经线速度，m/min；

n——盘头上的整经根数；

Tt——纱线线密度，dtex。

2. 整经机实际产量

$$A_S = A_L \times \eta \tag{17-24}$$

式中：A_S——整经机实际产量，kg/h；

　　　η——整经机生产效率。

（二）经编机产量

1. 按长度计算

$$A_S = \frac{60 \times n \times \eta}{100 \times P_B} \tag{17-25}$$

式中：A_S——经编机实际产量，m/h；

　　　n——经编机转速，r/min；

　　　P_B——织物纵向密度，横列/cm；

　　　η——整经机生产效率。

需要注意的是：在计算机上产量、坯布产量、成品产量时，织物的纵密 P_B 是不同的。

2. 按重量计算

$$A_Q = \frac{A_L \times W \times Q}{1000} \tag{17-26}$$

式中：A_Q——经编机产量，kg/h；

　　　W——织物幅宽，m；

　　　Q——织物单位面积重量，g/m^2。

思考练习题

1. 经编针织物分析主要包括哪几方面内容？

2. 造成紧密经编织物线圈歪斜的原因是什么？

3. 如何测定经编针织物的纵密和横密？

4. 如何分辨单针床经编针织物的正面和反面？

5. 在机号 $E32$ 的特利柯脱型经编机上编织双经平织物（即前梳栉 1-0/2-3//；后梳栉 1-2/1-0//），编织时机上纵密为 20 横列/cm，试估算两把梳栉一个完全组织循环内各横列的线圈长度。

6. 在机号 $E32$ 的某一特利柯脱型高速经编机上生产经平绒组织，成品纵密为 20 横列/cm，成品横密为 16 横列/cm，幅宽为 155cm，机器转速为 2300r/min，工作效率为 97%，计算整经工艺和产量。

参考文献

［1］宋广礼，杨昆．针织原理［M］．北京：中国纺织出版社，2013.

［2］龙海如．针织学［M］．2版．北京：中国纺织出版社，2014.

［3］许吕崧，龙海如．针织工艺与设备［M］．北京：中国纺织出版社，1999.

［4］天津纺织工学院．针织学［M］．北京：纺织工业出版社，1980.

［5］宋广礼，蒋高明．针织物组织与产品设计［M］．北京：中国纺织出版社，2008.

［6］宋广礼．成形针织产品设计与生产［M］．北京：中国纺织出版社，2006.

［7］蒋高明．针织学［M］．北京：中国纺织出版社，2012.

［8］蒋高明．经编针织物生产技术［M］．北京：中国纺织出版社，2010.

［9］戴淑清．纬编针织物设计与生产［M］．北京：纺织工业出版社，1985.

［10］宋艳辉，林龙卿，孙旭东．针织物样品分析与设计［M］．北京：中国纺织出版社，
2011.

［11］《针织工程手册》编委会．针织工程手册：纬编分册［M］．2版．北京：中国纺织出版
社，2012.

［12］SPENCER D J. Knitting Technology［M］.3ed Cambridge：Woodhead Publishing
Limited，2001.

［13］RAZ S. Warp Knitting Production［M］.Heidelberg：Melliand Textilberichte GmbH，1987.